U0283279

职业教育智能建造工程技术系列教材

智能建造工程技术应用案例

赵　研　主　编
徐哲民　副主编
金　睿　主　审

中国建筑工业出版社

图书在版编目（CIP）数据

智能建造工程技术应用案例 / 赵研主编；徐哲民副
主编. — 北京：中国建筑工业出版社，2024.4
职业教育智能建造工程技术系列教材
ISBN 978-7-112-29703-0

Ⅰ. ①智…　Ⅱ. ①赵…②徐…　Ⅲ. ①智能技术-应
用-建筑施工-职业教育-教材　Ⅳ. ①TU74

中国国家版本馆 CIP 数据核字（2024）第 055853 号

　　本书以建筑行业典型智能技术应用场景结合专业核心课程设置需求，以案例
方式呈现智能建造技术应用的关键知识和技能要点。全书由 14 个模块组成，分别
为模块 1 建筑模型构件深化设计应用、模块 2 建筑模型钢筋深化设计应用、模块 3
生产线智能化控制应用（智能浇筑）、模块 4 智能化加工设备应用（智能钢筋加
工）、模块 5 砌筑智能化技术应用、模块 6 建筑施工机器人应用、模块 7 混凝土 3D
打印技术应用、模块 8 施工现场监测管理应用（智慧工地施工管理）、模块 9 安全
智能化管理应用、模块 10 智能实测实量、模块 11 无人机测量应用、模块 12 3D 激
光扫描技术应用、模块 13 建筑结构智能化监测和模块 14 无损检测技术应用。每
个模块包括教学目标与思路、知识与技能和任务书三部分。

　　本教材适用于高等职业院校智能建造技术专业课程及实训教学，也可以用
于装配式建筑工程技术专业、建筑工程技术专业、工程监理专业、工程管理类
专业及建筑从业人员的教育与培训。

　　为方便教师授课，本教材作者自制免费课件，索取方式为：1. 邮箱 jckj@
cabp. com. cn；2. 电话（010）58337285。

责任编辑：李天虹　李　阳
责任校对：赵　力

职业教育智能建造工程技术系列教材
智能建造工程技术应用案例
赵　研　主　编
徐哲民　副主编
金　睿　主　审
*
中国建筑工业出版社出版、发行（北京海淀三里河路 9 号）
各地新华书店、建筑书店经销
北京鸿文瀚海文化传媒有限公司制版
北京市密东印刷有限公司印刷
*
开本：787 毫米×1092 毫米　1/16　印张：18　字数：443 千字
2024 年 4 月第一版　　2024 年 4 月第一次印刷
定价：**59.00** 元（赠教师课件）
ISBN 978-7-112-29703-0
（42744）

　　近年来，国家推动智能建造发展的步伐逐步加快。2020 年 7 月，住房和城乡建设部等 13 部门联合发布《关于推动智能建造与建筑工业化协同发展的指导意见》，倡导推动行业转型升级，促进建筑业高质量发展；2021 年 3 月，《"十四五"建筑业发展规划》提出加快智能建造与新型建筑工业化协同发展；2022 年 1 月，全国住房和城乡建设工作会议将推动智能建造与新型建筑工业化协同发展作为建筑业转型升级的重点工作之一。我国住建行业在智能建造大背景下的转型升级，急需大批技术与管理高度融合的智能建造专业技术人员与操作人员，来提升企业适应未来社会和市场需求的能力，助力企业创新发展。

　　目前，我国智能建造新形业态还处于发展的起步阶段，尤其是适用人才极为匮乏。懂土木建筑工程的，信息技术与智能化方面的知识与技能掌握不够；懂信息技术的，又缺乏土木建筑工程的专业知识。如何培养土建与信息化能力兼容、技术与管理能力齐备的智能建造领域复合人才，是当前职业院校专业人才培养面临的新课题、新挑战，也直接关系到建筑业转型升级和新型工业化体系的建设进程。

　　编写本书是为了适应智能建造人才的培养需要，发挥"资源库、案例库、数据库"功效，为专业教育教学提供建筑施工生产及管理一线典型的智能建造技术应用场景，促进教学内容与现行规范、规程的结合，为院校设计和实施课程及实训项目提供支撑，助力专业建设和课程改革。

　　本书以相关专业国家专业标准为依据，聚焦专业核心课程领域，依托典型工作任务，侧重新技术、新平台、新设备在土木建筑工程中的应用，结合信息化技术和装配式建筑建造方式，将土木建筑工程技术、管理与信息技术、自动化、智能化相融合。以模块化方式设计教材的整体结构，采用活页式教材的方式呈现给读者。教材内容涵盖土建工程设计、生产、施工、管理等各个环节，具有"体系化设计、模块化应用"的功效。以纸质教材为依托，通过二维码来拓展教材容量，用数字化手段向读者提供视频、虚拟仿真资源，对提升本书的应用价值和工程特色具有积极意义。力求适应新型建筑工业化、信息化的发展要求，指导高等职业院校和现场施工人员能够应用现代化技术手段，进行智能测绘、智能设计、智能施工和智能运维管理，便于读者在工程实践中应用。

　　本书采用校企合作的模式共同编写、开发完成，由山东新之筑信息科技有限公司、杭州建研科技有限公司与编写团队共同拟定编写大纲。由山东万斯达智筑教育科技有限公司周忠忍、刘明宽，浙江省建设投资集团股份有限公司马锦涛，浙江建投创新科技有限公司陆瑶，杭州丰坦机器人有限公司张可，杭州冠力智能科技有限公司张大朋，杭州嗡嗡科技有限公司朱粤萍，福建晨曦信息科技集团股份有限公司崔志先，浙江南方测绘科技有限公司张超、甘霖，沃勒机器人（成都）有限公司龚政，四川升拓检测技术股份有限公司谭长瑞、代超提供案例支持服务。

　　本书由黑龙江建筑职业技术学院赵研担任主编，负责编写框架拟定、编写大纲审定、工程案例的选择与确定、教材编写工作协调及统稿；徐哲民担任副主编，协助主编完成上述工作。模块 1 由江苏城乡建设职业学院袁锋华编写，模块 2 由湖州职业技术学院谢恩普编写，模块 3 由安徽水利水电职业技术学院祝冰青编写，模块 4 由闽西职业技术学院黄晓丽编写，模块 5 由山东科技职业学院王美艳编写，模块 6 由浙江同济科技职业学院陈剑编写，模块 7 由浙江建设职业技术学院陈园卿编写，模块 8 由长沙职业技术学院李奇编写，模块 9 由广东建设职业技术学院谭智军编写，模块 10 由成都纺织高等专科学校刘芳编写，模块 11 由重庆工业职业技术学院周彦宇编写，模块 12 由浙江建设职业技术学院陈桂珍编写，模块 13 由广西建设职业技术学院葛春雷编写，模块 14 由杨凌职业技术学院王琦编写。本书由金睿担任主审。

　　本书在编写时引用了大量公开文献，借鉴了有关专家、同行的研究成果，在此一并表示衷心感谢。

　　由于编写者水平有限，书中难免有疏漏和不足之处，敬请广大读者批评指正，以便日后择机修改更正。

目　录

模块 1　建筑模型构件深化设计应用 ·· 1

1.1　教学目标与思路 ··· 1

1.2　知识与技能 ··· 2

1.3　任务书 ·· 18

学习任务 1.3.1　了解装配式建筑与简单方案设计 ························ 18

学习任务 1.3.2　某框架结构幼儿园的预制混凝土构件深化设计 ············· 19

学习任务 1.3.3　装配整体式混凝土框架结构设计 ······················ 22

模块 2　建筑模型钢筋深化设计应用 ·· 24

2.1　教学目标与思路 ·· 24

2.2　知识与技能 ··· 25

2.3　任务书 ·· 35

学习任务 2.3.1　框架结构钢筋深化设计应用 ·························· 35

学习任务 2.3.2　剪力墙结构钢筋深化设计应用 ························ 38

模块 3　生产线智能化控制应用（智能浇筑） ·· 42

3.1　教学目标与思路 ·· 42

3.2　知识与技能 ··· 43

3.3　任务书 ·· 57

学习任务 3.3.1　预制钢筋混凝土叠合板底板浇筑 ······················ 57

学习任务 3.3.2　预制钢筋混凝土带门墙板浇筑 ························ 60

模块 4　智能化加工设备应用（智能钢筋加工） ······································ 64

4.1　教学目标与思路 ·· 64

4.2　知识与技能 ··· 65

4.3　任务书 ·· 80

学习任务 4.3.1　钢筋智能化加工 ································· 80

学习任务 4.3.2　叠合板桁架钢筋智能化加工 ························· 82

模块 5　砌筑智能化技术应用 ·· 90

5.1　教学目标与思路 ·· 90

5.2　知识与技能 ··· 91

5.3　任务书 ·· 102

学习任务 5.3.1　直墙砌筑 ····································· 102

学习任务 5.3.2　有门窗洞口的直墙砌筑 ····························· 104

学习任务5.3.3　T形/L形墙体砌筑 ·········· 106

模块6　建筑施工机器人应用 ·········· 109

6.1　教学目标与思路 ·········· 109

6.2　知识与技能 ·········· 110

6.3　任务书 ·········· 125

学习任务6.3.1　基础墙面机器人喷涂作业 ·········· 125

学习任务6.3.2　复杂墙面喷涂作业及异常情况处置 ·········· 127

模块7　混凝土3D打印技术应用 ·········· 131

7.1　教学目标与思路 ·········· 131

7.2　知识与技能 ·········· 132

7.3　任务书 ·········· 144

学习任务7.3.1　建筑部件工厂打印 ·········· 144

学习任务7.3.2　单层建筑工厂打印 ·········· 147

模块8　施工现场监测管理应用（智慧工地施工管理） ·········· 152

8.1　教学目标与思路 ·········· 152

8.2　知识与技能 ·········· 153

8.3　任务书 ·········· 160

学习任务8.3.1　智能监测流程 ·········· 160

学习任务8.3.2　监测信息应用 ·········· 162

模块9　安全智能化管理应用 ·········· 165

9.1　教学目标与思路 ·········· 165

9.2　知识与技能 ·········· 166

9.3　任务书 ·········· 172

学习任务9.3.1　边坡自动化监测 ·········· 172

学习任务9.3.2　智慧工地安全管理之智能安全帽 ·········· 175

模块10　智能实测实量 ·········· 177

10.1　教学目标与思路 ·········· 177

10.2　知识与技能 ·········· 178

10.3　任务书 ·········· 186

学习任务10.3.1　基础空间实测实量 ·········· 186

学习任务10.3.2　复杂空间实测实量 ·········· 190

模块11　无人机测量应用 ·········· 195

11.1　教学目标与思路 ·········· 195

11.2　知识与技能 ·········· 196

11.3　任务书 ·········· 207

学习任务11.3.1　无人机测量航线规划设计 ·········· 207

学习任务11.3.2　无人机测量像控点布设 ·········· 210

模块 12　3D 激光扫描技术应用 ·· 212

　　12.1　教学目标与思路 ·· 212

　　12.2　知识与技能 ·· 213

　　12.3　任务书 ·· 224

　　　　学习任务 12.3.1　建筑土石方测量 ·· 224

　　　　学习任务 12.3.2　建筑立面测绘 ·· 226

模块 13　建筑结构智能化监测 ·· 229

　　13.1　教学目标与思路 ·· 229

　　13.2　知识与技能 ·· 230

　　13.3　任务书 ·· 243

　　　　学习任务 13.3.1　建筑结构智能化监测之基坑监测 ·· 243

　　　　学习任务 13.3.2　建筑结构智能化监测之高支模监测 ·· 248

模块 14　无损检测技术应用 ·· 252

　　14.1　教学目标与思路 ·· 252

　　14.2　知识与技能 ·· 253

　　14.3　任务书 ·· 273

　　　　学习任务 14.3.1　混凝土结构无损检测 ·· 273

　　　　学习任务 14.3.2　套筒灌浆连接无损检测 ·· 275

建筑模型构件深化设计应用

1.1 教学目标与思路

【教学案例】

《建筑模型构件深化设计应用》是"建筑信息模型应用"课程中关于建筑设计具体规划和细节的典型案例,结合设计要求和质量标准,通过案例学习掌握预制构件的构造要求、各类预制构件加工图的绘制方法及预制混凝土构件设计技术应用与分析。

【教学目标】

知识目标	能力目标	素质目标
1. 了解预制构件加工图的设计流程; 2. 熟悉预制构件加工图的内容; 3. 掌握预制构件的构造要求; 4. 了解吊装设备、吊具和临时支撑的布置原则。	1. 能够识读各专业施工图纸并将各专业各环节信息整合; 2. 能够运用 BIM 技术进行各类预制构件加工图的绘制。	1. 培养系统思考和创新意识,能够综合考虑设计方案的可行性、经济性和可持续性; 2. 培养持续学习和自我提升的意识,能够跟踪行业发展动态,更新知识和技术。

【建议学时】4～6 学时。

【学习情境设计】

序号	学习情境	载体	学习任务简介	学时
1	装配式建筑方案设计	可去预制混凝土构件制造工厂参观和实地考察;可使用建筑设计软件和工具。	了解装配式建筑的基本概念,明白其优势和适用领域,并初步了解如何制定一个简单的装配式建筑方案。	1
2	预制混凝土构件深化设计		深入了解预制混凝土构件的深化设计过程,包括 BIM 模型创建、预制构件加工图设计和物料清单统计,并通过实际案例应用这些技能。	2～3
3	装配整体式混凝土框架结构设计		了解装配整体式混凝土框架结构的设计原理、特点和优势,并参与一个小型设计练习。	1～2

【课前预习】

引导问题 1：预制混凝土构件深化设计的内容有哪些?

引导问题 2：预制混凝土构件加工图的深度要求包含哪些内容?

引导问题 3：BIM 设计软件在预制构件加工图设计中应用的意义是什么?

1.2 知识与技能

1. 知识点——预制混凝土构件深化设计概述

预制混凝土构件深化设计是在初步设计的基础上，对预制混凝土构件进行进一步的详细设计和细化。它涉及预制混凝土构件的结构、材料、施工工艺、连接方式等方面的设计内容。

在深化设计阶段，设计人员需要根据具体工程的需求和规范要求，进一步优化和完善预制混凝土构件的设计方案。深化设计的目标是确保预制混凝土构件的结构安全、施工可行性和性能要求的满足。

深化设计的主要内容包括：

（1）构件类型和布置：根据结构的要求和功能需求，确定预制混凝土构件的类型、尺寸和布置方式。

（2）结构计算和分析：进行预制混凝土构件的力学计算和结构分析，包括受力性能、承载能力和稳定性等方面的评估。

（3）配筋设计：根据力学计算结果，进行预制混凝土构件的内部配筋设计，确保构件在承受荷载时能够满足强度和刚度的要求。

（4）连接设计：设计预制混凝土构件之间的连接方式，确保连接的稳定性和可靠性。

（5）施工工艺设计：考虑到预制混凝土构件的生产和安装过程，进行施工工艺的设计和优化，确保施工的可行性和效率。

（6）质量控制措施：制定质量控制计划，包括材料的选择与检验、施工过程的监控与检验，以确保预制混凝土构件的质量符合要求。

深化设计过程中，设计人员需要充分考虑预制混凝土构件与整体结构的协调设计原则和相互关系，与其他设计团队和施工团队进行密切的沟通和协作，确保设计方案的顺利实施。

深化设计阶段的成果是详细的施工图纸、构件加工图和施工方案，为预制混凝土构件的生产和安装提供准确的指导，确保工程的质量和安全性。

2. 知识点——装配式建筑 BIM 模型创建

预制混凝土建筑的装配式特性特别强调各个环节各个部件之间的协调性，BIM 的应用会为预制混凝土设计、支座和安装带来很大的便利，避免或减少"撞车"、疏漏现象。

（1）预制柱 BIM 模型创建

① 构件三维尺寸和配筋的确定

根据柱平法施工图，读取预制柱的截面尺寸和预制柱的配筋信息，内容包括截面宽、截面高、柱子角筋、b 边中部筋、h 边中部筋、箍筋。柱的截面在高度范围内宜相同，需要变截面时，应单侧收进；柱筋宜大直径、大间距、配筋统一；同截面变直径，不变根数。

根据梁平法施工图，读取与预制柱相交的梁的高度，以便于正确计算预制柱的高度。一般情况下，预制柱的高度＝层高－与该柱相交的较高的梁高－柱底接缝厚度。其中，柱底接缝厚度一般取 20mm。

② 预制柱的构造要求

A. 采用预制柱及叠合梁的装配整体式框架中，柱底接缝宜设置在楼面标高处，如图 1-1 所示，并应符合下列规定：

a. 后浇节点区混凝土上表面应设置粗糙面；

b. 柱纵向受力钢筋应贯穿后浇节点区；

c. 柱底接缝厚度宜为 20mm，并应采用灌浆料填实。

B. 柱纵向受力钢筋在柱底采用套筒灌浆连接时，柱箍筋加密区长度不应小于纵向受力钢筋连接区域长度与 500mm 之和；套筒上端第一道箍筋距离套筒顶部不应大于 50mm。钢筋采用套筒灌浆连接时柱底箍筋加密区域构造如图 1-2 所示。灌浆套筒长度范围内外侧箍筋的混凝土保护层厚度不应小于 20mm；套筒之间的净距不应小于 25mm。构件钢筋插入灌浆套筒的锚固长度应符合灌浆套筒参数要求，一般不应小于 8d（d 为柱纵筋的公称直径）。灌浆套筒的选取应满足现行《钢筋套筒灌浆连接应用技术规程》JGJ 355 的相关要求。

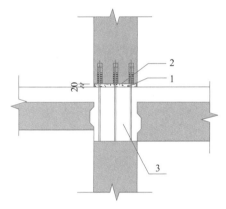

图 1-1　预制柱底接缝构造

1—后浇节点区混凝土上表面粗糙面；

2—接缝灌浆层；3—后浇区

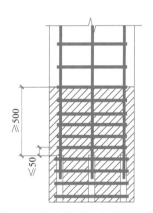

图 1-2　柱底箍筋加密区域构造

C. 预制柱的底部应设置键槽且宜设置粗糙面，键槽应均匀布置，键槽深度不宜小于 30mm，键槽端部斜面倾角不宜大于 30°，柱顶应设置粗糙面。键槽的类型有矩形键槽、米形键槽和井形键槽，如图 1-3 所示。底部设置键槽的预制柱，应在键槽处设置排气孔，如图 1-4 所示。

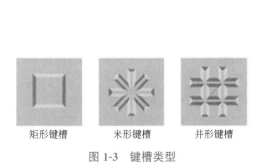

矩形键槽　　米形键槽　　井形键槽

图 1-3　键槽类型

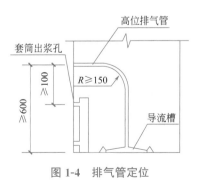

图 1-4　排气管定位

D. 预制柱应设置临时支撑，临时支撑不少于两道且应在两个方向设置，临时支撑的设置面不应在预制柱的悬空面。对预制柱的上部斜支撑，其支撑点距离板底不宜小于柱高的 2/3，且不应小于柱高的 1/2。

E. 吊点设置：绝大多数柱子都是在模台上"躺着"制作，堆放、运输也是平放，柱子脱模和吊运共用吊点，设置在柱子侧面，可采用内埋式螺母。柱子安装吊点和翻转吊点共用，设在柱子顶部。断面大的柱子一般设置 4 个吊点，也可设置 3 个吊点。断面小的柱子可设置 2 个或者 1 个吊点。

预制柱深化设计

（2）预制叠合梁 BIM 模型创建

① 构件三维尺寸和配筋的确定

根据梁平法施工图，读取梁的截面尺寸，包括梁宽、梁高、梁长、侧面构造纵筋、底筋、箍筋。根据楼板平法施工图，读取预制梁周边的楼板的厚度信息，预制梁的预制高度＝预制梁的高度－较厚楼板的高度。

② 预制叠合梁的构造要求

A. 叠合梁截面形式：叠合梁预制部分截面可采用矩形或凹口形式。当叠合框架梁的后浇混凝土叠合层厚度小于 150mm、叠合次梁的后浇混凝土叠合层厚度小于 120mm 时，应采用凹口截面的预制梁，凹口深度不宜小于 50mm，凹口边厚度不宜小于 60mm，如图 1-5 所示。

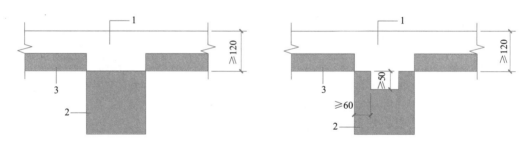

图 1-5　叠合次梁截面
1—后浇混凝土叠合层；2—预制梁；3—预制板

B. 叠合梁结合面：预制梁与后浇混凝土叠合层之间的结合面应设置粗糙面；预制梁端面应设置键槽且宜设置粗糙面。键槽的尺寸和数量应按《装配式混凝土结构技术规程》JGJ 1—2014 中第 7.2.2 条的规定计算确定；键槽的深度 t 不宜小于 30mm，宽度 w 不宜小于深度的 3 倍且不宜大于深度的 10 倍；键槽可贯通截面，当不贯通时槽口距离截面边缘不宜小于 50mm；键槽间距宜等于键槽宽度；键槽端部斜面倾角不宜大于 30°，如图 1-6 所示。粗糙面的面积不宜小于结合面的 80%，预制梁端的粗糙面凹凸深度不应小于 6mm。

C. 箍筋形式：叠合梁可采用整体封闭箍筋或组合封闭箍筋的形式。在施工条件允许的情况下，箍筋宜采用整体封闭箍筋，如图 1-7 所示。当采用整体封闭箍筋不便安装上部纵筋时，在满足规程的条件下可采用组合封闭箍筋，如图 1-8 所示。抗震等级为一、二级的叠合框架梁的梁端箍筋加密区宜采用整体封闭箍筋，其他情况可采用组合封闭箍筋。

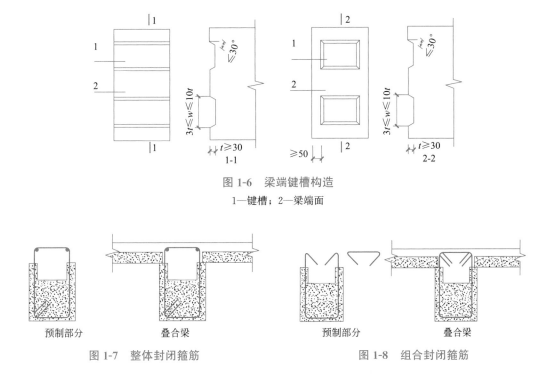

图 1-6　梁端键槽构造

1—键槽；2—梁端面

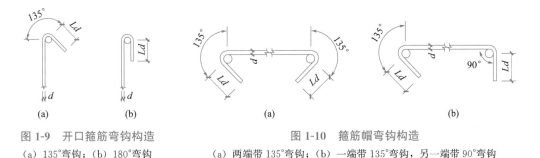

图 1-7　整体封闭箍筋　　　　图 1-8　组合封闭箍筋

当采用组合封闭箍时，弯钩可采用 135°弯钩或 180°弯钩形式，弯钩端头平直段长度 Ld 在抗震、受扭、非抗震的情况下分别不应小于 $10d$、$10d$ 和 $5d$，如图 1-9 所示。箍筋帽可采用一端带 135°弯钩，另一端带 90°弯钩或两端带 135°弯钩的形式，如图 1-10 所示。当选用一端带 135°弯钩，另一端带 90°弯钩的箍筋帽时，其弯钩应交错布置。

图 1-9　开口箍筋弯钩构造　　　　　　图 1-10　箍筋帽弯钩构造

（a）135°弯钩；（b）180°弯钩　　（a）两端带 135°弯钩；（b）一端带 135°弯钩，另一端带 90°弯钩

D. 主次梁连接构造：主次梁连接构造的做法概括起来有两种，分别是预留后浇段和预留后浇槽口。预留后浇段是指主次梁连接处全部断开，混凝土不连续；预留后浇槽口是指部分开洞，部分混凝土仍然连续。如图 1-11 和图 1-12 所示。

相应的钢筋连接方式有直锚、弯折锚固、锚固板、机械连接、套筒灌浆连接。

当采用预制叠合次梁时，在端部节点处，次梁下部纵向钢筋伸入主梁后浇段（或后浇槽口）内的长度不应小于 $12d$，如图 1-13 所示。若主梁宽度不能满足次梁直锚要求时，次梁下部纵向钢筋可采用 135°弯锚形式，如图 1-14 所示。

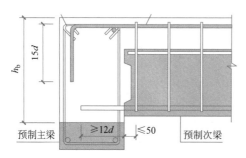

图 1-11 次梁端预留后浇段

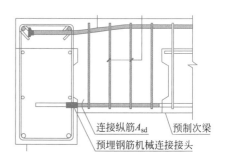

图 1-12 主梁预留后浇槽口

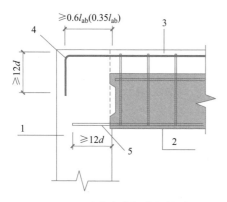

图 1-13 端节点次梁直锚构造

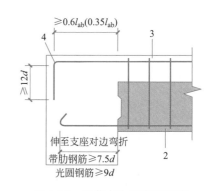

图 1-14 端节点次梁弯锚构造

1—主梁后浇段；2—预制次梁；3—后浇混凝土叠合层；4—次梁上部纵向钢筋；5—次梁下部纵向钢筋

E. 主梁与框架柱连接构造：当采用叠合主梁时，预制主梁的底部纵筋在柱内宜采用直锚；当直锚长度不足时，可采用弯锚、锚固板等方式，如图 1-15～图 1-17 所示。

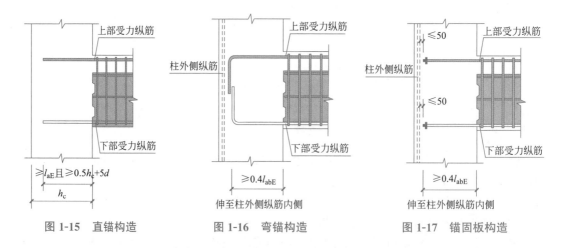

图 1-15 直锚构造   图 1-16 弯锚构造   图 1-17 锚固板构造

F. 钢筋避让：当预制主次梁间存在钢筋碰撞时，预制主梁的底筋位置不动，预制次梁的底筋应竖向避让预制主梁；当连续梁间存在钢筋碰撞时，可以对双方的连续梁底筋进行水平或竖向避让；当预制主梁与框架柱间存在钢筋碰撞时，框架柱的纵筋位置不动，预制主梁的底筋应竖向或水平避让柱子纵筋，如图 1-18 和图 1-19 所示。

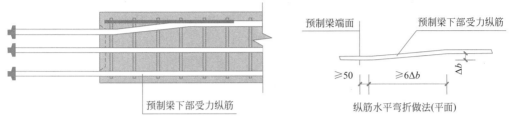

图 1-18　水平避让

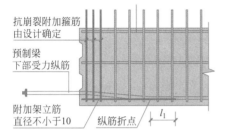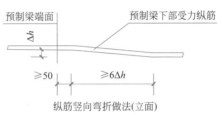

图 1-19　竖向避让

G. 吊件设置：梁不用翻转，安装吊点、脱模吊点与吊运吊点为共用吊点。梁吊点数量和间距根据梁断面尺寸和长度，通过计算确定。边缘吊点距梁端距离应根据梁的高度和负弯矩筋配置情况经过验算确定，且不宜大于梁长的 1/4。

（3）桁架钢筋混凝土叠合板 BIM 模型创建

① 构件三维尺寸和配筋的确定

根据楼板平法施工图，读取叠合楼板的截面尺寸和叠合楼板的配筋信息，内容包括板类型、板厚、板宽、板长、板底筋。

预制板宽不宜大于 3m，叠合板的预制板厚度不宜小于 60mm，后浇混凝土叠合层厚度一般情况下取 70mm；当为厨房或卫生间底板时，叠合层厚度不应小于 80mm；当为管线较密集区域时，为便于管线穿过，叠合层厚度适当增加。

② 桁架钢筋混凝土叠合板的构造要求

A. 板边角构造：叠合板边角做成 45°倒角。单向板和双向板的上部都做成倒角，一是为了保证连接节点钢筋保护层厚度；二是为了避免后浇段混凝土转角部位应力集中。单向板下部边角做成倒角是为了便于接缝处理，如图 1-20 所示。

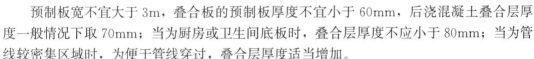

图 1-20　叠合板边角构造（左：单向板断面；右：双向板断面）

B. 板的结合面：预制板与后浇混凝土叠合层之间的结合面应设置粗糙面，粗糙面的面积不宜小于结合面的80%，预制板的粗糙面凹凸深度不应小于4mm。

C. 桁架钢筋布置：非预应力叠合板用桁架筋主要起抗剪作用，桁架钢筋沿主要受力方向布置（即成品预制板的较长边），桁架钢筋距板边不应大于300mm，间距不宜大于600mm，如图1-21所示；桁架钢筋的弦杆钢筋直径不宜小于8mm，腹杆钢筋直径不应小于4mm，如图1-22所示，桁架钢筋弦杆混凝土保护层厚度不应小于15mm。桁架钢筋高度的选择应考虑管线的穿过及桁架钢筋与板底筋的位置关系两个因素。

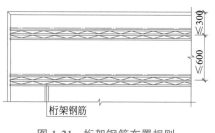

图 1-21 桁架钢筋布置规则

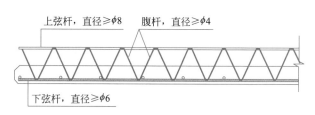

图 1-22 桁架钢筋构造

D. 板连接节点

图 1-23 板端支座

a. 板端部支座构造：单向板和双向板的板端支座的节点是一样的，预制板内下部钢筋从板端伸出并锚入支承梁或墙的后浇混凝土中，锚固长度不应小于$5d$（d 为纵向受力钢筋直径），且宜伸过支座中心线，如图1-23所示。

b. 板侧支座构造：四边均出筋的双向板每一边都是板端支座，构造同端支座；单向板不出筋的板侧支座处板面应增设伸入支座的连接钢筋，增设的钢筋截面面积不宜小于预制板内的同向分布钢筋面积，间距不宜大于600mm，在板的后浇混凝土叠合层内锚固长度不应小于$15d$，在支座内锚固长度不应小于$15d$（d 为附加钢筋直径）且宜伸过支座中心线。

c. 双向板整体式接缝构造：双向叠合板板侧的整体式接缝一般采用后浇带形式，一共有四种：板底纵筋直线搭接、板底纵筋末端带135°弯钩搭接、板底纵筋末端带90°弯钩搭接、板底纵筋弯折锚固，如图1-24和图1-25所示。当后浇混凝土叠合层厚度满足一定要求的前提下，双向板整体式接缝也可采用密拼接缝的形式，其构造要求同单向板密拼接缝。

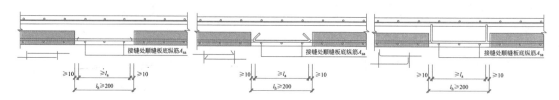

图 1-24 板底纵筋搭接方式（左：直线；中：135°弯钩；右：90°弯钩）

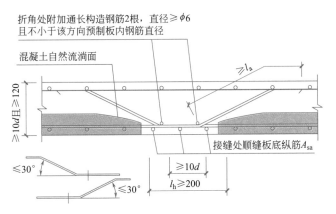

图 1-25　板底纵筋弯折锚固

d. 单向板密拼缝构造：接缝处紧邻预制板顶面设置垂直于板缝的附加钢筋，附加钢筋伸入两侧后浇混凝土叠合层的锚固长度不应小于 15d（d 为附加钢筋直径）；附加钢筋截面面积不宜小于预制板中该方向钢筋面积，钢筋直径不宜小于 6mm、间距不宜大于250mm，如图 1-26 所示。

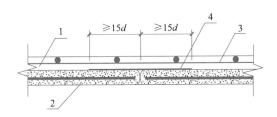

图 1-26　单向板密拼缝构造
1—后浇混凝土叠合层；2—预制板；3—后浇层内钢筋；4—附加钢筋

e. 吊点设置：楼板不用翻转，安装吊点、脱模吊点与吊运吊点为共用吊点。楼板吊点数量和间距根据板的厚度、长度和宽度通过计算确定。

叠合板深化设计

（4）预制板式楼梯 BIM 模型创建

① 构件三维尺寸和配筋的确定

根据楼梯平法施工图，读取楼梯的尺寸信息和配筋信息，内容包括梯段宽、梯段高、踏步宽、踏步高、梯段上部纵筋、梯段下部纵筋、梯段分布筋。预制楼梯一般可作为成品直接投入使用，常见做法为清水混凝土，因此在设计预制楼梯时应考虑高低端处板的厚度与主体结构的关系，应考虑滴水线和防滑槽的依次设计。同时在确定预制梯段宽的过程中应考虑施工安装时操作空间的要求，一般每侧会预先留出 20mm 的缝隙。

② 预制楼梯的构造要求

A. 连接构造：预制楼梯与主体结构的连接宜采用简支或一端固定一端滑动的连接方式，不参与主体结构的抗震体系。当采用简支连接时，应符合下列规定：

a. 预制楼梯宜一端设置固定铰，另一端设置滑动铰，如图 1-27 所示。其转动及滑动变形能力应满足结构层间位移的要求，且端部在支承构件上的最小搁置长度应符合表 1-1 的规定。

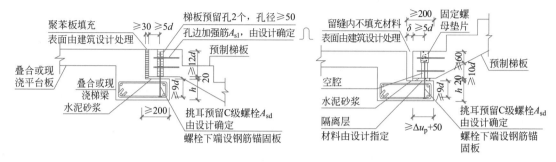

图 1-27　高端固定铰（左）和低端滑动铰（右）

预制楼梯在支承构件上的最小搁置长度　　　　表 1-1

抗震设防烈度	6 度	7 度	8 度
最小搁置长度(mm)	75	75	100

b. 预制楼梯设置滑动铰的端部应采取防止滑落的构造措施。

B. 钢筋要求：预制板式楼梯的梯段板底应配置通长的纵向钢筋。板面宜配置通长的纵向钢筋；当楼梯两端均不能滑动时，板面应配置通长的钢筋。其他高低端支座处的边缘箍筋和边缘纵筋、梯段的边缘加强筋以及吊点加强筋的参数可参考《预制钢筋混凝土板式楼梯》15G367-1 中相对应尺寸梯板的设置。

（5）预制剪力墙 BIM 模型创建

① 构件三维尺寸和配筋的确定

根据剪力墙、柱平法施工图，读取剪力墙三维尺寸信息和配筋信息，包括截面厚、截面宽，墙高；墙身钢筋（水平分布钢筋、竖向分布钢筋、拉筋）、墙柱钢筋（纵筋、箍筋）、墙梁钢筋（底筋、面筋、侧面构造钢筋、箍筋）。

② 预制剪力墙的构造要求

A. 结合面：预制剪力墙的顶部和底部与后浇混凝土的结合面应设置粗糙面；侧面与后浇混凝土的结合面应设置粗糙面，也可设置键槽；键槽深度 t 不宜小于 20mm，宽度 w 不宜小于深度的 3 倍且不宜大于深度的 10 倍，键槽间距宜等于键槽宽度，键槽端部斜面倾角不宜大于 30°。

B. 钢筋连接

a. 竖向钢筋连接：上下层预制剪力墙的竖向钢筋，可采用套筒灌浆连接和浆锚搭接。当预制部分为一级抗震等级剪力墙以及二、三级抗震等级底部加强部位时，剪力墙的边缘构件竖向钢筋宜采用套筒灌浆连接。边缘构件竖向钢筋应逐根连接；预制剪力墙的竖向分布钢筋，当仅部分连接时，如图 1-28 所示，被连接的同侧钢筋间距不应大于 600mm，且在剪力墙构件承载力设计和分布钢筋配筋率计算中不得计入不连接的分布钢筋；不连接的竖向分布钢筋直径不应小于 6mm。

b. 水平钢筋连接：预制剪力墙水平分布钢筋在后浇段内的连接可采用预留直线钢筋连接、预留 U 形钢筋连接的形式、预留弯钩钢筋连接，如图 1-29 所示。

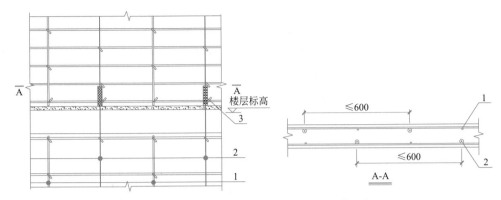

图 1-28　预制剪力墙竖向分布钢筋连接构造示意图

1—不连接的竖向分布钢筋；2—连接的竖向分布钢筋；3—连接接头

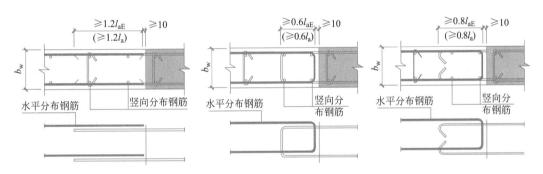

图 1-29　水平钢筋连接（左：直线；中：U 形；右：弯钩）

当采用套筒灌浆连接时，自套筒底部至套筒顶部并向上延伸 300mm 范围内，预制剪力墙的水平分布钢筋应加密，如图 1-30 所示，加密区水平分布筋的最大间距及最小直径应符合表 1-2 的规定，套筒上端第一道水平分布钢筋距离套筒顶部不应大于 50mm。

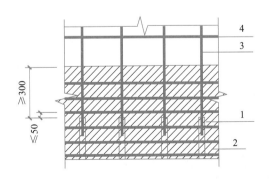

图 1-30　钢筋套筒灌浆连接部位水平分布钢筋的加密构造

1—灌浆套筒；2—水平分布钢筋加密区域；3—竖向钢筋；4—水平分布钢筋

加密区水平分布钢筋的要求   表 1-2

抗震等级	最大间距(mm)	最小直径(mm)
一、二级	100	8
三、四级	150	8

C. 吊件设计：有翻转台翻转的墙板，脱模、翻转、吊运、安装吊点共用，可在墙板上边设立吊点，也可以在墙板侧边设立吊点；无翻转台翻转的墙板（非立模），脱模、翻转和安装节点都需要设置。预制墙板支撑设置如图 1-31 所示。

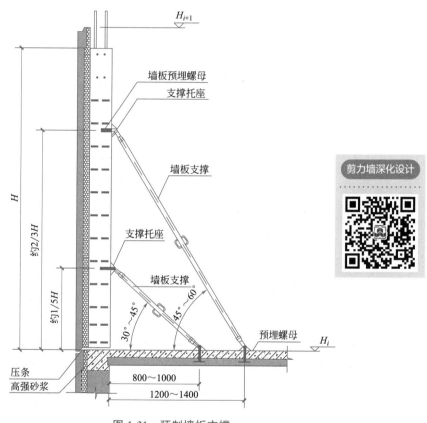

图 1-31　预制墙板支撑

3. 知识点——预制构件加工图设计

（1）预制构件加工图设计概念

在装配式混凝土建筑的结构施工图基础上，综合考虑建筑、设备、装修各专业以及生产、运输、安装等各环节对预制构件的要求，进行预制构件加工图设计。

（2）预制构件加工图的内容

预制构件深化详图一般包括预制构件模板图、预制构件配筋图、信息表。

① 预制构件模板图

预制构件模板图是控制预制构件外轮廓形状尺寸和预制构件各组成部分形状尺寸的视口。制图过程中可以根据预制构件的复杂度进行各个视口的选择，一般包括主视图、俯视图、仰视图、侧视图、门窗洞口剖面图，其中主视图依据生产工艺的不同可绘制构件正面图，也可绘制背面图。

构件模板图应标明预制构件的外轮廓尺寸、缺口尺寸；预埋件定位尺寸和编号；预制构件与结构层高线或轴线间的距离；标注预制构件表面的工艺要求（如模板面、人工压光面、粗糙面），如图 1-32 所示。

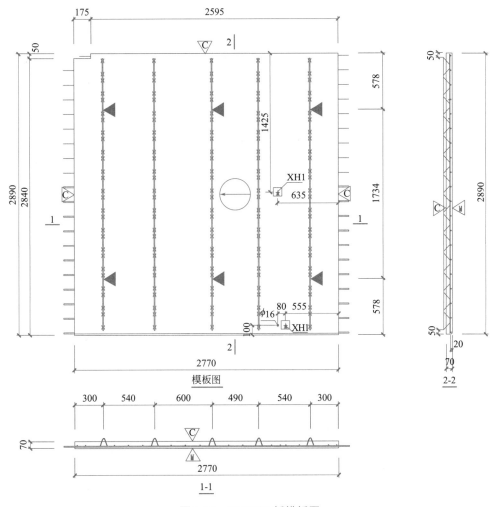

图 1-32　2F PCB2 板模板图

② 预制构件配筋图

在预制构件模板图的基础上，绘制出预制构件配筋图。构件配筋图应标注钢筋与构件外边线的定位尺寸、钢筋间距、钢筋的型号、直径、数量；钢筋驳接长度及位置，钢筋外露长度、细部构造（如需要弯折的钢筋细部构造和补强设置等）；叠合类构件应标明外露桁架钢筋的高度，如图 1-33 所示。

③ 信息表

预制构件深化详图中的信息表包括构件信息表、埋件信息表和配筋表。其中构件信息表应包括构件编号、数量、混凝土体积、构件重量、混凝土强度等，如图 1-34 所示。

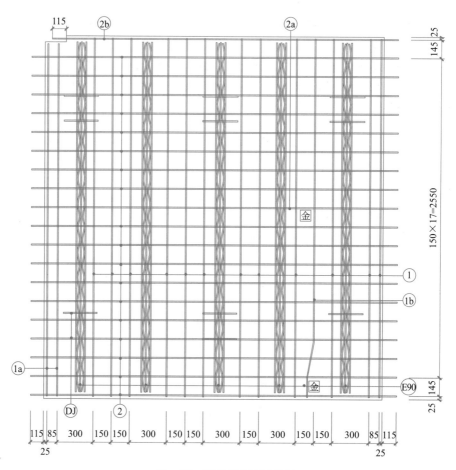

图 1-33   2F PCB2 板配筋图

2F PCB2基础表					
底板编号	底板厚(mm)	叠合层厚((mm)	实际板跨(mm)	实际板宽(mm)	混凝土体积(m³)	底板自重(t)
2F PCB2	70	70	2770	2890	0.56	1.4

2F PCB2构件表					
所在楼层	层数(层)	标高段	混凝土强度	件数/层	件数	备注
2F	1	5.350	C30	1	1	备注:该PC构件制作数量,另需仔细核对各层结构平面图、建筑平面图以及预制构件布置平面图无误后才可下料生产。
合计					1	

图 1-34   2F PCB2 构件信息表

埋件信息表应包括埋件编号、名称、规格、数量等,如图 1-35 所示。

2F PCB2附件表					
编号	名称	规格	数量	单位	备注
XH1	金属线盒1	H=100mm	2	个	加高型86线盒,高度100mm,底盒可拆卸,侧边预留孔可接DN20锁母。

图 1-35   2F PCB2 埋件信息表

配筋表应标明钢筋编号、直径、级别、钢筋加工尺寸、单块板中钢筋重量等，需要直螺纹连接的钢筋应标明套丝长度及精度等级，如图 1-36 所示。

2F PCB2钢筋表						
钢筋编号	钢筋规格	钢筋加工尺寸（设计方交底后方可生产）	单根长(mm)	总长(mm)	总重(kg)	备注
①	12C8	2860	2860	34320	13.55	
①a	2C8	2810	2810	5620	2.22	
①b	1C8	141 53 318 2401	2864	2864	1.13	
②	18C8	3000	3000	54000	21.32	
②a	1C8	俯视 120 -3 2176 14 14 676 -3	3001	3001	1.18	
②b	1C8	2825	2825	2825	1.12	
DJ	12C8	280	280	3360	1.33	
合计：					41.85	
2F PCB2桁架表						
桁架钢筋规格	道数	单道长度((mm)	单根重(kg)	总长(mm)	总重(kg)	
E90	5	2790	5	13950	22.74	
合计：					22.74	

图 1-36　2F PCB2 配筋表

（3）预制构件加工图的工程绘制方法

预制构件加工图处于建筑设计的深化阶段，根据投影原理，通过线条、符号、文字说明、3D 图形及其他图形元素表示预制构件形状、配筋、结构等特征，所绘制的图纸是工厂生产的依据。

预制构件加工图的绘制应符合现行《房屋建筑制图统一标准》GB/T 50001 中的图线、字体、比例、符号、尺寸标注等相关要求。

4. 知识点——物料清单（BOM 表）统计

BOM（Bill of Material）表，也称物料清单。BOM 表是统计预制构件所用物料的统计清单，是指导构件加工厂进行采购、加工、预算等活动的重要依据，可以通过相关软件或者人工统计的方法进行编制。

BOM 表的种类繁多，根据构件加工厂的规模、数字化、信息化手段的不同出现了各种各样的符合工厂实际情况的 BOM 表。总的来说，现阶段构件加工厂常用的 BOM 表包含但不限于以下几种：

（1）单构件物料表

单构件物料表可展示单构件完整物料明细，方便操作人员进行物料的准确挑拣，可显著提高配送效率。如图 1-37 所示。

构件总信息							
编号名称	构件编码	所在楼层	此构件在本层的总个数	构件类型			
2F-PCB1		2F	1	预制板			
构件基本信息							
板混凝土尺寸			构件总重(t)	构件含钢量（含损耗）(kg/m^3)	构件不含桁架含钢量（含损耗）(kg/m^3)	混凝土等级	
长(mm)	宽(mm)	高(mm)					
2500	1700	60	0.6375	125.46	74.28	C30	
构件方量统计							
外轮廓体积	洞口体积(m^3)	压槽体积(m^3)	企口体积(m^3)	键槽体积(m^3)	手孔体积(m^3)	减重块体积(m^3)	保温板体积(m^3)
0.255	0	0	0	0	0	0	0
附属圆槽体	附属方槽体积(m^3)	附属圆孔体积(m^3)	附属方孔体积(m^3)				
0	0	0	0				
构件体积	混凝土下料体积(m^3)	洞口键槽企口不结算体积(m^3)	洞口键槽企口不结算体积(m^3)	结算体积(m^3)	混凝土生产用体积（含损		
0.255	0.255	0	0	0	0		
构件钢筋统计明细表							
型号规格	单根长度(mm)	单根加工尺寸（图例）(mm)	数量(根)	单根重量(kg)	长度汇总(mm)	重量汇总(kg)	备注
HRB400C8	280	280	8	0.11	2240	0.88	
HRB400C8	1880	1880	14	0.74	26320	10.39	
HRB400C8	2575	2575	7	1.02	18025	7.12	

图 1-37　单构件物料表

（2）钢筋下料表

钢筋下料表可展示整个楼栋所需的钢筋明细，工厂可根据此表进行钢筋集约化下料，减少钢筋浪费，提高钢筋下料效率。如图 1-38 所示。

1#楼钢筋下料 项目 钢筋加工下料表							
型号规格	单根长度(mm)	单根加工尺寸（图例）(mm)	数量(根)	单根重量(kg)	长度汇总(mm)	重量汇总(kg)	备注
HRB400C8	280	280	272	0.11	76160	30.07	
HRB400C8	468	468	8	0.18	3744	1.48	
HRB400C8	641	641	14	0.25	8974	3.54	
HRB400C8	768	768	4	0.3	3072	1.21	
HRB400C8	791	791	2	0.31	1582	0.62	
HRB400C8	839	839	2	0.33	1678	0.66	
HRB400C8	968	968	6	0.38	5808	2.29	
HRB400C8	1009	正视 40 946	4	0.4	4037	1.59	
HRB400C8	1062	1062	18	0.42	19116	7.55	
HRB400C8	1630	1630	20	0.64	32600	12.87	
[illegible]	[illegible]	1880	[illegible]	[illegible]	[illegible]	[illegible]	

图 1-38　钢筋下料表

（3）构件清单表

构件清单表可展示整个楼栋各个构件的类型、尺寸、混凝土方量、钢筋信息，可依据此数据实现生产数字化管理。如图 1-39 所示。

（4）桁架下料表

桁架下料表可展示板、墙构件所需的桁架信息，提高桁架下料效率，也可以据此表对接机器格式实现钢筋下料自动化。如图 1-40 所示。

（5）物料汇总表

物料汇总表可展示整个楼所需物料的全部信息，工厂可据此快速核算出项目的物料成本，进而实现对项目的准确报价和成本控制。如图 1-41 所示。

图 1-39　构件清单表

1#楼桁架下料 项目 桁架加工下料表

型号规格	单根长度(mm)	单根加工尺寸（图例）(mm)	数量(根)	单根重量(kg)	长度汇总(mm)	重量汇总(kg)	备注
A80-2	1063	1063	1	1.87	1063	1.87	
A80-1	1087	1087	1	1.91	1087	1.91	
A80	2400	2400	14	4.22	33600	59.14	
A80	2900	2900	60	5.1	174000	306.24	
A80	3300	3300	8	5.81	26400	46.46	
A80	3400	3400	12	5.98	40800	71.81	
A80	3500	3500	12	6.16	42000	73.92	

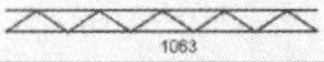

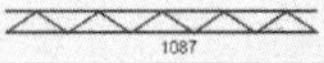

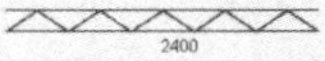

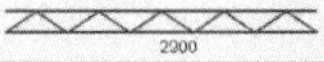

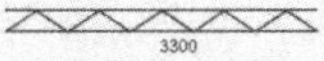

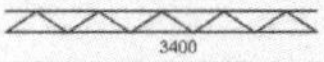

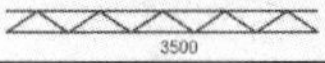

图 1-40　桁架下料表

1#楼物料汇总 项目 物料表

类别	物料名称	规格型号	单位	数量
构件基本信息	外轮廓体积	C30	m³	11.0663
	洞口体积	C30	m³	0.1453
	构件体积	C30	m³	10.921
	混凝土下料体积	C30	m³	10.921
	结算体积	C30	m³	10.921
	混凝土生产用体积（含损耗）	C30	m³	11.24863
	构件重量		t	27.3025
	构件含钢量（含损耗）		kg/m³	142.6193023
	构件不含桁架含钢量（含损耗）		kg/m³	89.68196136
钢筋统计	钢筋	HRB400C8	kg	870.83
	钢筋	HRB400C12	kg	80.06
桁架统计	三角桁架	A80	m	316.8
	三角桁架	A80-1	m	1.087
	三角桁架	A80-2	m	1.063

图 1-41　物料汇总表

1.3 任务书

学习任务 1.3.1　了解装配式建筑与简单方案设计

【任务书】

任务背景	装配式建筑是一种快速发展的建筑技术,它以工厂预制和现场组装为特点,具有诸多优势,如施工速度快、质量可控、资源节约等。为了更好地了解这一技术,学生需了解装配式建筑的基本概念,并尝试制定一个简单的装配式建筑方案。
任务描述	学生通过阅读材料、小组讨论和方案设计等方式学习有关装配式建筑的基本知识,并应用这些知识制定一个小型装配式建筑方案。
任务要求	学生阅读关于装配式建筑的基本概念、优势和适用领域的资料,以建立基本的背景知识;分成小组,与同学讨论装配式建筑的优势和适用性,每组提供一份小结,强调关键点;选择一个简单的建筑项目,如一个小型办公室或实训室,初步思考如何应用装配式建筑技术来设计和建造这个建筑。
任务目标	1. 了解装配式建筑的基本概念,包括其定义、特点和优势。 2. 明白装配式建筑在不同领域的适用性,以及何时选择装配式建筑作为建筑方案的优势。 3. 能够初步制定一个简单的装配式建筑方案,考虑其基本结构和特点。
任务场景	学生通过在线学习平台访问学习资料、进行小组讨论。针对装配式建筑的优势、适用领域以及可能的设计考虑因素等内容,分享和讨论不同的观点和见解。 学生通过虚拟建筑设计工具来创建他们的简单装配式建筑方案,让学生能够将他们所学应用到实际设计中,从而更好地理解装配式建筑的概念。

【获取资讯】

了解任务要求,查找实际的装配式建筑项目案例,了解装配式建筑与简单方案设计所需的基本知识和信息,学习操作虚拟建筑设计工具,设计简单装配式建筑。

引导问题 1: 什么是装配式建筑?它有哪些主要优势?

_____

_____

引导问题 2: 装配式建筑如何影响建筑的设计和施工过程?

_____

_____

【工作计划】

按照任务要求制定装配式建筑基本信息了解与简单方案设计任务实施方案,完成表 1-3。

装配式建筑基本信息了解与简单方案设计任务实施方案　　　　　　　表 1-3

步骤	工作内容	负责人

【工作实施】

（1）收集装配式建筑和简单方案设计的相关资料，包括教材、文献、网络资源和任务书中提供的信息。

（2）了解装配式建筑基本信息，完成表 1-4。

装配式建筑基本信息　　　　　　　　　　　　　　　　　　　　　表 1-4

装配式建筑基本信息	内容
定义	
特点	
优缺点	
适用领域及成功案例	

（3）分成小组，一起讨论装配式建筑的优势和适用性；汇总小组讨论的要点和见解，分享给其他小组或全班。

（4）进行简单方案设计，完成表 1-5。

装配式建筑方案　　　　　　　　　　　　　　　　　　　　　　　表 1-5

装配式建筑方案内容	描述
建筑功能和需求	
结构类型	
建筑外观和风格	
建筑材料	
构件尺寸	
施工可行性	
成本估算	
进度计划	
……	

学习任务 1.3.2　某框架结构幼儿园的预制混凝土构件深化设计

【任务书】

任务背景	本次实训案例为装配整体式混凝土框架结构幼儿园,已完成预制构件类型的选择和各构件范围的确定,现要求对所有预制构件进行加工图设计,满足预制工厂的加工要求。
任务描述	使用 BIM 设计软件完成该框架结构中预制构件深化模型的创建并出具各个构件的加工图。
任务要求	学生需根据已提供的各专业施工图图纸完成对各预制构件信息的集成并通过 BIM 技术绘制符合要求的各构件加工图。
任务目标	1. 熟练掌握框架结构中各类预制构件的加工图设计的内容和深度。 2. 充分了解 BIM 技术在装配式建筑中的应用。
任务场景	对装配整体式框架结构的预制柱、预制叠合梁、预制叠合板、预制楼梯的深化设计。

【获取资讯】

了解任务要求，收集各专业施工图图纸，了解预制构件深化设计的整体流程，学习智能设计深化加工图纸的操作，掌握智能设计技术应用。

引导问题 1：该项目中的预制构件类型和范围是哪些？

_____

_____

引导问题 2：预制构件深化设计的主要流程有哪些？

_____

_____

【工作计划】

按照收集的资讯制定框架结构预制混凝土构件深化设计任务实施方案，完成表1-6。

框架结构预制混凝土构件深化设计任务实施方案　　　　　表 1-6

步骤	工作内容	负责人

【工作实施】

（1）预制柱构件加工图绘制

① 结合施工图图纸，总结预制柱深化设计的要求，填写表1-7。

预制柱深化设计内容　　　　　表 1-7

项次	内容
三维尺寸(截面宽/高、柱高)	
结合面	
纵筋(角筋/中部筋)	
钢筋连接方式	
钢筋伸出长度	
箍筋	
吊件选择(吊运、脱模、施工)	

② 将表格中的参数应用到智能设计软件中，生成预制柱深化模型。

③ 对预制柱进行编号。

④ 一键出具预制柱构件加工图。

（2）叠合梁构件加工图绘制

① 结合已知施工图图纸，总结叠合梁深化设计的要求，填写表1-8。

叠合梁深化设计内容 表 1-8

项次	内容
三维尺寸(截面宽/高、梁长)	
结合面	
纵筋(底筋/腰筋)	
钢筋连接方式	
钢筋伸出长度	
箍筋	
吊件选择(吊运、脱模、施工)	

② 将表格中的参数应用到智能设计软件中，生成叠合梁深化模型。

③ 对叠合梁进行编号。

④ 一键出具叠合梁构件加工图。

（3）叠合板构件加工图绘制

① 结合已知施工图图纸，总结桁架钢筋混凝土叠合板深化设计的要求，填写表 1-9。

叠合板深化设计内容 表 1-9

项次	内容
三维尺寸	
结合面	
板钢筋	
桁架钢筋(型号、布置)	
钢筋连接	
钢筋避让	
吊件选择(吊运、脱模、施工)	

② 将表格中的参数应用到智能设计软件中，生成叠合板深化模型。

③ 对叠合板进行编号。

④ 一键出具叠合板构件加工图。

（4）预制楼梯加工图绘制

① 结合已知施工图图纸，总结预制楼梯深化设计的要求，填写表 1-10。

预制楼梯深化设计内容 表 1-10

项次	内容
三维尺寸	
构造做法(滴水线、防滑槽、挑耳)	
高低端支座构造	
钢筋识读	
构造钢筋识读(参考图集)	
吊件选择(吊运、脱模、施工)	

② 将表格中的参数应用到智能设计软件中，生成预制楼梯深化模型。

③ 对预制楼梯进行编号。

④ 一键出具预制楼梯构件加工图。

学习任务 1.3.3　装配整体式混凝土框架结构设计

【任务书】

任务背景	现有一小型建筑工程项目，需要建造一个简单的仓库结构，以用于存储物品。在有限的预算内，希望尽可能快速地完成这个项目，并确保仓库结构稳定、耐用。为了满足这些要求，我们将学习和应用装配整体式混凝土框架结构设计。
任务描述	根据装配整体式混凝土框架结构设计原理，为上述小型仓库项目创建一个结构方案，方案应包括：如何设计框架和选择材料、考虑施工效率等内容，以确保项目成功完成。
任务要求	学生通过提供的教材、文献和在线资源，了解装配整体式混凝土框架结构设计的基本原理；理解小型仓库项目的需求，包括存储要求、建筑面积和质量标准；根据项目需求，设计一个装配整体式混凝土框架结构方案，包括结构的布局、材料选择和施工流程等。
任务目标	1. 掌握装配整体式混凝土框架结构设计的基本原理和方法。 2. 能够应用所学知识，设计一个满足项目需求的装配整体式混凝土框架结构。
任务场景	该任务将在小型仓库项目的背景下进行。学生有机会与其他团队成员合作，参与讨论，并将所学知识应用到一个真实的小型建筑项目中。

【获取资讯】

了解任务要求，收集项目信息以及相关图纸，学习装配整体式混凝土框架结构的设计原理和施工技术，掌握装配整体式混凝土框架结构设计技术应用。

引导问题 1：混凝土框架结构的设计要点有哪些？

_____

_____

引导问题 2：小型仓库建设中采用装配整体式混凝土框架结构的优势是什么？

_____

_____

【工作计划】

按照收集的资讯制定小型仓库的装配整体式混凝土框架结构设计任务实施方案，完成表 1-11。

小型仓库装配整体式混凝土框架结构设计任务实施方案　　　　　　表 1-11

步骤	工作内容	负责人

【工作实施】

（1）了解小型仓库项目的需求和目标，收集项目相关的文档和资料，包括场地信息、预算、法规和项目规范，完成表 1-12。

资料收集情况表　　　　　　　　　　　　　　　　　表 1-12

资料	收集情况
项目背景	
项目目标	
场地信息	
预算	
……	

（2）学习有关混凝土框架结构设计原理和装配整体式混凝土技术的相关知识；研究与项目相关的案例研究，了解成功的混凝土框架结构应用案例。

（3）按照项目要求，确定设计参数，完成表 1-13。

项目设计参数　　　　　　　　　　　　　　　　　　表 1-13

设计内容	参数值
项目规模和尺寸	
负载要求	
荷载计算	
材料性能要求	
安全要求	
……	

（4）考虑结构的布局、构件的尺寸和连接方式等，进行初步的装配整体式混凝土框架结构设计，绘制设计图。

建筑模型钢筋深化设计应用

2.1 教学目标与思路

【教学案例】

《建筑模型钢筋深化设计应用》为"建筑信息模型应用"课程中三维模型技术典型应用案例，结合建筑信息模型建模特点和深化设计要求，通过案例学习掌握钢筋深化设计的建模与应用，完成三维信息技术模型，并导出相关材料用量统计及钢筋下料单。

【教学目标】

知识目标	能力目标	素质目标
1. 了解钢筋深化设计的目的； 2. 了解建筑模型建模的原则和注意事项； 3. 掌握钢筋深化设计的方法； 4. 掌握建筑模型的应用技巧。	1. 掌握常见的 BIM 软件操作方法； 2. 掌握建筑模型建模的基本步骤； 3. 掌握钢筋深化设计模型的应用； 4. 掌握模型的纠错与自检方法。	1. 具有良好的语言组织与表达能力； 2. 具有认真细致和刻苦钻研的工匠精神； 3. 具有团队合作意识和良好的职业操守。

【建议学时】6～8 学时。

【学习情境设计】

序号	学习情境	载体	学习任务简介	学时
1	框架结构钢筋深化设计应用	三维信息模型软件平台	使用 BIM 软件完成框架结构梁柱等构件的建模，利用模型进行构件类型用量、钢筋级别用量、钢筋直径汇总及钢筋连接类型汇总。	3～4
2	剪力墙结构钢筋深化设计应用		使用 BIM 软件完成剪力墙结构的建模，完成主体结构中钢筋类型、连接种类及数量的统计，制作钢筋下料单。	3～4

【课前预习】

引导问题 1：建筑模型钢筋深化设计的作用有哪些？

引导问题 2：建筑模型钢筋深化设计的主要内容有哪些？

引导问题 3：传统的钢筋放样方法存在哪些问题和弊端？

2.2　知识与技能

1. 知识点——建筑信息模型基本概念

建筑信息模型（Building Information Modeling）又称 BIM，是一种包含建筑构件详细信息的参数化数字模型，能够用于记录和存储全生命周期的建筑信息数据，通过融入三维模型数据实现多方协作和信息共享，支持建筑全生命周期的管理和决策，包括设计、施工、运营和维护。

（1）设计阶段

在设计阶段，建筑信息模型（BIM）可以帮助设计师和业主更好地理解建筑的外观和性能。利用 BIM 技术设计师可以创建一个数字化的建筑模型，对建筑进行可视化的设计和规划，包括外观、结构、机电设备等方面的设计，使设计方案更加精确、全面和可靠。同时，BIM 可以预测建筑物的成本、能源消耗和运营效率等方面的指标，通过仿真和可视化来优化设计方案，让设计师可以更好地与业主进行沟通和协作，提高设计效率和质量。

（2）施工阶段

在施工阶段，BIM 可以帮助施工人员更好地协调施工进程和资源，提高施工效率和质量。施工人员可以运用三维信息模型对施工过程进行施工规划与协调，保证施工工序合理、材料使用经济和设备安装方案可行，对施工现场进行实时监控以识别和解决施工中的问题、优化资源利用、完善安全管理。通过建筑信息模型施工人员可以更好地与设计师和业主进行沟通和协作。

（3）运营和维护阶段

在运营和维护阶段，通过 BIM 的信息管理和数据分析功能，建筑物的运营和维护人员可以获取建筑物的各种信息，包括设备维护记录、能源消耗情况、设备故障率等方面的数据，以及对这些数据进行分析和处理。BIM 可以帮助建筑物的运营和维护人员进行维修和保养，包括预测设备的寿命和维修周期，以及计划和执行维修工作。通过 BIM，建筑物的运营和维护人员可以更好地管理建筑物的各种信息和数据，提高运营效率和可持续性。

2. 知识点——钢筋深化设计准备工作

（1）工程设置

工程设置由工程属性、楼层设置、结构说明、算量设置、钢筋设置和分类规则这六个部分组成，从工程图纸上提取与此界面相关的工程信息并予以输入，完善工程所需相关的信息。

打开方式：选择【晨曦 BIM 钢筋】选项卡，点击【工程设置】功能。

工程属性：在工程属性界面中，可对当前工作的基本信息进行编辑和完善，包括工程信息、结构类型、编制信息、抗震设防烈度和设计使用年限等。

楼层设置：楼层设置是用于设置工程的楼层数、层高，根据图纸要求建立标高，通过两个标高的建立形成一个楼层的概念，按照从下到上的顺序依次添加。

在【标高设置】面板勾选创建的标高，两个标高组合一个楼层，在楼层显示窗口中显示。

结构说明：用于对各构件类型的混凝土强度等级进行设置。

钢筋设置：在钢筋设置界面可对钢筋平法规则、接头计算方式、钢筋汇总方式、抗震等级和环境类别等内容进行设置。

（2）构件分类

Revit 支持将 PKPM/盈建科等各种结构设计模型导入，直接生成混凝土构件，也可以在 Revit 里按混凝土构件的建模方法建立起混凝土构件的实体。然后通过关键字匹配，将实例构件分类为算量类型构件，具体操作步骤如下：

点击功能区工具【构件分类】，可直接点击上方图标，也可以点击下拉后的构件分类按钮；选择构件列表中的构件，修改每个构件实例所对应的算量类型或选择【类型修改】进行多选设置，点击【确定】完成多项设置。

点击【确定】或【应用】，完成构件分类。

为确保所有构件分类，可以利用分类检查的命令进行核查：点击【分类检查】将检查出所有未分类的构件，利用【类型修改】修改未分类的构件，保证分类合理正确。

（3）钢筋基本设置

在【钢筋设置】选项卡中点击【钢筋比重】功能，可对当前工程的钢筋比重（重度）值进行设置，主要分为五种类型的钢筋：普通钢筋、冷轧带肋钢筋、冷轧扭钢筋、预应力钢绞线和预应力钢丝；点击【钢筋种类】功能，可设置钢筋报表中各级别钢筋的代替字母；点击【保护层厚度】功能，可以对工程中各构件类型的保护层进行设置；点击【定尺长度】功能，可修改钢筋计算用的定尺长度值；点击【弯钩长度】功能，可以查看钢筋计算中遇到弯钩时的数据来源，并支持根据需要对其进行调整；点击【弯曲调整值】功能，可以修改采用中心线计算方式时的钢筋弯曲调整值的设置；点击【计算精度设置】功能，可以对各构件类型的钢筋根数计算取整方式进行设置。

3. 知识点——柱钢筋的深化设计

本知识点主要介绍柱钢筋的深化设计模型建立方法，分步列举了操作具体步骤和注意事项，适用于框架柱和墙柱等常规的钢筋混凝土柱，具体如下。

（1）配筋信息输入

点击【晨曦 BIM 钢筋】选项卡，选择【钢筋定义】功能，弹出钢筋定义窗口，在【构件类别】面板中选择柱节点，在【钢筋信息】面板的配筋信息单元格中输入配筋信息，支持直接输入配筋信息和自定义绘制纵筋、箍筋两种形式。两种模式切换如图 2-1 方框内所示。

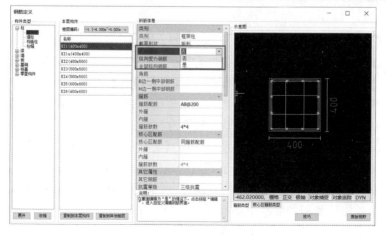

图 2-1　钢筋定义配筋模式

（2）直接输入配筋信息模式

将图 2-1 方框中的内容选为【否】，在【钢筋信息】面板内依次输入纵向受力钢筋信息、箍筋信息、核心区配筋信息及选择箍筋类型等，如图 2-2 所示。

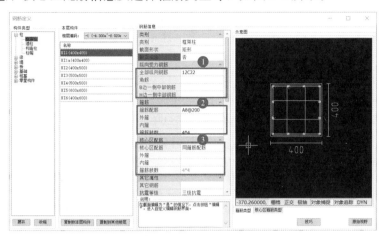

图 2-2　钢筋定义编辑顺序

（3）自定义绘制配筋模式

将图 2-1 方框中的内容选为【是】（自定义绘制纵筋和箍筋），在【钢筋信息】面板内将【截面编辑】属性切换为【是】，点击界面右下角【编辑】按钮；进入自定义编辑钢筋样式界面，完成纵筋、箍筋自定义编辑后，点击【确定】按钮，将自定义样式保存且退出编辑界面，完成编辑，如图 2-3 所示。

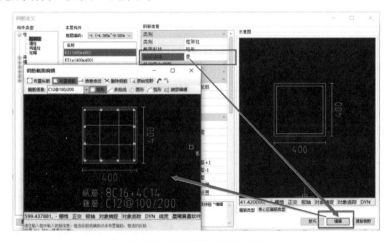

图 2-3　钢筋截面编辑模式

① 纵筋编辑

点击【布置纵筋】按钮，输入纵筋信息，点击【布角筋】按钮，在绘图界面中框选图形，截面上显示包含配筋信息的黄色纵筋点，点击【布边筋】按钮，在绘图界面中框选图形或点击图形的任意边，完成纵筋绘制。

② 箍筋编辑

点击【布置箍筋】按钮，输入箍筋信息，点击【矩形】（或其他布置方式）按钮，在绘图界面中框选图形，截面上显示包含配筋信息的黄色闭合环箍，继续框选可继续绘制箍筋，直至按下 Esc 键 1 次，退出箍筋绘制命令操作。

4. 知识点——梁钢筋的深化设计

本知识点主要介绍梁钢筋的深化设计模型建立方法，分步列举了操作具体步骤和注意事项，适用于框架梁、次梁、楼梯梁、独立梁、连梁、暗梁等常规的钢筋混凝土梁，具体如下。

（1）配筋信息输入

点击【晨曦 BIM 钢筋】选项卡，选择【钢筋定义】功能，弹出钢筋定义窗口，在【构件类型】面板中选择梁，在【钢筋信息】面板的配筋信息单元格中输入配筋信息，如图 2-4 所示。

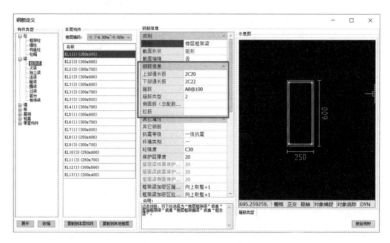

图 2-4　梁钢筋信息输入

（2）箍筋肢数编辑

点击【箍筋类型】单元格后的【…】按钮，弹出箍筋肢数选择对话框，在【名称】面板下选择需要的肢数类型，点击【确定】，完成选择，或点击【新增】，进入自定义箍筋样式窗口，如图 2-5 所示。

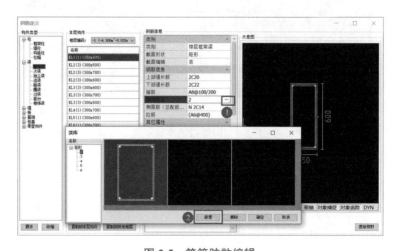

图 2-5　箍筋肢数编辑

（3）梁原位标注

点击【晨曦 BIM 钢筋】选项卡，点击【平法表格】功能按钮，弹出平法表格输入窗口，在需要输入的单元格中输入配筋信息即可，如图 2-6 所示。

图 2-6　钢筋平法表格功能

（4）吊筋箍筋布置

点击【晨曦 BIM 钢筋】选项卡，选择【吊筋箍筋】功能，下拉选择【自动生成吊筋】，如图 2-7 所示。对楼层的吊筋和附加箍筋进行布置，可以自动生成吊筋箍筋，也可完成吊筋箍筋的自定义、查改和删除操作。

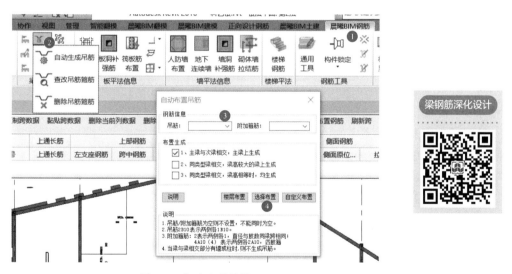

图 2-7　自动生成吊筋

5. 知识点——板钢筋的深化设计

本知识点主要介绍板钢筋的深化设计模型建立方法，分步列举了操作具体步骤和注意事项，适用于现浇钢筋混凝土板，具体如下：

（1）面筋、底筋、温度筋布置

点击【晨曦 BIM 钢筋】选项卡，选择【板筋布置】功能，弹出布置板筋窗口，如图 2-8 所示。选择【钢筋类型】面板下的受力筋，点击【新建】，创建钢筋编号，输入配筋信息，选择【布置方式】中的布置形式（水平、垂直或双向），选择布置按钮：

选择【平行边布置】，在视图中点选单个板图元，点击右上角【完成】；选择板图元上

图 2-8　板筋布置

的一条板边（选择的板边满足：要布置的板筋线与该板边平行），在板图元上任意一处点击，在图形上显示玫红色示意线（含名称编号、配筋信息），按 Esc 键 1 次，继续选择板图元，重复上述步骤，直至按 Esc 键 2 次退出【平行边布置】绘制命令，结束绘制。

选择【范围布置】，进入布筋范围框绘制命令，绘制范围框，点击【√】按钮，生成范围框，在范围框上绘制示意线起点和终点，绘制完成，在图形上显示玫红色示意线（含名称编号、配筋信息），按 Esc 键 1 次，退出【范围布置】绘制命令。

选择【单板】，在视图中的单个筏板基础图元上单击鼠标左键，在图形上显示玫红色示意线（含名称编号、配筋信息），继续单击单个筏板基础图元可继续生成板筋线，直至按 Esc 键 1 次退出板筋线绘制命令，结束绘制。

选择【多板】，在视图中选择多个筏板基础图元后，点击右上角【完成】，在选择的多个筏板基础图元的任意位置处单击鼠标左键，图形上会显示含名称编号和配筋信息的玫红色示意线（含名称编号、配筋信息），继续单击多个筏板基础图元，重复上述步骤，直至按 Esc 键 1 次退出【多板】绘制命令，结束绘制。

选择【两点布置】，在视图中板图元上依次点击示意线起点和终点，绘制完成，图形上会显示含名称编号和配筋信息的玫红色示意线（含名称编号、配筋信息），继续点击示意线起点和终点，继续绘制示意线，直至按 Esc 键 1 次退出【两点布置】绘制命令，结束绘制。

（2）负筋布置

选择【钢筋类型】面板下的负筋，点击【新建】，选择负筋形式（单挑或双挑），创建钢筋编号，输入配筋信息，输入挑长，选择布置按钮：

选择【按板边布置】，视图中仅显示筏板基础图元，在视图中筏板基础图元上任意板边点击 1 次，在板图元上任意处点击 1 次，在图形上显示黄色示意线（含名称编号、配筋信息），继续选择板图元任意板边，重复上述步骤，直至按 Esc 键 1 次退出【按板边布置】绘制命令，结束绘制。

选择【选支座布置】，选择【单挑负筋布置】，在视图中筏板基础图元相交的任意支座处点击 1 次，在板图元上任意处点击 1 次，在图形上显示黄色示意线（含名称编号、配筋信息），继续选择支座，重复上述步骤，直至按 Esc 键 1 次退出【选支座布置】绘制命令，结束绘制。如图 2-9 所示。选择【双挑负筋布置】，在视图中筏板基础图元相交的任意支座处点击 1 次，在图形上显示黄色示意线（含名称编号、配筋信息），继续选择支座，重复上述步骤，直至按 Esc 键 1 次退出【选支座布置】绘制命令，结束绘制。

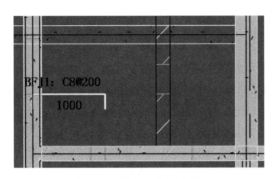

图 2-9　板支座负筋布置

选择【三点布置】，在视图中筏板基础图元相交的任意支座处点依次绘制负筋布置范围的起、终点，在板图元上任意处点击 1 次，在图形上显示黄色示意线（含名称编号、配筋信息），继续选择支座，重复上述步骤，直至按 Esc 键 1 次退出【三点布置】绘制命令，结束绘制。

（3）分布筋布置

选择【钢筋类型】面板下的分布筋，点击【新建】，创建钢筋编号，输入配筋信息，选择分布筋布置形式：所有分布筋配筋一致，选择布置按钮，如图 2-10 所示。

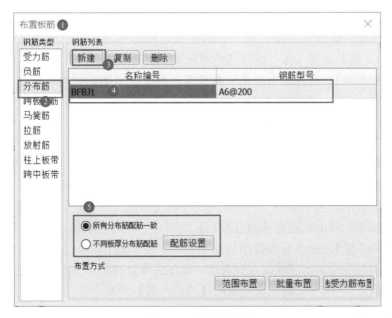

图 2-10　分布筋设置

选择【范围布置】，进入布筋范围框绘制命令，绘制范围框，点击【√】按钮，生成范围框，在范围框上绘制示意线起点和终点，绘制完成，在图形上显示蓝色示意线（含名称编号、配筋信息），按 Esc 键 1 次，退出【范围布置】绘制命令。

选择【批量布置】，弹出标高选择窗口，勾选要布置分布筋的标高，点击【确定】，布置完成，所选标高中的所有跨板面筋、负筋示意线中点处生成含名称编号的蓝色示意线。

选择【选受力筋布置】，在视图中单选或框选跨板面筋或负筋，点击左上角【完成】，所选跨板面筋和负筋示意线的中点处生成含名称编号的蓝色示意线。

（4）跨板受力筋布置

选择【钢筋类型】面板下的跨板受力筋，点击【新建】，创建钢筋编号，输入配筋信息，输入挑长，选择布置按钮：

选择【平行边布置】，在视图中点选单个板图元，点击右上角【完成】；选择板图元上的一条板边（选择的板边满足：要布置的板筋线与该板边平行），在板图元上任意一处点击，在图形上显示黄色示意线（含名称编号、配筋信息），按 Esc 键 1 次，继续选择板图元，重复上述步骤，直至按 Esc 键 2 次退出【平行边布置】绘制命令，结束绘制。

选择【范围布置】，进入布筋范围框绘制命令，绘制范围框，点击【√】按钮，生成范围框，在范围框上绘制示意线起点和终点，绘制完成，在图形上显示黄色示意线（含名称编号、配筋信息），按 Esc 键 1 次，退出【范围布置】绘制命令。

选择【两点布置】，在视图中板图元上依次点击示意线起点和终点，绘制完成，图形上会显示含名称编号和配筋信息的玫红色示意线（含名称编号、配筋信息），继续点击示意线起点和终点，继续示意线，直至按 Esc 键 1 次退出【两点布置】绘制命令，结束绘制。

（5）马凳筋、拉筋布置

选择【钢筋类型】面板下的马凳筋/拉筋，点击【新建】，创建钢筋编号，输入配筋信息，选择布置按钮：

选择【范围布置】，进入布筋范围框绘制命令，绘制范围框，点击【√】按钮，生成范围框，在范围框内任意处点击 1 次，绘制完成，在图形上显示红色示意线（含名称编号、配筋信息），按 Esc 键 1 次，退出【范围布置】绘制命令。

选择【选板布置】，在视图中的单个筏板基础图元上单击鼠标左键，在图形上显示红色示意线（含名称编号、配筋信息），继续单击单个筏板基础图元可继续生成板筋线，直至按 Esc 键 1 次退出【选板布置】绘制命令，结束绘制。

（6）放射筋布置

选择【钢筋类型】面板下的放射筋，点击【新建】，创建钢筋编号，输入配筋信息。选择【两点布置】按钮，在视图中的单个板图元上依次单击确定放射筋起点和终点，绘制完成，在图形上显示红色示意线（含名称编号、配筋信息），重复以上步骤，可继续生成示意线，直至按 Esc 键 1 次退出【两点布置】绘制命令，结束绘制。

选择【范围布置】，进入布筋范围框绘制命令，绘制范围框，点击【√】按钮，生成范围框，在范围框上绘制示意线起点和终点，绘制完成，在图形上显示红色示意线（含名称编号、配筋信息），按 Esc 键 2 次，退出【范围布置】绘制命令。

（7）柱上板带

选择【钢筋类型】面板下的柱上板带，点击【新建】；创建钢筋编号，输入配筋信息；

选择【两点布置】按钮，在视图中的单个板图元上依次单击确定柱上板带的起点和终点，绘制完成；在图形上显示红色示意线（含名称编号、配筋信息），重复以上步骤，可继续生成示意线，直至按 Esc 键 1 次退出【两点布置】绘制命令，结束绘制。

（8）跨中板带

选择【钢筋类型】面板下的跨中板带，点击【新建】，创建钢筋编号；输入配筋信息，选择【两点布置】按钮；在视图中的单个板图元上依次单击确定柱上板带的起点和终点，绘制完成，在图形上显示红色示意线（含名称编号、配筋信息），重复以上步骤，可继续生成示意线，直至按 Esc 键 1 次退出【两点布置】绘制命令，结束绘制。

6. 知识点——剪力墙钢筋的深化设计

本小节主要介绍剪力墙钢筋的深化设计模型建立方法，分步列举了操作具体步骤和注意事项，适用于常规的钢筋混凝土剪力墙，具体如下。

点击【晨曦 BIM 钢筋】选项卡，选择【钢筋定义】功能，弹出钢筋定义窗口，【构件类型】面板中选择混凝土墙（砼墙），在【钢筋信息】面板中输入配筋信息，如图 2-11 所示。

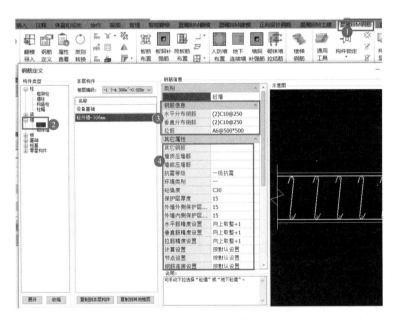

图 2-11　混凝土墙钢筋定义

软件支持输入垂直筋、水平筋、拉筋、洞口加强筋，具体输入时请参照界面下方【说明】，其中详细说明了支持输入的配筋格式；在【其它属性】中可针对不同名称的构件单独修改其保护层、混凝土强度等级、计算设置、节点设置和根数取整方式等。

当混凝土墙有洞口时，点击【晨曦 BIM 钢筋】选项卡，选择【墙洞补强筋】功能，弹出洞口补强筋配置窗口，输入墙洞补强筋及补强暗梁的参数，快速布置工程中所有的墙洞口钢筋。输入不同洞口尺寸对应的墙洞补强筋配筋信息。

使用【墙洞补强筋】功能进行配筋定义后，打开【钢筋属性】可以查看并修改，当前选中混凝土墙的墙洞补强筋配筋；选择混凝土墙，点击【单项布置】，计算并布置混凝土墙与墙洞补强筋实体。

7. 知识点——工程量计算与汇总

模型建立完成应进行模型检查，智能检查工程模型中图形与算量规则的异常状态，点击功能区工具【模型检查】，点击当前层或选楼层，选择要检查的类型，然后点击【确定】即可实现单层或多层的模型检查操作。模型检查后即可进行工程量的计算与汇总，主要可以进行以下几个方面的计算。

（1）单构件查量

点击工具栏的【单构件查量】，对图形上的单个构件随时画随时检验工程量的功能，主要由五个部分内容组成，分别是清单定额、清单规则项目输出、定额规则项目输出、三维核查、规则显示。

（2）房间算量

在绘图区框选房间，点击【房间算量】，即可查看房间装饰工程量，主要由两个部分内容组成，分别是清单定额装饰汇总和实物量装饰汇总。

（3）工程量计算

首先应设置具体的输出内容：点击【计算设置】进入计算设置界面，选择清单或定额规则，选择需要设置的构件类型，选择【项目输出】选项卡，点击【新增】，项目输出列表中新增一行，设置项目名称、单位、计算项目和附加尺寸（若有），重复以上步骤直至所有计算项目新增完成，点击【确定】。然后点击工具栏的【工程计算】，选择楼层和构件，点击【计算】，软件开始进行计算。

（4）节点手算

该模块可自定义创建清单定额。点击【节点手算】，编辑选择左侧大样名称，增加主项、子项或分部分项中添加，编辑清单定额名称、属性、单位等，结果可在报表预览中手工查询。

（5）导出计价

此功能可将文件导出为晨曦计价软件的格式，导出后可直接打开文件进行套价。操作步骤：在工具栏上选择【导出计价格式文件】，选择要导出的内容和导出的设置条件，点击【导出】，选择保存路径。

（6）导出手稿

此功能可将文件导出为晨曦手稿的格式，导出后可直接打开文件进行计算式修改等操作。操作步骤：在功能工具栏上选择【导出 08 手稿】/【导出 17 手稿】，选择要导出的内容和导出的设置条件，点击【导出】，选择保存路径。

（7）导出算量明细

此功能为导出工程模型已计算的工程量算量明细。操作步骤：在功能工具栏上选择【导出算量明细】，选择保存路径与保存名称，点击【保存】完成导出算量明细。

2.3 任务书

学习任务 2.3.1　框架结构钢筋深化设计应用

【任务书】

任务背景	本次钢筋深化设计案例为钢筋混凝土框架结构,根据已有图纸完成框架结构钢筋深化设计模型的建立,并进行简单的应用,具体应用内容详见任务描述。
任务描述	使用通用 BIM 软件对框架结构柱、框架结构梁等主体结构进行钢筋建模,保证钢筋满足规范和图纸的要求,完成主体结构相关工程量的统计。
任务要求	学生应根据需要合理使用软件工具正确完成工程参数、标高、钢筋参数和构件分类的设置,准确建立各钢筋的详细模型,进而为后续工程量统计提供保障。
任务目标	1. 熟练掌握平法施工图识读方法和钢筋构造基本知识,了解工程属性和钢筋参数的影响。 2. 掌握 BIM 软件进行钢筋深化设计的基本要点,了解构件分类、钢筋设置、细部构造处理的操作方法。
任务场景	提供满足精度要求的实物量、清单定额量、构件类型用量表、钢筋级别用量表、钢筋直径汇总表等信息,建模的案例目标为常规规整的钢筋混凝土框架结构,重点完成框架柱与框架梁钢筋的深化设计模型,并利用模型导出相应的工程量参数,供后续计价参考应用。

【获取资讯】

了解任务要求,收集钢筋深化设计基础性资料,了解 BIM 软件工具的基本操作方法,认真学习相关软件的操作说明,按要求完成框架结构钢筋深化设计模型,并合理准确地利用该模型开展应用。

引导问题 1:钢筋混凝土框架结构深化设计及应用涉及以下哪几个方面的指标?(　　　)

A. 工程属性　　　　B. 楼层标高　　　　C. 钢筋级别　　　　D. 钢筋直径

E. 混凝土强度　　　F. 框架柱尺寸　　　G. 框架梁尺寸　　　H. 框架柱配筋

I. 框架梁配筋　　　J. 土建实物量　　　K. 清单定额量　　　L. 钢筋连接类型明细

M. 钢筋接头汇总

引导问题 2:钢筋深化设计应用的目的是什么?

_____

_____

引导问题 3:钢筋深化设计软件有哪些?本项目拟采用什么软件工具?

_____

_____

引导问题 4:实际工程钢筋深化设计过程中遇到设计变更,如何确保信息修改完全和准确?

_____

_____

引导问题 5:正向设计理念下钢筋深化设计有哪些优势?为什么要推广正向设计?

_____

_____

引导问题 6：实际工程钢筋深化设计前，需要准备和参考哪些资料？（　　）

A. 建筑施工图　　B. 结构施工图　　　C. 结构设计模型

D. 22G101 图集　　E. 18G901 图集

【工作计划】

根据收集资讯时制定的框架结构钢筋深化设计任务实施方案，完成表 2-1。

框架结构钢筋深化设计任务实施方案　　表 2-1

步骤	工作内容	负责人

【工作实施】

（1）根据结构设计总说明，简要罗列与钢筋深化设计相关的工程属性。

_____

_____

（2）钢筋深化设计准备工作（表 2-2～表 2-7）。

钢筋深化设计准备工作记录表　　表 2-2

类别	检查项	检查结果
硬件检查	电脑能否正常开机	
	是否有电源,电量能否满足使用时间	
	BIM 软件运行是否卡顿	
资料检查	建筑施工图是否齐全	
	结构施工图是否齐全	
	是否有基础 BIM 模型	
	相关图集是否齐全	
安全检查	软件断电是否具备随时保存功能	
	插座、电源线是否漏电	
环境检查	环境温湿度是否满足运行条件	
	电脑桌面垃圾是否清理	

土建计算结果：清单规则—实物量明细表　　表 2-3

工程名称				
序号	项目名称/构件位置	单位	工程量	计算公式
1				
2				
3				

续表

序号	项目名称/构件位置	单位	工程量	计算公式
4				
5				
6				
统计人员		校核人员		

土建计算结果：清单定额构件明细表 　　　　　　　表 2-4

工程名称				
序号	项目名称/构件位置	单位	工程量	计算公式
1				
2				
3				
4				
5				
6				
统计人员		校核人员		

土建计算结果：措施清单与定额表 　　　　　　　表 2-5

工程名称				
序号	项目名称/构件位置	单位	工程量	计算公式
1				
2				
3				
4				
5				
6				
统计人员		校核人员		

钢筋类型用量表 　　　　　　　表 2-6

构件类型	级别	钢筋总重	d_1	d_2	d_3	d_4

续表

构件类型	级别	钢筋总重	d_1	d_2	d_3	d_4
合计						
统计人员				校核人员		

钢筋连接类型级别直径汇总表 　　　表 2-7

连接类型	合计(t)	A		B		C	
		d_1	d_2	d_1	d_2	d_1	d_2
绑扎							
电渣压力焊							
直螺纹连接							
套管挤压							
合计(t)							
统计人员				校核人员			

学习任务 2.3.2 　剪力墙结构钢筋深化设计应用

【任务书】

任务背景	本次钢筋深化设计案例为钢筋混凝土剪力墙结构,根据已有图纸完成剪力墙结构钢筋深化设计模型的建立,并统计钢筋及连接接头的种类和用量,绘制钢筋的简图,导出钢筋的下料单,具体应用内容详见任务描述。
任务描述	使用通用 BIM 软件对剪力墙结构的墙体、楼板等主体部分进行钢筋建模,保证钢筋满足规范和图纸的要求,完成主体结构中钢筋类型、连接种类及数量的统计,完成钢筋下料单的绘制。
任务要求	学生应根据需要合理使用软件工具正确完成工程参数、标高、钢筋参数和构件分类的设置,准确建立各钢筋的详细模型,利用满足规范和图纸要求的模型统计各材料的用量,为后续工程算量及施工提供参考。
任务目标	1. 熟练掌握平法施工图识读方法和钢筋构造基本知识,了解工程属性和钢筋参数的影响。 2. 掌握 BIM 软件进行钢筋深化设计的基本要点,了解构件分类、钢筋设置、细部构造处理的操作方法。 3. 掌握钢筋下料单的绘制方法,了解钢筋统计和校核的步骤及方法。
任务场景	提供满足精度要求的清单定额构件明细表、钢筋级别用量表、钢筋连接汇总表、钢筋下料单等内容,建模的案例目标为钢筋混凝土剪力墙结构,重点主体结构中剪力墙和楼板等构件钢筋的深化设计模型,并利用模型导出相应的工程量参数和下料单,为后续工程算量及施工参考。

【获取资讯】

　　了解任务要求,收集钢筋深化设计基础性资料,了解 BIM 软件工具的基本操作方法,认真学习相关软件的操作说明,按要求完成剪力墙结构钢筋深化设计模型,并合理准确地利用该模型进行工程量统计和指导施工。

　　引导问题 1:钢筋混凝土剪力墙结构深化设计及应用涉及以下哪几个方面的指标?(　　　)

　　A. 工程属性　　　　B. 楼层标高　　　　C. 钢筋级别

　　D. 钢筋直径　　　　E. 混凝土强度　　　F. 剪力墙厚度

　　G. 边缘构件定位　　H. 剪力墙配筋　　　I. 楼板配筋

　　J. 土建实物量　　　K. 钢筋下料单　　　L. 钢筋连接类型明细

　　M. 钢筋接头汇总

引导问题 2：剪力墙结构钢筋深化设计过程中需要考虑保护层厚度吗？保护层厚度对于钢筋的什么参数有较大的影响？

引导问题 3：钢筋混凝土楼板和剪力墙钢筋如何锚固？建模应注意哪些问题？

引导问题 4：剪力墙双层双向钢筋的具体位置如何摆放？

引导问题 5：钢筋下料单的作用有哪些？制作钢筋下料单应注意哪些问题？

引导问题 6：实际工程中剪力墙与楼板钢筋碰撞时，应该如何放置以解决碰撞问题？

【工作计划】

根据收集资讯时制定的剪力墙结构钢筋深化设计任务实施方案，完成表 2-8。

剪力墙结构钢筋深化设计任务实施方案　　　　表 2-8

步骤	工作内容	负责人

【工作实施】

（1）根据结构设计总说明，简要罗列钢筋混凝土剪力墙结构主要构件的工程属性。

（2）钢筋深化设计准备工作（表 2-9～表 2-13）。

钢筋深化设计准备工作记录表　　　　表 2-9

类别	检查项	检查结果
硬件检查	电脑能否正常开机	
	是否有电源,电量能否满足使用时间	
	BIM 软件运行是否卡顿	

类别	检查项	检查结果
资料检查	建筑施工图是否齐全	
	结构施工图是否齐全	
	是否有基础 BIM 模型	
	相关图集是否齐全	
安全检查	软件断电是否具备随时保存功能	
	插座、电源线是否漏电	
环境检查	环境温湿度是否满足运行条件	
	电脑桌面垃圾是否清理	

土建计算结果：清单定额构件明细表　　　　　　　　　　　　　　　　表 2-10

工程名称				
序号	项目名称/构件位置	单位	工程量	计算公式
1				
2				
3				
4				
5				
6				
统计人员		校核人员		

钢筋类型用量表　　　　　　　　　　　　　　　　表 2-11

构件类型	级别	钢筋总重	d_1	d_2	d_3	d_4
合计						
统计人员				校核人员		

钢筋连接类型级别直径汇总表　　　　　　　　　　　　　　表 2-12

连接类型	合计(t)	A		B		C	
		d_1	d_2	d_1	d_2	d_1	d_2
绑扎							
电渣压力焊							
直螺纹连接							
套管挤压							
合计(t)							
统计人员					校核人员		

钢筋下料表　　　　　　　　　　　　　　表 2-13

构件名称	钢筋编号	规格	归类	简图	下料长度	根数	单重
统计人员				校核人员			

生产线智能化控制应用（智能浇筑）

3.1 教学目标与思路

【教学案例】

《生产线智能化控制应用》为"装配式建筑构件制作与安装"课程中智能控制技术的典型应用案例，结合浇筑工艺要求和质量标准，通过案例学习掌握可编程控制器、开关电路、执行机构、传感器技术及组态和工业互联网等智能建造闭环控制技术。

【教学目标】

知识目标	能力目标	素质目标
1. 了解智能浇筑系统组成； 2. 了解闭环智能控制工作过程； 3. 掌握混凝土原料和前道工序质量验收。	1. 掌握组态软件操作导入浇筑构件图纸； 2. 掌握智能浇筑工艺参数计算方法； 3. 掌握自动浇筑过程检测和工况处置； 4. 掌握构件浇筑质量验收； 5. 掌握异常工况处置。	1. 具有良好的人际交往能力； 2. 具有团队合作精神、客户服务意识和职业道德； 3. 具有健康的体魄和良好的心理素质及艺术素养。

【建议学时】6~8学时。

【学习情境设计】

序号	学习情境	载体	学习任务简介	学时
1	叠合板浇筑	智能浇筑实训系统	学习智能浇筑系统组成；体验智能浇筑运行过程；了解系统主要部品部件工作原理；应用建筑试验掌握质量验收方法；自动浇筑系统开机和运行前检查；利用组态软件进行图纸导入；运行过程中组态与现场监控；异常工况处置预案；设备保养与维护。	3~4
2	普通墙板浇筑		在组态软件上选择导入图纸；已知布料机步长、混凝土比重(重度)、布料机开口宽度和数量设计每部开口和布料量；按照前个任务启动自动浇筑；过程监控中发现异常工况，按照预案处置。	3~4

【课前预习】

引导问题1：闭环智能控制系统组成和作用有哪些？

引导问题2：电气电路和器件检查测量方法有哪些？

引导问题3：混凝土浇筑的主要作用有哪些？

3.2 知识与技能

1. 知识点——桁架钢筋混凝土叠合板的概念、分类及编号

（1）桁架钢筋混凝土叠合板的概念

桁架钢筋混凝土叠合板是指由预制板和现浇钢筋混凝土层叠合而成的装配整体式楼板。该预制板既是楼板结构的组成部分之一，又是现浇钢筋混凝土叠合层的永久性模板。当叠合板跨度较大时，为了保证预制板脱模吊装时的整体刚度与使用阶段的水平抗剪性能，可在预制板内设置桁架钢筋。现浇叠合层内可敷设水平设备管线。叠合楼板整体性好，板的上下表面平整，便于饰面层装修，适用于对整体刚度要求较高的高层建筑和大开间建筑。

桁架钢筋叠合板起源于 20 世纪 60 年代的德国，采用在预制混凝土叠合底板上预埋三角形钢筋桁架的方法，现场铺设叠合楼板后，再在底板上浇筑一定厚度的现浇混凝土，形成整体受力的叠合楼盖。

桁架钢筋混凝土叠合板应按现行国家标准《混凝土结构设计规范》GB 50010 进行设计，并应符合下列规定：

1）叠合板的预制板厚度不宜小于 60mm，后浇混凝土叠合层厚度不应小于 60mm；

2）当叠合板的预制板采用空心板时，板端空腔应封堵；

3）跨度大于 3m 的叠合板，宜采用桁架钢筋混凝土叠合板；

4）跨度大于 6m 的叠合板，宜采用预应力混凝土预制板；

5）板厚大于 180mm 的叠合板，宜采用混凝土空心板。

（2）桁架钢筋混凝土叠合板的分类及编号

① 桁架钢筋混凝土叠合板的分类

桁架钢筋混凝土叠合板可根据预制板接缝构造、支座构造、长宽比等分为单向板和双向板。当预制板之间采用分离式接缝（图 3-1a）时，宜按单向板设计；对长宽比不大于 3 的四边支承叠合板，当其预制板之间采用整体式接缝（图 3-1b）或无接缝（图 3-1c）时，可按双向板设计。

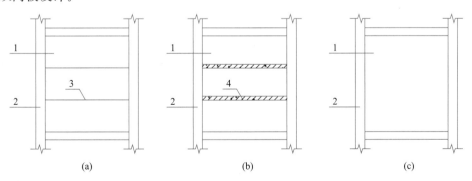

图 3-1　叠合板的预制板布置形式示意

（a）单向叠合板；（b）带接缝的双向叠合板；（c）无接缝的双向叠合板

1—预制板；2—梁或墙；3—板侧分离式接缝；4—板侧整体式接缝

② 桁架钢筋混凝土叠合板的编号

桁架钢筋混凝土叠合板可根据叠合板的类型、预制底板厚度、后浇叠合层厚度、标志跨度、标志宽度、底板钢筋代号进行编号。

A. 单向叠合板用底板编号

单向叠合板用底板编号规则如下：

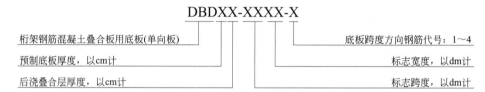

单向叠合板底板跨度方向钢筋代号如表 3-1 所示。

单向叠合板钢筋代号表   表 3-1

代号	1	2	3	4
受力钢筋规格及间距	Φ8@200	Φ8@150	Φ10@200	Φ10@150
分布钢筋规格及间距	Φ6@200	Φ6@200	Φ6@200	Φ6@200

例：底板编号 DBD67-3320-2，表示单向受力叠合板用底板，预制底板厚度为 60mm，后浇叠合层厚度为 70mm，预制底板的标志跨度为 3300mm，预制底板的标志宽度为 2000mm，底板跨度方向配筋为 Φ8@150。

B. 双向叠合板用底板编号

双向叠合板用底板编号规则如下：

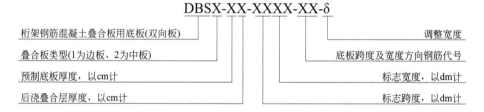

双向叠合板底板跨度、宽度方向钢筋代号组合表，如表 3-2 所示。

双向叠合板底板跨度、宽度方向钢筋代号组合表   表 3-2

跨度方向钢筋 / 钢筋代号 / 宽度方向钢筋	Φ8@200	Φ8@150	Φ10@200	Φ10@150
Φ8@200	11	21	31	41
Φ8@150		22	32	42
Φ8@100				43

例：底板编号 DBS1-67-3320-31，表示双向受力叠合板用底板，拼装位置为边板，预制底板厚度为 60mm，后浇叠合层厚度为 70m，预制底板的标志跨度为 3300mm，预制底

板的标志宽度为 2000mm，底板跨度方向配筋为Φ10@200，底板宽度方向配筋为Φ8@200。

底板编号 DBS2-67-3320-31，表示双向受力叠合板用底板，拼装位置为中板，预制底板厚度为 60mm，后浇叠合层厚度为 70m，预制底板的标志跨度为 3300mm，预制底板的标志宽度为 2000mm，底板跨度方向配筋为Φ10@200，底板宽度方向配筋为Φ8@200。

（3）桁架钢筋的布置要求

1）桁架钢筋应沿主要受力方向布置；

2）桁架钢筋距板边不应大于 300mm，间距不宜大于 600mm；

3）桁架钢筋弦杆钢筋直径不宜小于 8mm，腹杆钢筋直径不应小于 4mm；

4）桁架钢筋弦杆混凝土保护层厚度不应小于 15mm。

钢筋桁架规格及代号详见表 3-3。

钢筋桁架规格及代号　　　　　　　　　　　　　　　　　表 3-3

桁架规格代号	上弦钢筋公称直径（mm）	下弦钢筋公称直径（mm）	腹杆钢筋公称直径（mm）	桁架设计高度（mm）	桁架钢筋延米理论重量（kg/m）
A80	8	8	6	80	1.75
A90	8	8	6	90	1.79
A100	8	8	6	100	1.82
B80	10	8	6	80	1.98
B90	10	8	6	90	2.01
B100	10	8	6	100	2.04

2. 知识点——生产叠合板的工艺流程

（1）叠合板生产线简介

叠合板生产线采用高精度、高结构强度的成型模具，经布料机把混凝土浇筑在模具内、振动台振捣后并不立即脱模，而是经预养护、蒸汽养护，使构件强度满足设计强度时才进行拆模处理的生产工艺，拆模后的成品构件运输至室外成品堆放区域，而空模台沿生产线自动返回。

（2）叠合板生产工艺流程

叠合板生产工艺流程简单，工位数量少，内墙板工艺流程布局完全可以满足叠合板生产的节拍要求，因此将内墙板和叠合板的生产合为一条生产线。叠合板生产工艺布局一览表如表 3-4 所示，与内墙板类似，只是将钢筋笼安装更换成桁架筋安装即可，工位数量比内墙板要求的要少。

叠合板生产工艺布局一览表　　　　　　　　　　　　　　表 3-4

工艺序号	工艺名称	功能简介	备注
1	清理	清理模台上的残渣和灰尘	
2	画线	在模台上画出模具、预埋件安装位置	
3	喷油	喷洒脱模剂	
4	边模/钢筋装配安装	安装边模、钢筋网和桁架钢筋	
5	埋件安装	安装水电盒等埋件	

续表

工艺序号	工艺名称	功能简介	备注
6	浇筑	在模具中浇筑混凝土	
7	振捣	在模具中浇筑混凝土并进行振捣密实	
8	拉毛	对混凝土进行拉毛处理	
9	构件养护	对构件进行养护,达到预期强度	
10	拆模	拆除边模及其他模具	
11	翻转	将带制品的模台进行翻转	

叠合板生产浇筑与振捣操作流程如下:

① 浇筑

A. 工艺功能

进行混凝土浇筑。

B. 作业描述

混凝土浇筑由布料机完成。根据构件的厚度、几何尺寸、需要混凝土的数量及坍落度等参数调整布料机相应的运转参数,混凝土通过输送料斗由搅拌站运送至布料机料斗内部,在进行手动布料时,可以对布料机行走速度、布料机下料速度进行调整。确保生产线的节拍要求,当布料机需要补充料时,布料机可移动至混凝土输送料斗下料口位置进行补料。

布料机可实现自动布料,布料机自动布料程序可在台式电脑上预先编制,而后存到布料机控制器中,随时调用,同时,还可以直接在布料机的控制面板上进行手动编程。

② 振捣

A. 工艺功能

对完成布料的混凝土构件进行振捣。

B. 作业描述

模台上所有的构件完成布料后,振动台上升(或下降)并将模台锁死在振动台上使之在振捣过程中没有相对移动,根据构件的厚度等参数调整振捣器的频率使振捣力与构件的参数相匹配,振捣过程中在密实质量符合要求的前提下控制振捣时间。

3. 知识点——预制混凝土墙板的识图

(1) 预制墙板的分类

预制墙板根据所处的位置和功能可分为预制外墙和预制内墙两大类。预制剪力墙编号由墙板代号+序号组成,表达形式如表 3-5 所示。

预制混凝土剪力墙编号   表 3-5

预制墙板类型	编号
预制外墙	YWQXX
预制内墙	YNQXX

注:1. 表中 YWQ、YNQ 为代号,XX 为序号,序号一般从数字 1 开始编号,也可用字母;

　　2. 在编号中,如若干预制剪力墙的模板、配筋、各类预埋件完全一致,仅局部线盒的位置不同,也可将其编为同一预制剪力墙编号,但应在相同编号后面加字母后缀予以区分。

编号示例如下：

YWQ1：表示预制外墙，序号为1。

YWQ1a：表示预制外墙，序号为1a。一般情况下编号为1a的墙板与编号为1的墙板在模板、配筋、预埋件等主要参数上一致，仅局部次要参数有所不同。

YNQ1：表示预制内墙，序号为1。

装配式剪力墙墙体结构一般由预制剪力墙、后浇段、现浇剪力墙等部分构成。识图时，应对应于预制剪力墙平面布置图上的编号，在预制墙板表中，选用标准图集中的预制剪力墙或引用施工图中自行设计的预制剪力墙；在后浇段表中，绘制截面配筋图并注写几何尺寸与配筋具体数值。当选用标准图集的预制混凝土外墙板时，可选类型详见《预制混凝土剪力墙外墙板》15G365-1和《预制混凝土剪力墙内墙板》15G365-2。标准图集的预制混凝土剪力墙外墙由内叶墙板、保温层和外叶墙板组成。预制墙板表中需注写所选图集中内叶墙板编号和外叶墙板控制尺寸。

（2）预制外墙的内叶墙类型及编号

预制外墙的内叶墙共有5种形式，类型名称及编号如下。

① 无洞口外墙

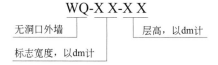

② 一个窗洞外墙（高窗台）

③ 一个窗洞外墙（矮窗台）

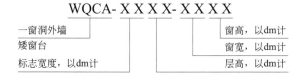

④ 两个窗洞外墙

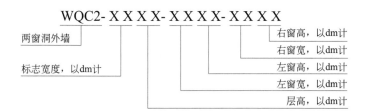

⑤ 一个门洞外墙

WQM- X X X X- X X X X

- 一门洞外墙
- 标志宽度，以dm计
- 层高，以dm计
- 门宽，以dm计
- 门高，以dm计

预制外墙内叶墙编号示例，如表 3-6 所示。

预制外墙内叶墙编号示例表 表 3-6

墙板类型	示意图	墙板编号	标志宽度 (mm)	层高 (mm)	门/窗宽 (mm)	门/窗高 (mm)	门/窗宽 (mm)	门/窗高 (mm)
无洞口外墙		WQ-2428	2400	2800	—	—	—	—
一个窗洞外墙（高窗台）		WQC1-3028-1514	3000	2800	1500	1400	—	—
一个窗洞外墙（矮窗台）		WQCA-3029-1517	3000	2900	1500	1700	—	—
两个窗洞外墙		WQC2-4830-0615-1515	4800	3000	600(左)	1500(左)	1500(右)	1500(右)
一个门洞外墙		WQM-3628-1823	3600	2800	1800	2300	—	—

（3）预制外墙的外叶墙编号

标准图集给出两种类型：wy1、wy2，详见图 3-2。

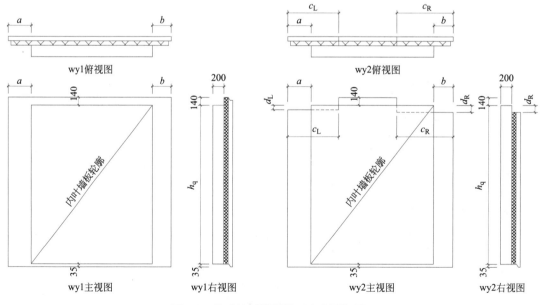

图 3-2 外叶墙板类型图（内表面视图）

标准外叶墙 wy1（a、b），按实际情况标注 a、b，当 a、b 均为 290mm 时，仅注

写 wy1。

带阳台板外叶墙 wy2（a、b、c_L 或 c_R、d_L 或 d_R），按外叶墙实际情况标注 a、b、c_L 或 c_R、d_L 或 d_R。

（4）预制内墙的编号

我们通常所说的预制内墙，实际指的是预制钢筋混凝土剪力墙内墙，根据开洞情况的不同可分为：无洞口内墙、固定门垛内墙、中间门洞内墙、刀把内墙四种。

① 无洞口内墙编号

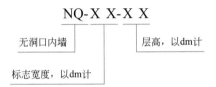

② 固定门垛内墙编号

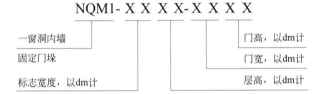

③ 中间门洞内墙编号

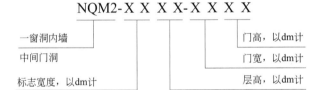

④ 刀把内墙

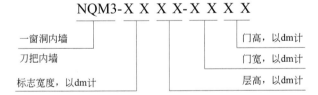

预制内墙编号示例，如表 3-7 所示。

预制内墙编号示例表   表 3-7

墙板类型	示意图	墙板编号	标志宽度（mm）	层高（mm）	门宽（mm）	门高（mm）
无洞口内墙		NQ-2128	2100	2800	—	—

续表

墙板类型	示意图	墙板编号	标志宽度（mm）	层高（mm）	门宽（mm）	门高（mm）
固定门垛内墙		NQM1-3028-0921	3000	2800	900	2100
中间门洞内墙		NQM2-3029-1022	3000	2900	1000	2200
刀把内墙		NQM3-3330-1022	3300	3000	1000	2200

（5）其他与预制墙板有关的构件类型及编号

预制剪力墙结构中后浇段、预制外墙模板、预制隔墙板编号分别如表3-8～表3-10所示。

后浇段编号 表3-8

后浇段类型	后浇段编号
约束边缘构件后浇段	YHJXX
构造边缘构件后浇段	GHJXX
非边缘构件后浇段	AHJXX

预制外墙模板编号 表3-9

后浇段类型	外墙模板编号
预制外墙模板	JMXX

预制隔墙板编号 表3-10

后浇段类型	外墙模板编号
预制隔墙板	GQXX

注：表中 YHJ、GHJ、AHJ、JM、GQ 为代号，XX 为序号，序号一般从数字1开始编号。

4. 知识点——智能浇筑系统组成

智能浇筑系统是体现混凝土预制生产技术水平的重要标志之一，是典型闭环控制系统，可以实现设备-人-工艺之间的高效协同。智能浇筑电气控制设备包括：可编程控制器（PLC）、传感器组、操作控制盘、组态软件等；智能浇筑工位机械设备包括：鱼雷灌混凝土运料设备、模台及传送设备、布料设备、振捣设备等。智能浇筑系统如图3-3所示。通过上述系统的协同配合完成装配式构件混凝土自动浇筑过程，如图3-4所示。

智能浇筑电气系统主要组成部分：

（1）可编程控制器（PLC）

可编程控制器（Programmable Logic Controller，简称：PLC）是工业产线通用中央控制设备，包括：CPU、开关量输入输出接口、模拟量输入输出接口，通过编程实现开关量和模拟量检测，通过开关量和模拟量输出实现对执行设备的控制，并通过工业网络与上层软件实现数据交换。

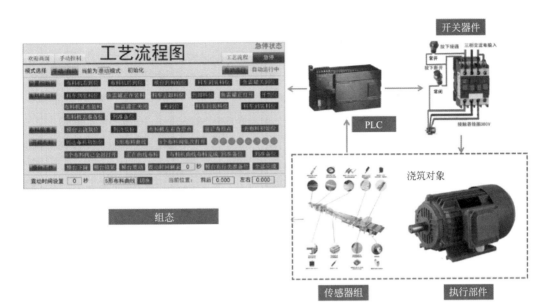

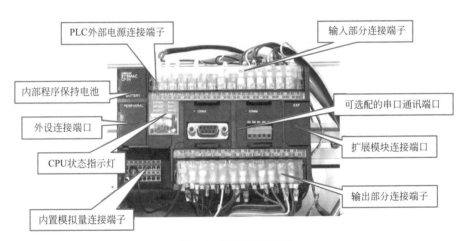

图 3-3　智能浇筑系统

图 3-4　智能浇筑工作过程

可编程控制器特点是使用灵活、通用性强，PLC的硬件是标准化的，加之PLC的产品已系列化，功能模块品种多，可以灵活组成各种不同大小和不同功能的控制系统；接口简单、维护方便，PLC的接口按工业控制的要求设计，有较强的带负载能力（输入输出可直接与交流220V、直流24V等强电相连），接口电路一般亦为模块式，便于维修更换；设备运行可靠，具备工业级运行抗干扰能力，能在恶劣温度条件下稳定工作；编程简单、容易掌握，大多数PLC的编程均提供了常用的梯形图方式和面向工业控制的简单指令方式；设计、施工、调试周期短，采用PLC控制，由于其靠软件实现控制，硬件线路非常简洁，并为模块化积木式结构，且已商品化，故仅需按性能、容量（输入输出点数、内存大小）等选用组装，而大量具体的程序编制工作也可在PLC到货前进行，因而缩短了设计周期，使设计和施工可同时进行。

图 3-5 到位传感器

（2）传感器组

智能浇筑系统的传感器主要检测各机械装置的运行到位状态和极限位置，到位状态检测一般采用霍尔接近传感器，当钢制机械设备到达指定位置，接近开关状态导通，截止状态反转，PLC检测到位信息；在指定位置前端的极限位置安装到位传感器，如图3-5所示，物理切断控制信号，避免接近传感器未能检测到到位信号时造成机械装置不停车而产生冲撞损坏；视觉定位传感器，采用颜色和形状识别方式作为定位标志，应用于确定布料机起点定位，一般起点标准设置在模具摆放的一角，视觉传感器识别标志后确定布料机与构件的相对位置，并作为布料操作的起点；在浇筑工位上模台运行、布料机运行、鱼雷灌运行及模台上升、下降、锁紧等状态均安装了到位状态检测传感器。

（3）执行机构及驱动方式

执行机构指带动机械装置运行的电气传动设备，智能浇筑系统中一般执行机构是交流电机、液压推杆、电磁阀等。PLC按照控制流程根据浇筑工位现场传感器检测状态由输出端口发出控制命令（开关量或模拟量指令），通过状态隔离控制器件驱动执行机构运行。

隔离控制器件包括继电器、交流接触器、光电耦合器等，满足控制信号驱动大功率执行机构需求，并通过物理隔离解决强电回路对弱电回路的干扰问题。可编程控制器、隔离控制器件与电源、电源开关一般集中安装在电气柜中，通过配线连接，并由多芯电缆与浇筑现场传感器和执行机构连接，如图3-6所示。

（4）操作控制盘

操作控制盘由各种执行部件操作控制器件和显示器件组成，布置在远端控制室或浇筑工位现场，与PLC输入输出端口连接。操作控制盘通过PLC输入端口传输控制指令实施手动控制；通过PLC输出端口获得状态信息进行状态显示，操作控制盘通过手动/自动/组态控制切换，在手动控制状态下作为智能浇筑辅助浇筑控制方式。

图 3-6 电气柜

（5）组态软件

组态软件是用于PLC为核心的智能控制系统上位机监控软件，可以安装在计算机或触摸屏中，通过工业网络与PLC连接。组态软件通过编程获得智能浇筑系统状态信息，并向 PLC 发出控制命令，在组态控制状态下，通过组态软件控制智能浇筑系统。

智能布料系统通过上位机的操作可实现自动布料，在自动状态下参数设置需要根据叠合板构件的厚度、几何尺寸、混凝土的数量及坍落度等参数调整布料机相应的运转参数，对布料机的行走速度、下料速度进行控制，保证满足生产线的节拍要求。参数设置完成后，启动自动模块，由系统完成布料工作。混凝土浇筑时应符合下列要求：

① 混凝土应均匀连续浇筑，投料高度不宜大于 500mm。

② 混凝土浇筑时应保证模具、预埋件、连接件不发生变形或者移位，如有偏差应采取措施及时纠正。

③ 混凝土从出机到浇筑完毕的延续时间，气温高于 25℃时不宜超过 60min，气温低于 25℃时不宜超过 90min。混凝土从拌合到浇筑完成中间间歇时间不宜超过 40min。

（6）智能振捣系统

智能振捣系统可实现自动振捣，保证混凝土浇筑的密实性。模台上所有的构件完成布料后，模台下降到振捣位并将模台锁死在振动台上使之在振捣过程中没有相对移动。根据构件的尺寸、混凝土的坍落度等参数调整振捣器的频率和运作时间。振捣分为 3 个过程：横向摇摆、纵向摇摆和高频振捣。

混凝土振捣采用模板震动台进行振捣。当混凝土出现下列现象时说明混凝土已密实了：①混凝土表面停止沉落或者沉落不显著；②混凝土表面气泡不再显著发生；③模板边角部位没有灰浆出现。振捣操作完成后模台解锁上升至布料位，经过质量验收后控制模台运行至下个工序位。

5. 知识点——构件浇筑质量验收

（1）浇筑混凝土前应进行钢筋、预应力的隐蔽工程检查。隐蔽工程检查项目应包括：

① 钢筋的牌号、规格、数量、位置和间距。

② 纵向受力钢筋的连接方式、接头位置、接头质量、接头面积百分率、搭接长度、锚固方式及锚固长度。

③ 箍筋弯钩的弯折角度及平直段长度。

④ 钢筋的混凝土保护层厚度。

⑤ 预埋件、吊环、插筋、灌浆套筒、预留孔洞、金属波纹管的规格、数量、位置及固定措施。

⑥ 预埋线盒和管线的规格、数量、位置及固定措施。

⑦ 夹芯外墙板的保温层位置和厚度，拉结件的规格、数量和位置。

⑧ 预应力筋及其锚具、连接器和锚垫板的品种、规格、数量、位置。

⑨ 预留孔道的规格、数量、位置，灌浆孔、排气孔、锚固区，局部加强构造。

（2）混凝土工作性能指标应根据预制构件产品特点和生产工艺确定，混凝土配合比设计应符合国家现行标准《普通混凝土配合比设计规程》JGJ 55 和《混凝土结构工程施工规范》GB 50666 的有关规定。

（3）混凝土应进行抗压强度检验，并应符合下列规定：

① 混凝土检验试件应在浇筑地点取样制作。

② 每拌制 100 盘且不超过 100m³ 的同一配合比混凝土，每工作班拌制的同一配合比的混凝土不足 100 盘为一批。

③ 每批制作强度检验试块不少于3组、随机抽取1组进行同条件转标准养护后进行强度检验，其余可作为同条件试件在预制构件脱模和出厂时控制其混凝土强度；还可根据预制构件吊装、张拉和放张等要求，留置足够数量的同条件混凝土试块进行强度检验。

（4）混凝土浇筑和振捣完后混凝土离析判断

混凝土离析是指混凝土中的骨料和水泥砂浆分离，形成空隙和裂缝。混凝土的离析对混凝土强度影响很大，因此，要在混凝土振捣完后要注意判断混凝土是否出现离析现象，常见的混凝土离析的判断方法有：

① 肉眼观察法，在混凝土表面观察是否有骨料颗粒暴露且表面凸出，混凝土表面有明显的凹凸不平的现象。

② 手摸法，用手摸混凝土表面感受是否有不规则的骨料颗粒暴露出来，表面纹路不顺畅，有粗糙感。

③ 水洗法，使用水管冲洗混凝土表面，观察冲洗过的水中是否悬浮着很多水泥浆体颗粒。

④ 振捣法，在振捣时，注意观察表面和混凝土内部骨料分布的变化，如存在分离现象则需要适当调整振捣方式或增加振捣时间。

⑤ 施工时细节把控法，在混凝土施工时，应注意精细化施工，如在施工过程中按照规定的浇筑方式、振捣要求和混凝土坍落度等参数进行施工，能够有效地避免混凝土离析的产生。

⑥ 探伤检测法和超声波检测法可以检测混凝土内部的离析情况，但无法确定离析的原因。

⑦ 钻孔取芯检测法先获取混凝土内部的样品，通过分析样品的物理和化学性质，可以确定混凝土离析的原因。

确定混凝土离析的原因，需要综合使用多种检测方法，并结合施工过程中的情况进行分析。如果离析是由于混凝土本身的问题导致的，需要对混凝土配合比和材料进行调整；如果离析是由于施工过程中的问题导致的，需要改进施工工艺和措施，确保混凝土的质量和性能。

（5）预制构件的质量检验

预制构件的外观质量应符合《装配式混凝土建筑技术标准》GB/T 51231—2016中第9.7.1条中的相关规定；预制构件尺寸偏差及预留孔、预留洞、预埋件、预留插筋、键槽的位置和检验方法应符合该标准第9.7.4条的规定。

6. 知识点——智能浇筑工况处置

（1）智能浇筑系统自检

智能浇筑之前应对智能浇筑系统及设备做全面检查，并做好检查情况记录。

检查前需按说明书要求正确接通电源，分别在手动模式及自动模式下启动控制系统，通过视觉观察设备是否正常运行、听觉感知设备运行声音是否有异常、电气及设备故障灯是否亮起等，判断设备是否存在故障。遇到电气系统及设备故障时，逐一查明故障原因，及时排除设备故障。若电气设备无故障或故障排除后，关闭相应电气设备，最后关闭电源。

（2）自动浇筑过程监控

自动浇筑过程中要有专业技术人员密切关注智能浇筑过程及系统工作状态，如果出现系统异常及设备故障，应及时关停系统停止作业，待故障排除以后，重新开启设备进行作业，重新开启设备之前应检查混凝土的坍落度及和易性等能否满足构件浇筑的要求。

智能浇筑
工况处置

7. 知识点——工完料清

一个班次生产任务完成后需进行工完料清操作。

（1）浇筑工位清理

浇筑作业完成以后，应及时进行模台及模具清理，包括清理杂质和余料，防止因为混凝土凝固造成模具后期清理困难，清理完成以后将模具及可重复使用的余料入库放置原位。

（2）设备中残料清理

浇筑作业完成以后，应及时进行布料机等设备中的残料清理。先将布料机运行至水洗池处，打开布料机的所有阀门，确认阀门均已打开后以后，采用高压水枪对布料机进行清洗，清洗完成后将阀门关闭，然后将布料机转移到初始位置。

（3）处置工作过程中记录问题

构件浇筑过程中，应对电气控制系统及机械设备的运行状态进行记录，填写工作过程记录表，内容主要包括构件名称、浇筑时间、设备运行情况、浇筑过程的质量评价等。如果遇到设备故障问题，应对故障发生的具体情况以及故障原因的判定作详细描述。

（4）设备复位关闭电源

浇筑作业完成，并在清理工作完成之后应将所有设备转移到初始位置，关闭设备控制开关及电源。

8. 知识点——设备维护与保养

（1）机械设备维护保养

为了让机械设备能够长期正常运转，必须制定完备的设备维护保养计划，主要包括如下内容：

① 日常清洁：每天使用后应对设备进行清洁，去除浇筑设备表面的灰尘和污渍。

② 定期检查：每月对浇筑设备进行检查，以确保设备部件的正常运转，并及时发现并处理任何故障。

③ 润滑保养：定期对浇筑设备进行润滑保养，以确保设备各部件的运转畅顺。

④ 校准维护：定期对浇筑设备进行校准维护，以确保设备输出的数据的准确性和可靠性。

⑤ 更换备件：定期更换浇筑设备中的关键部件，如磨损的阀门、管道等。

⑥ 保养记录：对浇筑设备的保养维护情况进行记录，并根据需要进行维护记录的分析和总结，以便更好地了解设备运转情况和需求。

（2）电气设备维护保养

电气设备同样需要定期的维护和保养，电气设备维护保养主要包括以下内容：

① 日常检查：电机运转是否正常，有无异响；电机外壳温度是否正常；起动控制柜上仪表和指示灯是否正常。

②　每周维护：检查起动控制柜内交流接触器、时间继电器、热继电器、中间继电器动作是否可靠，及其触头磨损状况，必要时给予更换；检查开关触头是否牢固、有无烧伤、分闸及合闸动作是否可靠；测量电动机的绝缘状况，以及接线盒内接线端子是否松动；检查主回路接线端子、导线连接螺栓有无松动；检查控制回路接线端子、各接插件是否可靠。

③　每年维护：对所有起动柜内作一次除尘去污；检查所有导线接头、接线端子表面氧化状况，去除氧化层；检查所有导线老化状况，必要时更换导线；更换已经老化、磨损严重的元件；检查电机轴承间隙，加注润滑油；对磨损严重，间隙过大的轴承，必须予以更换；检查电机的绝缘状况，有绝缘下降的，必须对定子绕组做浸漆处理。

3.3 任务书

学习任务 3.3.1　预制钢筋混凝土叠合板底板浇筑

【任务书】

构件生产厂接到某工程预制钢筋混凝土叠合板的生产任务，其中标准层一块预制钢筋混凝土叠合板选用了标准图集《桁架钢筋混凝土叠合板（60mm 厚底板）》15G366-1 中编号为 DBS1-67-3320-22 的双向叠合板。按规范要求完成预制钢筋混凝土叠合板的构件制作及养护，并按规范要求检查预制构件质量等工作。

该叠合板所属工程的结构及环境特点如下。该工程采用装配整体式混凝土剪力墙结构体系，预制构件包括：预制夹心外墙、预制内墙、预制叠合楼板、预制楼梯、预制阳台板以及预制空调板。该工程地上 11 层，标准层层高 2900mm，抗震设防烈度 7 度，抗震设防类别为丙类，结构抗震等级三级，环境类别为一类，混凝土强度等级 C30，坍落度要求 35～50mm。

【获取资讯】

了解任务要求，收集智能浇筑系统组成工作过程资料，了解智能控制原理；学习操作使用说明书，按照操作使用说明学习系统操作；复习构件混凝土浇筑工艺要求、原料和浇筑完成质量标准；查阅《装配式混凝土建筑技术标准》GB/T 51231—2016、《装配式混凝土结构技术规程》JGJ 1—2014、《桁架钢筋混凝土叠合板（60mm 厚底板）》15G366-1 等规范标准以及智能浇筑系统的使用说明。

小提示：

① 智能浇筑系统包括机械设备和电气设备，通过咨询了解主要机电设备组成，并能说明其主要作用；

② 电气部品部件检查主要使用万用表，需要掌握使用万用表各种挡位在断电状态和接电状态下测量主要部品部件的方法，并能做出好坏判断；

③ 智能浇筑系统操作流程：浇筑前准备、系统启动流程、浇筑过程中监控、浇筑质量验收、工完料清、设备保养方法等。

引导问题 1：简述智能浇筑系统机电组成和作用。

_____

_____

_____

引导问题 2：简述电气电路和器件检查测量方法。

_____

_____

_____

_____

引导问题 3：简述智能浇筑主要控制节点。

_____

_____

_____

引导问题 4：根据任务要求说明原材料检验和任务质量指标及试验方法。

_____

_____

_____

引导问题 5：简述工完料清的主要工作内容。

_____

_____

_____

_____

引导问题 6：简述设备维护保养的基本方法。

_____

_____

_____

【工作计划】

按照收集到的资讯制定预制叠合板浇筑任务实施方案，完成表 3-11。

叠合板浇筑方案　　　　　　　　　　　　　　表 3-11

步骤	工作内容	负责人

【工作实施】

（1）设备启动

小提示：

① 人工进行构件浇筑时一般采用模具边沿高度作为控制浇筑厚度的参考，自动浇筑需要控制混凝土量控制板厚；

② 智能浇筑系统需要将混凝土从搅拌站运输至浇筑现场并装入布料机，由布料机与模台相对运动通过 8 个布料口下料完成布料工作，布料过程中需要放置混凝土外浇，并保证均匀分布；

③ 智能浇筑系统所有运行部件都由 PLC 发出控制指令控制，运行过程由传感器反馈

信息，PLC 控制启停，PLC 通过程序编制确定控制流程；

④ 组态软件是 PLC 可视化控制软件，可以装在计算机或触摸屏上，组态操作系统有厂家专用操作系统（如：西门子 WINCC 等）或通用操作系统（如：组态王等），与 PLC 通过工业互联网进行连接和信息交互；

⑤ 控制过程遇到执行机构和传感器故障均可能导致系统运行失控或停止运行，这种情况称为异常工况。

引导问题 7：浇筑构件厚度控制方法有几种？自动浇筑应选用哪种？为什么？

_____

_____

_____

引导问题 8：简述布料机的主要工作过程。

_____

_____

_____

引导问题 9：说明鱼雷罐的作用。

_____

_____

_____

引导问题 10：为什么在轨道末端设置限位传感器？

_____

_____

_____

（2）导入图纸

引导问题 11：计算构件混凝土方量。

_____

_____

_____

引导问题 12：说明组态软件的作用。

_____

_____

_____

引导问题 13：组态软件载体：_____、_____；组态设备与_____相连，连接方式为：_____。

引导问题 14：图纸导入后需做哪些检查确认工作？

_____

_____

（3）启动自动浇筑

引导问题 15：说明布料机布料时找零的重要性。

_____

引导问题 16：说明布料机布料过程中混凝土的空仓处理办法。

（4）设备维护保养

引导问题 17：机械设备维护内容有哪些？

引导问题 18：电气设备检测内容有哪些？

学习任务 3.3.2　预制钢筋混凝土带门墙板浇筑

【任务书】

构件生产厂接到某工程预制钢筋混凝土带门墙板的生产任务，其中标准层一块预制钢筋混凝土带门墙板选用了标准图集《预制混凝土剪力墙内墙板》15G365-2 中编号为NQM2-2129-0922 的带门墙板。按规范要求完成预制钢筋混凝土带门墙板的构件制作及养护，并按规范要求检查预制构件质量等工作。

该带门墙板所属工程的结构及环境特点如下。该工程采用装配整体式混凝土剪力墙结构体系，预制构件包括：预制夹心外墙、预制内墙、预制叠合楼板、预制楼梯、预制阳台板以及预制空调板。该工程地上 11 层，标准层层高 2900mm，抗震设防烈度 6 度，抗震设防类别为丙类，剪力墙抗震等级四级，环境类别为一类，混凝土强度等级 C30，坍落度要求 35～50mm。

【获取资讯】

了解任务要求，收集智能浇筑系统组成工作过程资料，了解智能控制原理；学习操作使用说明书，按照操作使用说明学习系统操作；复习构件混凝土浇筑工艺要求、原料和浇筑完成质量标准；查阅《装配式混凝土建筑技术标准》GB/T 51231—2016、《装配式混凝土结构技术规程》JGJ 1—2014、《预制混凝土剪力墙内墙板》15G365-2 等规范标准以及智能浇筑系统的使用说明。

小提示：

① 智能浇筑系统自检，通过系统自检观察电气系统和机械系统运行过程中是否存在设备异常情况，以便进行维护、维修；

② 工艺分析与计算，智能浇筑需要根据图纸和工艺要求规划布料路线，布料机每个步长下根据构件浇筑厚度和空洞设计要求确定下料口开启和下料量控制；

③ 异常工况是智能设备应用中的需要特别关注的情况，需要预先判断可能的工况并做好应对的方案，一旦在运行过程中出现及时按照预案处置。

引导问题 1：智能浇筑自检过程自动检测的主要内容有哪些？

_____

_____

_____

引导问题 2：简述自检报警后人工确认的方法。

_____

_____

_____

引导问题 3：简述工艺计算的基本方法。

_____

_____

_____

引导问题 4：简述质量验收不合格的处理方法。

_____

_____

_____

引导问题 5：简述异常工况及预案。

_____

_____

_____

_____

【工作计划】

按照收集到的资讯制定带门墙板浇筑任务实施方案，完成表 3-12。

带门墙板浇筑方案 表 3-12

步骤	工作内容	负责人

【工作实施】

（1）设备启动

小提示：

① 系统自检过程需要根据报警信息判断设备情况并及时处置；

② 图纸导入后系统自动生成浇筑路线、每个步长的下料口开启方案和下料量，须根据工艺要求进行确认；

③ 数字孪生系统作为智能浇筑过程的数字化同步系统，了解数字孪生在智能制造中的作用和意义；

④ 控制过程遇到执行机构和传感器故障均可能导致系统运行失控或停止运行，这种情况称为异常工况，当异常工况发生时须按照处置预案进行应对。

引导问题 6：根据自检故障现象，分析故障原因。

_____

_____

_____

引导问题 7：根据图纸和布料机的步长规划布料线路和每个步长的下料量。

_____

_____

_____

引导问题 8：说明可编程控制器的作用。

_____

_____

_____

引导问题 9：说明传感器的作用。

_____

_____

_____

（2）导入图纸

引导问题 10：计算构件混凝土方量。

_____

_____

_____

引导问题 11：说明组态软件的工作原理。

_____

_____

_____

引导问题 12：如何进行图纸导入？

_____

_____

引导问题 13：图纸导入后，如何进行错误校核？

_____

_____

_____

（3）启动自动浇筑

引导问题 14：布料机出现接料位传感器故障会有怎样的影响？

_____

_____

_____

引导问题 15：振捣时间如何确定？

_____

_____

引导问题 16：简述自动布料过程中设备故障停止布料的处理步骤。

_____

_____

（4）设备维护保养

引导问题 17：机械设备维保周期如何确定？

_____

_____

引导问题 18：电气设备维保周期如何确定？

_____

_____

_____

智能化加工设备应用（智能钢筋加工）

4.1 教学目标与思路

【教学案例】

《智能化加工设备应用》为"装配式建筑构件制作与安装"课程中智能控制技术典型应用案例，结合钢筋加工施工工艺标准，通过应用案例学习了解智能化钢筋加工设备的使用，掌握钢筋加工工艺流程、钢筋成品的质检与包装及智能化加工设备异常工况的处理。

【教学目标】

知识目标	能力目标	素质目标
1. 了解智能化钢筋加工设备发展历程； 2. 了解智能化建筑装备的主要构成和工作原理； 3. 掌握预制构件深化施工图的图示内容； 4. 掌握钢筋加工和成品的标准。	1. 了解智能化钢筋加工设备的构造组成； 2. 掌握智能加工设备的加工过程和工艺流程； 3. 掌握预制构件升华识图的识读； 4. 掌握钢筋成品的质检与包装； 5. 掌握智能化加工设备异常工况的处理方案。	1. 具有良好的职业道德操守； 2. 具有高度的规范意识和安全责任意识； 3. 具有较好的创新能力和就业竞争力。

【建议学时】8学时

【学习情境设计】

序号	学习情境	载体	学习任务简介	学时
1	钢筋智能化加工	智能化加工设备或仿真实训系统	使用数控弯箍机，完成竖向受力筋、箍筋、拉筋的智能化加工，了解数控弯箍机设备组成，学习钢筋原材料的更换、智能导入、竖向受力筋、箍筋、拉筋智能化加工工艺流程及异常工况处理。	4
2	叠合板桁架钢筋智能化加工		使用桁架机完成叠合板桁架钢筋的智能化加工，了解全自动化钢筋桁架生产线设备组成，学习桁架钢筋智能化加工过程、桁架钢筋智能化加工工艺流程、桁架钢筋成品质检与包装及异常工况处理。	4

【课前预习】

引导问题1：智能化钢筋加工设备发展的意义是什么？

引导问题2：智能化钢筋加工设备都有哪些？

4.2 知识与技能

1. 知识点——钢筋加工概述

（1）钢筋应用

钢筋作为混凝土的骨架，与其构成钢筋混凝土，成为建筑结构中使用面广、量大的主材。钢筋在混凝土结构中的作用主要是增强结构的承载能力、防止开裂、提高耐久性、形成复合材料、固定和支撑以及提高抗震性能等。在浇筑混凝土前，钢筋必须制成一定规格和形式的骨架纳入模板中。制作钢筋骨架，需要对钢筋进行强化、拉伸、调直、切断、弯曲、连接等加工，最后才能捆扎成形。

（2）钢筋的分类

① 按直径大小分：钢筋的直径大小不同，可以分为钢丝（直径 3～5mm）、细钢筋（直径 6～10mm）、粗钢筋（直径大于 22mm）。

② 按力学性能分：根据钢筋的力学性能，可以分为 300MPa 级钢筋、400MPa 级钢筋和 500MPa 级钢筋。

③ 按生产工艺分：按照生产工艺的不同，可以分为热轧、冷轧、冷拉的钢筋，还有以 400MPa 级钢筋经热处理而成的热处理钢筋，强度比前者更高。

④ 按在结构中的作用分：在钢筋混凝土结构中，根据钢筋的作用可以分为受力筋、箍筋、架立筋、分布筋、拉筋等。

A. 受力筋：也称主筋，是在混凝土结构中对受弯、压、拉等基本构件配置的主要用来承受由荷载引起的拉应力或者压应力的钢筋。它的作用是使构件的承载力满足结构功能要求。如墙板中的纵筋、叠合板中的桁架筋（桁架筋是指利用钢筋在混凝土结构中形成的桁架形式，用来增强混凝土结构的承载能力和抗震能力。这种钢筋通常由格状钢筋与横向钢筋连接而成，是一种钢筋支撑体系。在建筑中，桁架筋主要用于支撑屋顶和墙壁，是一种常见的钢制骨架或框架结构，具有承重稳定、耐久性强等优点）。

B. 箍筋：用来满足斜截面抗剪强度，并联结受力主筋和受压区混筋骨架的钢筋。其作用是把受力钢筋固定在正确的位置上，并与受力钢筋连成钢筋骨架，从而充分发挥各自的力学性能。

C. 架立筋：是一种辅助箍筋架立的纵向构造钢筋。在梁的上部不需要配置受拉钢筋，但为了满足施工时架设箍筋的需要，在梁上部一般布置两根通长的钢筋。其主要作用是固定受力钢筋的位置，便于施工。

D. 分布筋：出现在板中，布置在受力钢筋的内侧，与受力钢筋垂直。作用是固定受力钢筋的位置并将板上的荷载分散到受力钢筋上，同时也能防止因混凝土的收缩和温度变化等原因，在垂直于受力钢筋方向产生裂缝。

E. 拉筋：拉筋是一种用于增加混凝土结构内部纤维之间的摩擦力和粘结力的钢筋。它通常被拉成一定的角度，并与纵筋和箍筋一起使用，以增加结构的稳定性和安全性。

⑤ 按外形分：按钢筋的外形不同，可以分为光圆钢筋、带肋钢筋、螺纹钢筋、精轧螺纹钢筋等。

⑥ 按供货方式分：按照供货方式的不同，可以分为圆盘钢筋（直径≥10mm）和直条

钢筋（长度6～12m，根据需方要求，也可以按照其他尺寸供应）。

⑦ 按化学成分分：根据钢筋的化学成分，可以分为普通碳素钢与合金钢。其中普通碳素钢是建筑工程中用量最大的钢材品种。

总的来说，根据不同的分类方式，钢筋可以被划分为不同的类型，在实际的建筑工程中，可以根据具体需求和工程要求选择合适的钢筋类型和规格。

（3）钢筋加工的发展历程

钢筋加工最初主要依靠手工操作，工人使用简单的工具进行切割、弯曲等加工。这种加工方式效率低下，工作强度大，精度也难以保证。随着机械技术的进步，钢筋加工逐渐实现了机械化。机械设备如电动切割机、弯曲机等开始用于钢筋加工，提高了加工效率和精度，减轻了工人的劳动强度。随着自动化技术的不断发展，钢筋加工也逐渐走向自动化。数控弯箍机、全自动化钢筋桁架生产线、机器人等先进设备被用于钢筋加工，实现了加工过程的自动化和智能化，进一步提高了加工精度和效率。

20世纪60年代国外已经出现了专业钢筋成型加工企业，当时只是为了便于组织生产，使用的设备与建筑工地相同。到70年代，为了降低加工成本，钢筋加工机械有了较大的改进，自动弯箍机得到广泛使用，钢筋加工企业重新组织每个加工工序，生产能力得到不断提高。而80年代，由于电子技术的发展，钢筋成型加工机械使用了电子元件，机器功能大大增强，大幅降低了生产成本。而智能化钢筋加工发展到目前，国内已将钢筋加工智能化运用到了项目中，使用自动化水平较高的专用设备进行钢筋加工，极大地提高了钢筋加工的产能，但钢筋设计与钢筋加工环节分离的方式还存在一些明显的缺点，实现钢筋设计加工一体化，将进一步推动智能建造发展，通过集成设计软件和自动化机械操作，实现钢筋加工环节的高度智能化，提升钢筋加工的效率和质量。

钢筋加工的发展历程

2. 知识点——智能钢筋加工设备—全自动化钢筋桁架生产线

全自动化钢筋桁架生产线是一种先进的钢筋加工设备，主要用于生产钢筋桁架楼承板、装配式建筑PC钢筋桁架等，能够将拉伸矫直、弯曲成型、焊接、剪切、成品收集、码放等工作流水线一次完成，具有高度的自动化和生产效率，可以大幅提高钢筋加工的效率和精度，降低工人的劳动强度。如图4-1所示。

图4-1　全自动化钢筋桁架生产线

不同的全自动化钢筋桁架生产线可能具有不同的组成结构和配置，此处以浙江亿洲机械科技有限公司研发的 XHJ-350 全自动钢筋桁架焊接生产线为例，介绍设备的组成结构。同时，随着技术的不断进步和应用需求的多样化，全自动化钢筋桁架生产线的组成和结构也在不断发展和优化中。

　　XHJ-350 全自动钢筋桁架焊接生产线是一种将螺纹钢盘料和圆钢盘料自动加工后焊接成截面为三角形桁架的全自动专用设备。主要分为 6 大部分，如图 4-2 所示。

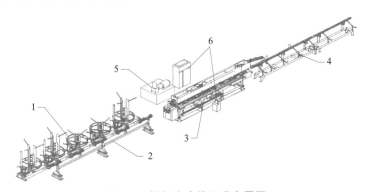

图 4-2　桁架生产线组成布置图

1—放料架；2—校直机构；3—主机；4—卸料架；5—液压系统；6—电气控制柜系统

　　（1）放料架

　　放料架包括底座、放料盘、刹车机构、导向机构、缺料检测和拉力检测等。底座和转盘之间装有轴承，使转盘工作时可灵活转动，刹车机构可调节转盘在没有出料时的灵活度，使停放的钢筋盘料不会自动散开；缺料检测和拉力检测用于在缺料或料被卡住时使机器停止工作并同时报警。

　　（2）校直机构

　　校直机构包括底座、机架、校直轮和导向机构等。校直轮包括横向校直轮和竖向校直轮，其中的一半轮子安装在滑块上，调整轮子到合适的位置就能达到调直钢筋的目的。

　　（3）主机

　　主机为本设备的主要功能部分，包含胀紧部件、夹送料部件、波浪成形部件、上焊接部件、下焊接部件、限位部件、辅助送料部件、脚折弯部件、整形部件、剪刀部件、出料部件。除出料部件外其他部件均采用液压油缸驱动。

　　（4）卸料架

　　卸料架包括机架、翻转机构和加长机架。机架可根据需要调节高度；翻转机构由气缸驱动。

　　（5）液压系统

　　液压系统包括液压站、液压阀、调节阀、蓄能器、油缸、油管、水冷系统。液压额定工作压力是 9～10MPa。

　　（6）电气控制柜系统

　　电气控制柜系统包括高低压组合电控柜一个、操作控制柜一个，用于出料和卸料的气动回路等。

3. 知识点——桁架钢筋智能加工工艺操作流程

同理，以浙江亿洲机械科技有限公司研发的 XHJ-350 全自动钢筋桁架焊接生产线为例，介绍桁架钢筋智能加工工艺操作流程。

（1）生产前准备

① 原料质检。复核原料标签，确认原料符合设计钢筋要求。

② 设备检查与维护。设备指定部位添加润滑剂；设备自检正常。

③ 卫生与保护。设备周边工作面卫生清理；确认操作人员劳保用品穿戴到位。

送料矫直

④ 上料操作。按照送料路径将钢筋头分别送至桁架加工设备进料口并完成夹紧。

⑤ 操作模式

A. 手动模式。启动电源，开启液压站电机，功能开关切换至"手动"挡，操作按钮按下时对应功能的部件响应动作。

B. 复位模式。启动电源，开启液压站电机，功能开关切换至"复位"挡，按下操作柜操作面板上的"复位"按钮，整个机器所有部件全部回到原位。

桁架钢筋
智能加工

C. 单步模式。启动电源，开启液压站电机，功能开关切换至"复位"挡，按下"复位"按钮，使机器复位，功能开关切换至"单步"挡，操作柜操作面板上的"运行启动"按钮每按一次，机器动作一步，如此循环。

D. 自动模式。启动电源，开启液压站电机，功能开关切换至"复位"挡，按下"复位"按钮，使机器复位，功能开关切换至"自动"挡，操作柜操作面板上的"运行启动"按钮按一次，机器开始自动运行，一直循环。操作柜操作面板上的"停止"按钮按一次，机器做完当前这根桁架后自动停止。

⑥组态设置

A. 启动电源，开启液压站电机功能开关，切换至"复位"挡按下"复位"按钮，使机器复位功能开关切换至"自动"挡。

B. 操作柜操作面板上的"运行启动"按钮按一次，机器开始自动运行，一直循环。操作柜操作面板上的"停止"按钮按一次，机器做完当前这根桁架后自动停止，如图 4-3 所示。

C. 参数设定

如图 4-4 所示，在人机界面的参数设定画面，可进行焊接参数的设定。本控制器可进行二次放电/三次放电，由放电次数设定焊接加压时间的设定范围 0～99 周波。焊接时间的设定范围 0～99 周波焊接电流的设定范围 0%～99%。焊接电流与焊接时间的设置，会影响焊接的热变形，因此需根据不同的钢筋（冷轧和热轧）调整。

D. 桁架的长度设置

启动液压站，将"节距调整"电锁关闭（置左位）开启复位模式，按复位按钮机器复位，人机界面参数设定画面中，点击"产品长度设置"，在弹出的窗口中直接输入目标产品长度，编码器计数会自动减小至零，然后重新开始计数到所需值自动停止，自动长度设置完成，如图 4-5 所示。

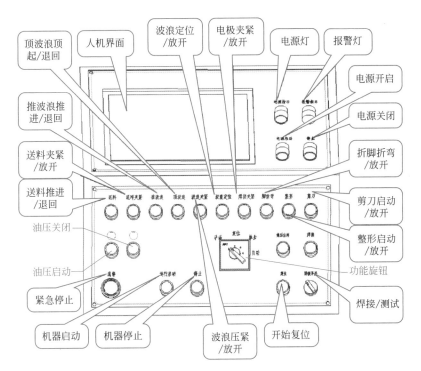

图 4-3 操作柜操作面板

焊接加压时间	焊接时间	上焊接电流	下1焊接电流	下2焊接电流
## x20ms	## x20ms	##	##	##
产品长度设置	目标节数	剪切时间	夹紧时间	波浪匹配时间
#####	###	## x20ms	## x20ms	## x10ms
等待时间	### ms	放电次数	#	

注：焊接电流设置为零时，焊接不放电　　实时节数 123　　编码器计数 1234

自动画面　　节点监控　　报警监视　　手动模式 急停中　　首页

图 4-4 参数设定

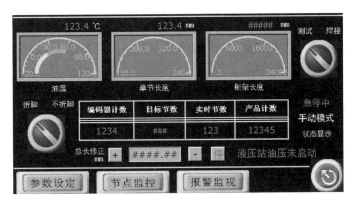

图 4-5 桁架的长度设置

（2）运行生产

试运行首次进料，确认参数设置正确后开始正常生产加工。

穿钢筋时必须戴上防护手套；

调整矫直机构，钢筋必须是笔直的；

把钢筋穿入主机，弦筋穿到焊接位置，曲筋穿到波浪压紧位置启动液压系统；

开启手动模式，手动将曲筋压紧；

手动先点击顶波浪，随后紧接着点击推波浪，手动做一个波浪观察波浪高度是否合适，不合适则操作波浪高度面板进行调整；

开启复位模式，将机器复位一下；

开启单步模式，机器单步操作，直到桁架走出整个机器为止；

单步操作过程中移动焊接位置、折脚位置以及剪刀位置到合适点；

开启自动模式生产桁架；

检查桁架是否合格，如有必要请进行纠正调整；

当出现紧急情况时，需按下急停按钮；紧急情况解除后再旋起急停按钮；

当机器较长时间停止时，应关闭液压装置。

（3）成品检验与包装

① 工厂质检与包装

A. 钢筋的外观检查

钢筋应平直、无损伤，表面不得有裂纹、油污、颗粒状或片状锈蚀。钢筋表面凸块不允许超过螺纹的高度；钢筋的外形尺寸应符合有关规定。

B. 力学性能试验

从每批中任意抽出两根钢筋，每根钢筋上取两个试样分别进行拉力试验（测定其屈服点、抗拉强度、伸长率）和冷弯试验。

C. 钢筋包装标签检查

钢筋包装需要标签，标签内容需包含钢筋的直径、数量、钢筋规格型号、炉批号、生产日期、单根钢筋长度、整捆重量等。

② 施工现场质检与包装

A. 成型钢筋应按总平面布置图指定地点摆放，按规格、型号及使用部位等分类在指定地点码放，用木方垫放整齐，防止钢筋变形、锈蚀、油污，如遇雨水天气用塑料布盖好。

B. 钢筋进场时，应按国家现行相关标准的规定抽取试件作屈服强度、抗拉强度、伸长率、弯曲性能和重量偏差检验，检验结果必须符合有关标准的规定。

检查数量：按进场批次和产品的抽样检验方案确定。

检验方法：检查质量证明文件和抽样检验报告。

（4）异常工况与处理

① 料盘卡料的处理

生产过程中由于钢筋卡住或料盘出现故障，卡料限位开关被触碰，机器会自动检测报警并停止工作。这时需排除料盘上卡筋的故障，然后才能恢复生产。钢筋上料时应先找好从外到内拉出的一头朝上放料。当料卡住时应先停机，将转换开关转到单步状态，此时报警器应该处于报警状态，如不报警则机器会连续地自动工作，做出的产品节距将不准确。如果是轻微卡料时只须站在安全位置拉动放料盘即可，严重时须爬到料架上将钢筋撬动处理，实在不能处理时须把钢筋剪断整理好后再接上。钢筋被卡住需要切断时，必须配备适当的保护装备。切断钢筋时要特别注意其突然弹回。

② 焊接不正常的处理

焊不牢且火花很大：电极没锁紧，电极过度磨损成深槽，摆臂螺丝断或摆臂卡死，电极安装位置不当，夹不紧焊接件。

焊不牢且火花很小：操作控制台面板上设置的电流太小，摆臂与电极之间有短路，分流了焊接电流，市电电压偏低。

焊不牢且无火花：控制台面板上的焊接旋钮没有转到焊接位置，面板上设置的电流为零，摆臂或油缸故障无动作，电磁阀卡死使油缸无动作，电器故障无输出。

③ 矫直器常见故障

A. 钢筋矫得不直

钢筋矫得不直，是因为轮子 2 压得不够紧，钢筋没有超过弹性极限的变形。解决的方法可参考图 4-6 中示意重新调整轮子 2。

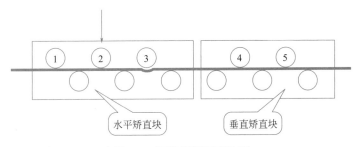

图 4-6 钢筋矫得不直处理

B. 钢筋掏出轮子导向槽

钢筋掏出轮子导向槽的原因是轮子 1 和轮子 3 压得太紧，解决方法可参考图 4-7 中示意重新调整轮子 1 和轮子 3 压紧状态。

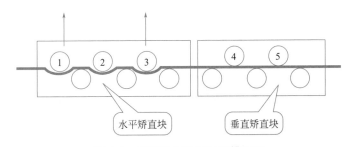

图 4-7 钢筋掏出轮子导向槽处理

④ 液压油路的故障

对液压系统的任何故障处理，都必须清理垃圾保持极端清洁，脏污颗粒绝对不能进入油路管道里面。出现电磁阀、减压阀、截流阀故障时，请将液压压力降到 0，并且把液压储能器关闭，再进行相应的原件更换。注意液压部件的温度，防止烫伤。

⑤ 桁架筋扭曲矫正

通过调整上弦筋张力轮和下弦筋张力轮的角度以及矫正张力来纠正桁架的扭曲。还可以通过调整下弦筋导向轮 3、4 来影响桁架的扭曲。如果桁架向左扭曲：逆时针旋动 "2" 和 "6" 张力角度调节旋钮。如果桁架向右扭曲：顺时针旋动 "2" 和 "6" 张力角度调节旋钮，如图 4-8 所示。

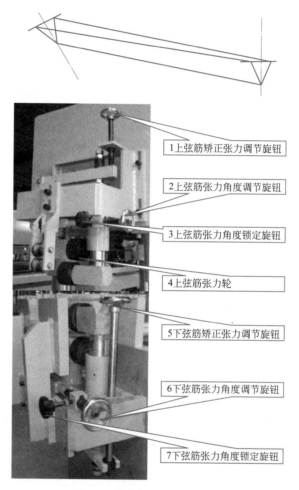

1 上弦筋矫正张力调节旋钮

2 上弦筋张力角度调节旋钮

3 上弦筋张力角度锁定旋钮

4 上弦筋张力轮

5 下弦筋矫正张力调节旋钮

6 下弦筋张力角度调节旋钮

7 下弦筋张力角度锁定旋钮

图 4-8　桁架筋扭曲矫正处理

⑥ 桁架钢筋波浪高度不一致，顶部大小不一致

A. 推波浪高度超过顶波浪高度时，可能出现曲筋波浪顶部大小不一致。可通过调近推波浪距离，降低推波浪高度的方法解决。

B. 曲筋前加紧和曲筋后加紧没压牢时，会出现波浪高度不一致。解决的方法是使曲筋前后加紧压牢，如图 4-9 所示。

⑦ 桁架底脚不平或高度不正确

A. 桁架底脚不平

a. 折脚刀片与折脚定位刀片之间的间隙太小的时候，桁架底脚会往上翘。可通过调整折脚刀片高低调整杆 1 和折脚刀片高低调整杆 2 来增大折脚刀片与折脚定位刀片之间的

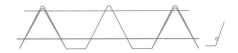

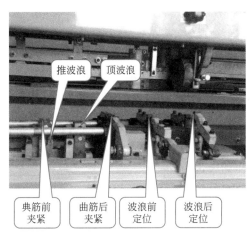

图 4-9 桁架钢筋波浪高度不一致，顶部大小不一致处理

间隙。

　　b. 折脚刀片与折脚定位刀片之间的间隙太大的时候，桁架底脚会向下翘。可通过调整折脚刀片高低调整杆 1 和折脚刀片高低调整杆 2 来减小折脚刀片与折脚定位刀片之间的间隙。如图 4-10 所示。

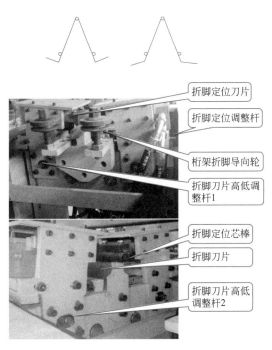

图 4-10 桁架底脚不平处理

B. 桁架底脚高度不正确

a. 桁架折脚导向轮的高度不合适，会影响桁架底脚的高度。导向轮越高，桁架底脚就越高；导向轮越低，桁架底脚就越低。调整导向轮的高度是解决桁架底脚高度不正确的一种方法。

b. 折脚高度调整轮，可以调整桁架底脚的高度，如图 4-11 所示。逆时针旋转折脚高度调整轮时，桁架底脚会变高；顺时针旋转折脚高度调整轮时，桁架底脚会变低。因此调整高度调整轮也是解决桁架底脚高度不正确的一种方法。

⑧ 桁架宽度不符合要求

A. 当整形刀块往上顶的位移偏短时，桁架宽度就会偏窄。可逆时针旋转整形高度调整轮（图 4-12），使整形高度限位块上移，整形刀块往上顶的高度增加，最终桁架宽度增加。

图 4-11　折脚高度调整轮

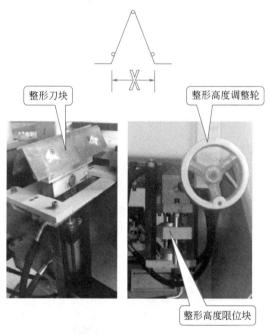

图 4-12　桁架宽度不符合要求处理

B. 当整形刀块往上顶的位移偏长时，桁架宽度就会偏宽。可顺时针旋转整形高度调整轮，使整形高度限位块下移，整形刀块往上顶的高度减小，最终桁架宽度变窄。

C. 桁架底脚的宽度是随着桁架单节长度的不同而变化的，当桁架底脚宽度过宽时，增大缓冲垫片的厚度；当桁架底脚宽度过窄时，减小缓冲垫片的厚度。节距 190mm 的时候，一般不用另外加缓冲垫片。如图 4-13 所示。

⑨ 桁架剪切位置变形

A. 剪切后上弦筋头部弯曲

上剪切油缸速度过快，可能会出现上弦筋剪切位变形。可顺时针调整上剪切油缸截流阀，降低上剪切油缸的速度。如图 4-14 所示。

B. 剪切后下弦筋头部位置变窄

下剪刀 A 和下剪刀固定块 A 与桁架型号不匹配，会使剪切后下弦筋头部位置变窄。可更换与桁架匹配的下剪刀 A 和下剪刀固定块 A。如图 4-14 所示。

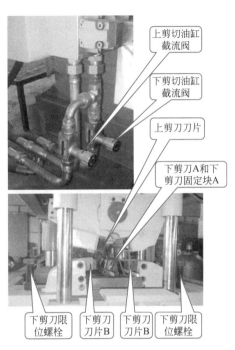

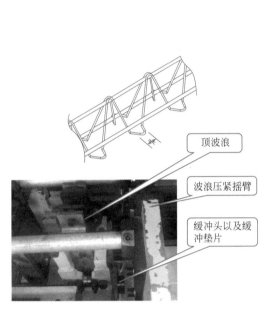

图 4-13　增加缓冲垫片

图 4-14　桁架剪切位置变形处理

⑩ 桁架剪不断

剪切时间设置过短，会出现桁架剪不断的故障。增加剪切时间，剪刀口磨损严重，也会出现桁架剪不断的故障。更换新的剪刀口，剪刀限位螺栓调整不当，也可能出现桁架剪不断的故障。可重新调整剪刀限位螺栓解决桁架剪不断的问题。

⑪ 推波浪部位曲筋回带

波浪夹紧放不开的时候，曲筋波浪会回带。检修油路以及油阀，是否有脏污卡住。顶波浪原位传感器位置偏高，可能会引起曲筋波浪回带的故障。降低顶波浪原位传感器位置。曲筋导向管与推波浪部相对位置太远，可能会引起曲筋波浪回带的故障。减小曲筋导向管与推波浪部相对位置。如图 4-15 所示。

⑫ 电气元件故障

PLC 内部数据和人机界面的数据丢失，可能的原因是电池电量降低或消失，需更换电池后重新设定数据。PLC 左侧扩展模块接触不良，可能会导致不放电和液压油温度显示不正常。

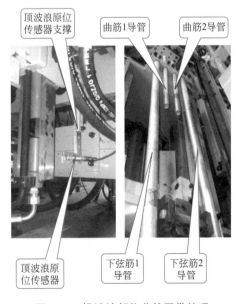

图 4-15　推波浪部位曲筋回带处理

此时需更换或修理扩展模块。若可控硅移相触发器模块出现故障时，也可能导致可控硅半波单向导通，焊接放电声音很大。此时需更换可控硅移相触发器模块。同步变压器损坏后，将会出现焊接不放电的情况，需更换同步变压器。

4. 知识点——智能钢筋加工设备—数控弯箍机

数控弯箍机是一种用于弯曲和加工钢筋的机械设备，采用数控技术进行控制，可以精确地完成各种形状的钢筋加工。该设备具有以下特点：

自动化程度高：数控弯箍机采用先进的计算机数字控制技术，可以自动完成钢筋的矫直、弯曲、切断等工序，提高了生产效率，降低了人工成本。

精度高：采用高精度伺服电机和控制系统，确保了钢筋加工的精度和准确性，减少了废料和返工。

适应性强：可以加工不同规格和形状的钢筋，满足不同工程的需求。

可靠性高：采用高品质的零部件和材料，确保了设备的稳定性和可靠性。

操作简单：设备结构简单、操作方便，减少了培训成本和操作难度。

总之，数控弯箍机是一种高效、准确、可靠的钢筋加工设备，广泛应用于房建工程、桥梁工程、高速公路、铁路、机场、水利工程、港口大桥等各类施工建设项目中的钢筋弯曲加工，如图 4-16 所示。

图 4-16 数控弯箍机

数控弯箍机是一种特殊的机床，主要用于钢筋的弯箍加工。它由以下几个主要部分组成：

（1）机床主机：机床主机是数控弯箍机的核心部分，主要由床身、主轴、主轴系统、驱动系统等组成。

（2）控制系统：控制系统是数控弯箍机的控制中心，主要由可编程控制器、触点继电器、开关电源等组成。负责接收和执行操作指令，控制机床的各个部分协调工作。

（3）操作系统：操作系统是用来控制数控弯箍机运行的人机界面，操作人员可以通过它来设定和调整加工参数，以及监控加工过程。

（4）传动系统：传动系统是连接和控制各部件运动的系统，主要由电机、减速器、齿轮等组成。负责将动力传输到各个运动部件，以实现弯箍加工的各种动作。

（5）附件：附件包括各种工具、夹具、模具等，用于辅助完成钢筋的弯曲加工。

5. 知识点——钢筋智能加工工艺操作流程

以下以市场通用的数控弯箍机为例，介绍钢筋智能加工工艺操作流程。

（1）操作前准备

① 操作人员必须戴好安全帽及防护手套，否则不能进入现场。

② 确认机器周围没有其他非操作人员，以防出现意外造成难以挽回的后果。

③ 为使设备具有良好的工况，开机前各润滑点处加注润滑油。

④ 检查控制部分及安全防护装置是否安全可靠。

⑤ 检查气源、电源是否都已接通，PE 线接至接地上。

⑥ 检查气路有无漏气、所加工的钢筋是否在允许范围内。

⑦ 检查数控弯箍机各部件是否完好，尤其是各运动部件和连接部位要确保无松动、无异常。

⑧ 检查各电器线路开关、检测开关等是否正常。

（2）操作运行

① 打开电源：将数控弯箍机的电源开关打开。

② 设置参数：根据需要设置弯曲角度、弯箍长度等参数。操作人员需根据工艺要求进行合理的参数设定。

③ 更换附件：加工不同直径的钢筋时，选用适当的心轴。

④ 机器自检：启动数控弯箍机，进行机器自检。确保各传感器、电气元件等正常工作。检查有无报警信号，如有报警指示，按故障提示排除故障。

⑤ 原材料的更换，具体步骤如下：

A. 打开数控弯箍机的上盖或前门，检查内部零件和原材料的位置。

B. 确认需要更换的原材料，使用适当的工具或手动方式将其从设备中取出。同时，准备好新的原材料，确保其符合设备的要求。

C. 将新的原材料放入数控弯箍机中，并确保其放置正确、稳定。

D. 关闭门盖，并调整设备的相关参数，例如弯曲角度、尺寸等，以确保能够正常进行生产。

E. 启动数控弯箍机，进行测试和验证，确保新原材料能够正常工作，且生产出的成品符合要求。

注意：

A. 确保更换过程的安全，遵循规定的操作步骤和注意事项。

B. 在调整设备参数时，要仔细检查各项设置是否正确，以确保生产的成品符合要求。

C. 如果在更换过程中遇到问题，应及时联系专业技术人员进行处理。

D. 更换完成后，需要进行测试和验证，确保设备能够正常、稳定地工作。

⑥ 钢筋矫直轮调整：使钢筋通过矫直轮时受力均匀。调整应从小到大逐步调整，不可速度过快，具体操作如下：

A. 设置参数：按照机器操作界面上的提示，进入调直参数设置页面，通常可以设置调直角度、调直速度等参数，根据具体需求进行调整。

B. 放置钢筋：将需要调直的钢筋放置在机器的进料口，并确保钢筋能够顺利通过机器。

C. 启动机器：在设置好参数和放置好钢筋后，按下机器界面上的启动按钮，机器将开始进行调直操作。

D. 监控调直过程：在机器运行的过程中，通过监控屏幕或界面上的显示，实时观察钢筋的调直情况。如果发现调直不准确或其他异常情况，及时停止机器并进行检查。

⑦ 完成调直：当钢筋经过数控弯箍机的调直操作后，可以将调直后的钢筋取出并进行下一步的加工或使用。

⑧ 选择加工模式：根据需要选择手动/自动/智能操作模式。具体模式如下：

A. 手动操作模式

a. 调整工作参数：根据加工需求，手动调整数控弯箍机的工作参数，如弯曲角度、弯曲速度、加工数量等。

b. 启动手动加工模式：按下数控弯箍机的启动按钮，设备将开始进行钢筋的弯曲加工。

c. 监控加工过程：在加工过程中，操作人员需要时刻监控设备的运行状态和钢筋的加工情况，确保加工过程正常进行。

d. 停止加工：当加工完成后，操作人员可以按下停止按钮，设备将停止工作。

e. 取出成品：将加工完成的箍筋从设备中取出，并进行质量检查。

f. 清理设备：在完成加工后，需要对数控弯箍机进行清理，确保设备的清洁和保养。

B. 自动操作模式

a. 输入参数和程序：操作人员根据加工需求，在数控系统中输入相应的参数，如弯曲角度、尺寸等，并选择合适的加工程序。

b. 启动自动加工模式：按下相应的按钮或通过数控系统启动自动加工模式。

c. 自动送料：数控弯箍机将根据预设的程序和参数，自动进行送料、弯曲、矫直等加工操作。

d. 成品输出：加工完成的箍筋会自动输出，并由操作人员或设备自动收集。

e. 质量检查：自动加工模式结束后，操作人员可以对成品进行质量检查，确保其符合要求。

f. 保存数据：操作人员可以将加工过程中产生的数据保存下来，以便后续的分析和优化。

C. 智能操作模式

智能操作模式，即为打通钢筋设计与钢筋加工环节，实现钢筋设计加工一体化的新型智能化加工模式。虽然当前行业尚未普及应用，但是为行业一致认为的发展趋势，同时也是传统建筑向智能建造转化的关键建造方式之一。该模式将解决设计人员与施工人员在信息交流上存在滞后和误差，导致施工中钢筋加工不符合实际需要，钢筋加工质量存在差异的问题，是一种将传统钢筋加工技术与现代智能化技术相结合的创新模式，具有高效、高精度、低成本等优点。当前山东新之筑信息科技有限公司开发了一款适用于教学应用的智能钢筋加工一体化设备，实现了设计与加工一体化。

智能钢筋加工设备通过集成设计软件和自动化机械操作，实现钢筋加工环节的高度智能化。

a. 首先，钢筋加工一体化智能设备可以直接从设计图纸中获取钢筋加工信息，并将其转化为机器可读的指令，使设计人员和施工人员之间的沟通变得更加直接，避免了信息传递的滞后和误差，提高了施工效率。

b. 其次，钢筋加工一体化智能设备将大大减轻施工人员的劳动强度，提升了钢筋加工的效率和质量。

根据设计要求，智能钢筋加工设备可以自动进行钢筋切割、弯曲和连接等加工工序，减少了人力操作的烦琐，降低了错误的风险，大大提高了加工效率和加工精度。

⑨ 关机并清理：完成钢筋加工后，应关闭数控弯箍机，并清理工作区域，保持设备整洁。

钢筋弯曲智能加工

（3）异常工况处理

① 主机与控制柜未联机：检查联机及电线是否接牢固。

② 系统处于报警状态：检查监控位置及各监测开关是否损坏，并恢复急停控制状态。

③ 急停按钮被按下：检查急停控制状态，并恢复急停按钮。

④ 弯曲轴是否在工作位置：回参一次。

⑤ 个别执行机构不工作：检查发生故障的线路。

⑥ 钢筋不直：调整调直轮压下量。

⑦ 钢筋剪不断：更换切刀，检查剪切臂是否松动，如有松动更换剪切臂的铜端盖，检查切臂的销子是否松动，拧紧。

⑧ 尺寸有误差：检查编码器的连接轴是否出现打滑现象，使伺服无法回到参考点。

⑨ 显示画面抖动或显示画面不清晰：打开显示器的后盖，左侧有 3 个小旋钮，右侧有 2 个小旋钮，这 5 个小旋钮依次调整亮度、抖动、清晰、上下、宽窄。调整时不要用力以免损坏显示器，并接牢接地线。

⑩ 伺服电机出现报警并显示报警编号为乱码：把编码器的联轴器的紧钉螺丝拧紧使联轴器的两端连接轴均紧固在联轴器上。

（4）设备维护与保养

① 日常维护：保持设备清洁，定期清理机身和周围环境，确保通风良好。在机器正常运行期间，应定期清理机身，尤其是机器的进给轨道、弯曲轴和传动链等部分需要仔细清理和润滑。定期加油，以确保每个运动部件的灵活运转。

② 使用一段时间后保养：包括清洁设备外部和内部的脏污位置，调整各部分配合间隙以确保设备正常运行，保证成型的质量。检查各零部件之间的磨损程度，如果严重磨损应及时进行更换。定期对弯曲盘、弯曲支座、伸缩连接器等有需要润滑的部位或零件进行润滑。

③ 每月保养：检查空气过滤器和压力调节阀是否失效。控制电器柜和操作台，清除各控制部件的灰尘。检查连接螺栓的紧固，用弯箍机工具拧紧。检查近距离开关是否正常工作。检查电缆是否漏电损坏。检查保护接地线。对气管接缝和气道漏气现象进行检查。检查电机制动系统磨损情况：切刀、齿轮、电磁阀、制动。

④ 特殊情况维护保养：当机器出现故障时，应及时关闭电源，避免进一步损坏。同时，应联系专业技术人员进行维修和保养，不要自行拆解或修理。此外，在长时间不使用机器时，应定期开机运行一段时间，以保持机器的性能和延长使用寿命。

4.3 任务书

学习任务 4.3.1　钢筋智能化加工

【任务书】

任务背景	本实训案例为国家建筑标准设计图集《预制混凝土剪力墙内墙板》15G365-2 中预制内墙板构件,加工内墙板的竖向受力筋、箍筋、拉筋钢筋。
任务描述	使用数控弯箍机,根据图纸的要求完成内墙板的竖向受力筋、箍筋、拉筋的智能化加工。
任务要求	根据图纸要求,进行钢筋原材料的手动操作更换,钢筋的水平、垂直调整;进行竖向受力筋、箍筋、拉筋钢筋的加工。
任务目标	1. 了解数控弯箍机设备组成。 2. 掌握数控弯箍机钢筋原材料的更换。 3. 掌握竖向受力筋、箍筋、拉筋的智能化加工工艺流程。 4. 掌握异常工况的处理方法。
任务场景	详见附图 4-1(a)(b)(以 NQ-2128 模板图、配筋图为例,根据抗震等级一级要求加工钢筋)。

【获取资讯】

　　了解任务要求,收集数控弯箍机组成工作过程资料,了解钢筋智能加工工艺流程;学习操作使用说明书,按照操作使用说明学习系统操作了解设备维护与保养方法等。

　　引导问题 1:数控弯箍机的组成部分有哪些?

_____

_____

_____

　　引导问题 2:简述使用数控弯箍机进行钢筋智能加工的工艺流程。

_____

_____

　　引导问题 3:操作前需要注意哪些事项?

_____

_____

　　引导问题 4:简述手动模式与自动模式的不同之处。

_____

_____

　　引导问题 5:简述设备维护与保养的基本方法。

_____

_____

_____

【工作计划】

按照图纸设计要求进行钢筋加工方案设计，完成表 4-1。

钢筋加工方案　　　　　　　　　　　　　　　　表 4-1

步骤	工作内容	负责人

【工作实施】

（1）钢筋原材料的更换

引导问题 6：简述钢筋原材料更换的具体步骤。

_____

_____

_____

引导问题 7：简述钢筋原材料更换的注意事项。

_____

_____

（2）钢筋矫直轮调整

引导问题 8：简述钢筋矫直的具体步骤。

_____

_____

_____

（3）钢筋加工模式

引导问题 9：钢筋加工分为哪几种模式？

_____

_____

引导问题 10：自动操作模式下输入参数和程序主要包括哪些？

_____

_____

（4）异常工况处理

引导问题 11：电脑界面提示急停按钮故障时应如何进行处理？

_____

_____

引导问题 12：主机与控制柜通信中断如何进行处理？

_____

_____

引导问题 **13**：钢筋剪不断需要更换哪种机械附件？

_____

_____

（5）设备维护与保养

引导问题 **14**：设备维护与保养具体都包括哪些方面？

_____

_____

学习任务 4.3.2　叠合板桁架钢筋智能化加工

【任务书】

任务背景	本次实训案例为国家建筑标准设计图集《桁架钢筋混凝土叠合板》15G366-1 中预制叠合板构件，加工叠合板的桁架钢筋。
任务描述	使用全自动化钢筋桁架生产线设备对本工程桁架筋进行加工并对成品进行检验。
任务要求	学生根据提供的图纸中相关桁架钢筋的图示内容和相应叠合板的技术要求进行桁架钢筋的参数设置，完成任务描述中的工作任务。
任务目标	1. 熟练识读叠合板的深化施工图及相关技术要求。 2. 充分了解全自动化钢筋桁架生产设备的部件组成及其功能、使用方法和操作规程。
任务场景	详见附图 4-2(以 DBS1-6X-XX18-11/DBS1-6X-XX18-31 宽 1800 双向板底板边板模板及配筋图为例，叠合板 X 取 1，选用构件 DBS1-67-3018-11，进行桁架筋加工)。

【获取资讯】

　　了解任务要求，收集桁架钢筋加工过程资料，了解全自动化钢筋桁架生产线设备的工作原理，学习操作全自动化钢筋桁架生产线设备使用说明书，按照规范的工艺流程完成操作，掌握智能化加工设备的应用技术应用。

　　引导问题 **1**：根据 BF-DBS-2 深化施工图图示内容可知，该叠合板桁架钢筋长度为（　　）mm。

　　A. 3420　　　　　　B. 1310　　　　　　C. 3300　　　　　　D. 2090

　　引导问题 **2**：根据 BF-DBS-2 深化施工图图示内容可知，该叠合板桁架钢筋类型为（　　）。

　　A. A70　　　　　　B. A80　　　　　　C. B70　　　　　　D. B80

　　引导问题 **3**：根据 BF-DBS-2 深化施工图图示内容可知，该叠合板桁架钢筋高度为（　　）mm。

　　A. 60　　　　　　B. 70　　　　　　C. 80　　　　　　D. 90

　　引导问题 **4**：根据 BF-DBS-2 深化施工图图示内容可知，该叠合板桁架下弦钢筋为（　　）。

　　A. Φ6　　　　　　B. Φ8　　　　　　C. Φ10　　　　　　D. Φ12

　　引导问题 **5**：根据 BF-DBS-2 深化施工图图示内容可知，该叠合板桁架上弦钢筋为（　　）。

　　A. Φ6　　　　　　B. Φ8　　　　　　C. Φ10　　　　　　D. Φ12

引导问题 6：根据 BF-DBS-2 深化施工图图示内容可知，该叠合板桁架腹筋为（　　）。

A. Φ 6　　　　　　　B. Φ 8　　　　　　　C. φ 6　　　　　　　D. φ 8

【工作计划】

按照收集的资讯制定装配式混凝土结构预制构件钢筋智能加工任务实施方案，完成表 4-2。

装配式混凝土结构预制构件钢筋智能加工任务实施方案　　　　　表 4-2

步骤	工作内容	负责人

【工作实施】

（1）根据工程图纸读取预制构件信息。

_____

（2）根据预制叠合板构件详图读取桁架钢筋信息，完成表 4-3。

钢筋加工下料单　　　　　表 4-3

_____工程_____号楼_____层钢筋加工下料单							
桁架钢筋 A70 腹筋____ 上弦____ 下弦____		桁架钢筋 A80 腹筋____ 上弦____ 下弦____		桁架钢筋 B70 腹筋____ 上弦____ 下弦____		桁架钢筋 B80 腹筋____ 上弦____ 下弦____	
长度 （mm）	数量 （条）	长度 （mm）	数量 （条）	长度 （mm）	数量 （条）	长度 （mm）	数量 （条）

（3）检查设备，完成表 4-4。

钢筋桁架焊接机点检表

表 4-4

年　　月

点检频次	项目	日期																													
		1	2	3	4	5	6	7	8	9	10	11	12	13	14	15	16	17	18	19	20	21	22	23	24	25	26	27	28	29	30	31
日点检项次	1. 检查相关电路与气路有无异常，确认无异常后合上电源开关。																															
	2. 闭合操作台上的电源开关，检查有无报警显示，如果有报警显示时必须消除报警故障。																															
	3. 检查放线架转动是否灵活，检查放线架制动器是否有效。																															
	4. 检查每一根钢筋是否在矫直轮的沟槽内。																															
	5. 手动试验各气缸动作是否灵活。																															
	6. 检查系统气压是否在 0.4～0.6MPa 之间，不可过高或过低以免影响生产。																															
	7. 观察各个机构之间的动作衔接情况，若衔接有问题要进行调整，直至相互衔接良好为止。																															
	8. 检查侧筋成型折弯转盘、焊接机构上下电极头、切刀附近铁屑等杂物，如有，要及时清除。																															
	9. 检查各机构的螺丝必须保证紧固。																															
	10. 通过注油嘴用油枪加注润滑脂，对轴承、导轨、滚珠丝杠等滚动件或滑动件等进行润滑，建议采用 2 号通用锂基脂。																															

续表

点检频次	项目	日期																														
		1	2	3	4	5	6	7	8	9	10	11	12	13	14	15	16	17	18	19	20	21	22	23	24	25	26	27	28	29	30	31
日点检项次	11. 松动盛水杯底部上的专用螺钉或阀门，排放掉透明盛水杯中积存的冷凝水。																															
周点检项次	12. 检查气路接头和气管有无漏气现象，发现问题马上更换。																															
	13. 消除从部件或管路中的任何漏水现象;测量循环水冷却系统出水温度若温度过高则应加大冷却水流量。																															
	14. 检查油管接头有无漏油和松动等现象，油管有无磨损漏油等现象。																															
	15. 打开主储气管底部引出的专用阀门，排放掉罐中积存的冷凝水。																															
点检人																																	
有故障或保养时,需在如下空白处进行记录,并汇总成电子档,便于后续查阅:																																
备注: 1. 如果设备正常,请在表格后打钩(√),设备异常,请在表格后打叉(×),并备注原因。 2. 每三个月或半年更换各减速机或齿轮箱齿轮油,并贴上保养标识。																																

（4）根据桁架钢筋加工下料单进行钢筋加工。

（5）进行钢筋加工检验，完成表 4-5。

钢筋加工检验记录表（桁架）

表 4-5

编号：

产品名称					生产班组		
项目名称					用途		
钢筋牌号			钢筋生产厂家		批号		
首检记录	检验项目		标准要求		规格		
	钢筋型号	上弦筋型号					
		腹筋型号					
		下弦筋型号					
	外观质量	钢筋平直无损伤，表面无裂纹、油污、颗粒状及片状老锈					
	焊接部位	每个焊接点是否牢固					
	尺寸控制	桁架长度尺寸偏差±20mm					
		桁架高度尺寸偏差±5mm					
		下弦筋宽度尺寸偏差±10mm					
		每米直线度≤4mm，且总长拱弯/翘曲度≤15mm，侧向弯曲度≤20mm					
	检验结果						
抽检记录	检验项目		标准要求		规格		
	钢筋型号	上弦筋型号					
		腹筋型号					
		下弦筋型号					
	外观质量	钢筋平直无损伤，表面无裂纹、油污、颗粒状及片状老锈					
	焊接部位	每个焊接点是否牢固					
	尺寸控制	桁架长度尺寸偏差±20 mm					
		桁架高度尺寸偏差±5 mm					
		底弦筋宽度尺寸偏差±10 mm					
		每米直线度≤4 mm，且总长拱弯/翘曲度≤15 mm，侧向弯曲度≤20 mm					
	检验结果						
备注	每班同类型钢筋、同一加工设备，由现场品管抽样检验，数量不应少于 3 件，记录综合数据。						

签字：

日期：

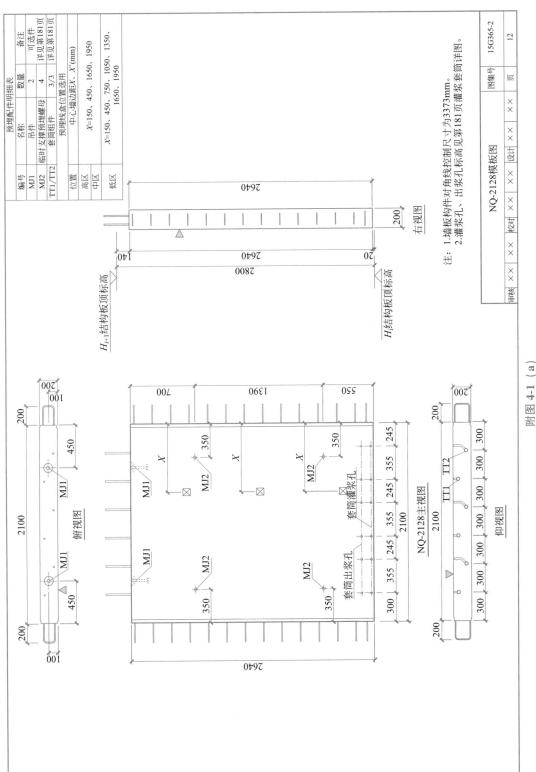

附图 4-1（a）

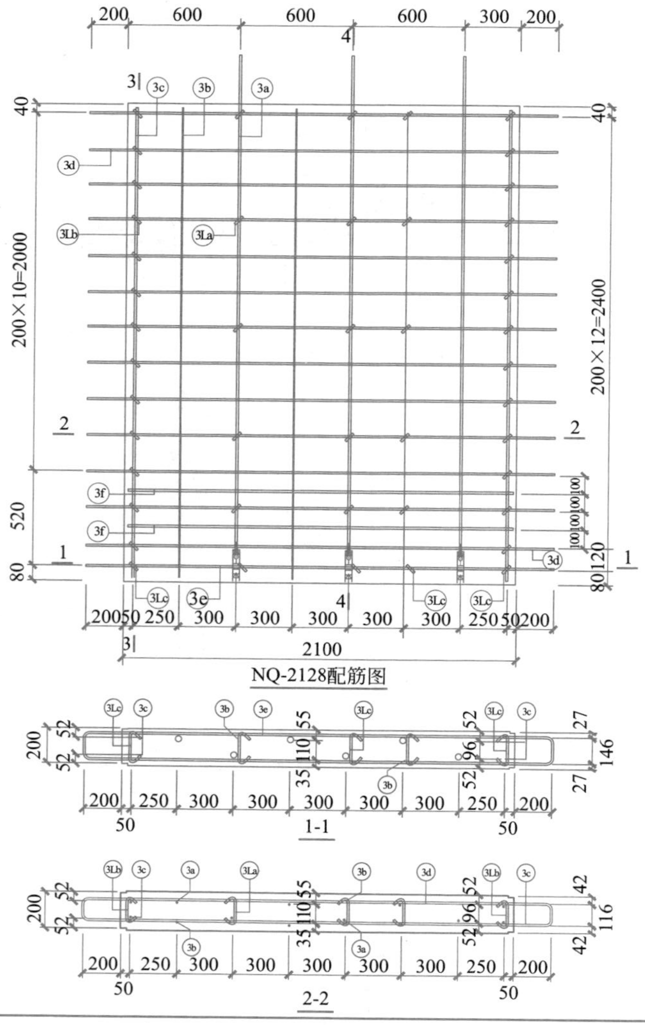

NQ-2128钢筋表

钢筋类型		钢筋编号	一级	二级	三级	四级非抗震	钢筋加工尺寸	备注
混凝土墙	竖向筋	3a	6Φ16	6Φ16	6Φ16	–	23 2466 290	一端车丝长度23
			–	–	–	6Φ14	21 2484 275	一端车丝长度21
		3b	6Φ6	6Φ6	6Φ6	6Φ6	2610	
		3c	4Φ12	4Φ12	4Φ12	4Φ12	2610	
	水平筋	3d	13Φ8	13Φ8	13Φ8	13Φ8	116 200 2100 200 116	
		3e	1Φ8	1Φ8	1Φ8	1Φ8	146 200 2100 200 146	
		3f	2Φ8	2Φ8	2Φ8	2Φ8	116 2050 116	
	拉筋	3La	Φ6@600	Φ6@600	Φ6@600	Φ6@600	30 130 30	
		3Lb	26Φ6	26Φ6	26Φ6	26Φ6	30 124 30	
		3Lc	5Φ6	5Φ6	5Φ6	5Φ6	30 154 30	

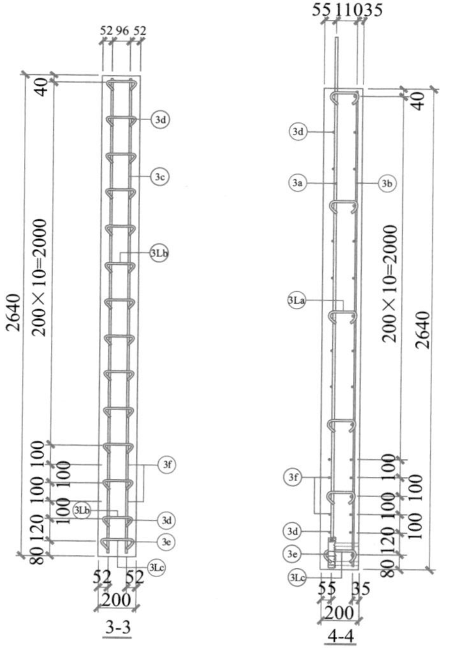

NQ-2128配筋图							图集号	15G365-2
审核	××	××	校对	××	××	设计	××	××	页	13

附图 4-1（b）

底板参数表

底板编号(X代表1、3)	l_0(mm)	a_1(mm)	a_2(mm)	n	桁架 编号	长度(mm)	重量(kg)	混凝土体积(m³)	底板自重(t)
DBS1-67-3018-X1 / DBS1-68-3018-X1	2820	130	90	13	A80 / A90	2720	4.79 / 4.87	0.264	0.660
DBS1-67-3318-X1 / DBS1-68-3318-X1	3120	80	40	15	A80 / A90	3020	5.32 / 5.40	0.292	0.730
DBS1-67-3618-X1 / DBS1-68-3618-X1	3420	130	90	16	A80 / A90	3320	5.85 / 5.94	0.320	0.800
DBS1-67-3918-X1 / DBS1-68-3918-X1	3720	80	40	18	B80 / B90	3620	7.18 / 7.28	0.348	0.871
DBS1-67-4218-X1 / DBS1-68-4218-X1	4020	130	90	19	B80 / B90	3920	7.77 / 7.88	0.376	0.941
DBS1-67-4518-X1 / DBS1-68-4518-X1	4320	80	40	21	B80 / B90	4220	8.37 / 8.48	0.404	1.011
DBS1-67-4818-X1 / DBS1-68-4818-X1	4620	130	90	22	B80 / B90	4520	8.96 / 9.09	0.432	1.081
DBS1-67-5118-X1 / DBS1-68-5118-X1	4920	80	40	24	B80 / B90	4820	9.55 / 9.69	0.461	1.151
DBS1-67-5418-X1 / DBS1-68-5418-X1	5220	130	90	25	B90	5120	10.15 / 10.29	0.489	1.222
DBS1-67-5718-X1 / DBS1-68-5718-X1	5520	80	40	27	B80	5420	10.74 / 10.90	0.517	1.292
DBS1-67-6018-X1 / DBS1-68-6018-X1	5820	130	90	28	B80	5720	11.33 / 11.50	0.545	1.362

底板配筋表

底板编号(X代表7、8)	① 规格	① 加工尺寸	② 规格	② 加工尺寸	② 根数	③ 规格	③ 加工尺寸	③ 根数
DBS1-6X-3018-31	Φ8	1940+δ	Φ8 / Φ10	3000	14 / 6	Φ6	1510	2
DBS1-6X-3318-31	Φ8	1940+δ	Φ8 / Φ10	3300	16 / 6	Φ6	1510	2
DBS1-6X-3618-31	Φ8	1940+δ	Φ8 / Φ10	3600	17 / 6	Φ6	1510	2
DBS1-6X-3918-31	Φ8	1940+δ	Φ8 / Φ10	3900	19 / 6	Φ6	1510	2
DBS1-6X-4218-31	Φ8	1940+δ	Φ8 / Φ10	4200	20 / 6	Φ6	1510	2
DBS1-6X-4518-31	Φ8	1940+δ	Φ8 / Φ10	4500	22 / 6	Φ6	1510	2
DBS1-6X-4818-31	Φ8	1940+δ	Φ8 / Φ10	4800	23 / 6	Φ6	1510	2
DBS1-6X-5118-31	Φ8	1940+δ	Φ8 / Φ10	5100	25 / 6	Φ6	1510	2
DBS1-6X-5418-31	Φ8	1940+δ	Φ8 / Φ10	5400	26 / 6	Φ6	1510	2
DBS1-6X-5718-31	Φ8	1940+δ	Φ8 / Φ10	5700	28 / 6	Φ6	1510	2
DBS1-6X-6018-31	Φ8	1940+δ	Φ8 / Φ10	6000	29 / 6	Φ6	1510	2

板模板图

板配筋图

钢筋桁架

底板

1-1

2-2

注：同第7页。

宽1800双向板板边底板模板及配筋图 (DBS1-6X-XX18-11/DBS1-6X-XX18-31)		图集号	15G366-1
审核 ××× 校对 ××× 设计 ×××		页	9

附图 4-2

模块5

砌筑智能化技术应用

5.1 教学目标与思路

【教学案例】

《砌筑智能化技术应用》为"智能建造施工技术"课程中智能施工技术典型应用案例,结合墙体的要求和质量标准,通过案例学习掌握智能砌筑机器人工具使用及墙体质量验收要点。

【教学目标】

知识目标	能力目标	素质目标
1. 了解智能砌筑的目的; 2. 了解智能砌筑的原则; 3. 掌握智能砌筑的方法; 4. 掌握智能砌筑的标准。	1. 能够使用砌筑机器人进行智能砌筑工作; 2. 能够运用智能砌筑技术; 3. 能够对砌筑墙体数据进行分析; 4. 能够对智能砌筑异常工况进行处置; 5. 能够输出智能砌筑质量评估。	1. 具有良好的人际交往能力; 2. 具有团队合作精神、客户服务意识和职业道德; 3. 具有健康的体魄和良好的心理素质及艺术素养。

【建议学时】6～12 学时

【学习情境设计】

序号	学习情境	载体	学习任务简介	学时
1	直形墙体砌筑	可使用砌筑工程施工机器人或仿实训系统	使用砌筑工程施工机器人,进行直形墙体砌筑,保障墙体的平整度、垂直度、截面尺寸偏差符合规范要求。	2～4
2	有门窗洞口的直墙砌筑		使用砌筑工程施工机器人,进行有门窗洞口的直墙砌筑,保障墙体的平整度、垂直度、截面尺寸偏差符合规范要求,并完成合格情况统计,能够对设备异常工况进行处理。	2～4
3	T形/L形墙体砌筑(有构造柱)		使用砌筑工程施工机器人,进行T形墙体砌筑(有构造柱),保障墙体的平整度、垂直度、截面尺寸偏差符合规范要求,并完成合格情况统计,能够对设备异常工况进行处理。	2～4

【课前预习】

引导问题 1：传统砌筑工程的主要内容是什么？质量验收标准是什么？常见的工程问题有哪些？如何处理这些常见问题？

引导问题 2：思考：可以从哪些方面改进传统砌筑工程？

引导问题 3：智能砌筑的意义是什么？

引导问题 4：智能砌筑系统的内容有哪些？

5.2　知识与技能

1. 知识点——智能砌筑概述

目前国内住宅、办公楼等民用建筑中的基础、内外墙、柱、过梁、屋盖和地沟等都可用砌体结构建造。在工业厂房建筑及钢筋混凝土框架结构的建筑中，砌体往往用来砌筑围护墙，中、小型厂房和多层轻工业厂房，以及影剧院、食堂、仓库等建筑，也广泛地采用砌体作墙身或立柱。砌体结构还用于建造其他各种构筑物，如烟囱、小型水池、料仓、地沟等。用于承重结构的砌体构件在一级市场已经被淘汰。

20 世纪 90 年代以来，在吸收和消化国外配筋砌体结构成果的基础上，建立了具有我国特点的钢筋混凝土砌块砌体剪力墙结构体系，大大地拓宽了砌体结构在高层房屋及其在抗震设防地区的应用。配筋砌块建筑表现了良好抗震性能，在地震区得到应用与发展。

目前我国生产的砌筑砖强度不高，所需结构尺寸大，因而自重亦大，同时手工砌筑工作量繁重，生产效率低，以致施工进度慢，建设周期长，这显然不符合大规模建设要求；尚应注意，砌体结构是用单块块体和砂浆砌筑的，目前大都用手工操作，质量较难保证，加之砌体抗拉强度低、抗震性能差等缺点，在应用时应注意规范的有关规定。但是，有些地区黏土和石材资源丰富，工业废料也亟待处理，随着新时代的发展，城市和农村各类建筑物的工程量将日益增多，因此砌体结构在很多领域内的继续使用，仍有现实意义。

改革开放以来，我国建筑业持续快速发展，是国民经济的重要支柱产业。其中全国建筑施工各类砌体年总用量 15 亿立方米，全国建筑业砌体砌筑施工产值达到 4000 亿元。然而其行业业态相对原始，目前中国建筑砌筑市场工具原始导致砌筑效率低下；业态原始导致产业工人无法进入，从业人员青黄不接，老龄化问题严重；砌筑作业劳动强度高，作业条件差，施工质量下行，建造人工成本上行压力持续增大等特点影响建筑工业化转型升级，技术革新已然迫在眉睫。业内人士纷纷指出，应当加速研发应用智能建筑机器人，使得建筑的各个环节都能像汽车生产一样。2020 年，国家住房和城乡建设部等部门相继出台了《关于推动智能建造与建筑工业化协同发展的指导意见》《关于加快新型建筑工业化发展的若干意见》，鼓励应用建筑机器人、工业机器人。

利用砌筑工程施工机器人砌筑墙体，完全取代人工砌筑的施工方式，使得砌筑环节实现效率、品质、安全等要素的全面提升，同时也能减少人工，节省成本，一定程度解决劳动力不足的难题，并且在墙体与框架梁、框架柱间连接施工关键技术上，能满足防震规范要求。

随着砌砖机器人市场热度不断升温，获得了建筑行业的高度关注。砌筑业推行机器人代人，从而提质增效，逐步实现少人化的理想应用场景。相比于传统人工砌筑，以砌筑机器人为核心的机械化砌筑具有以下三大优势：

优势一：以高效的砌筑机器人为核心装备大幅度降低砌筑作业的劳动强度提升作业效率。

优势二：砌筑从业人员技能化/产业化跟上建筑业整体工业的发展脚步。

优势三：以机器人替人，实现少人化。一个机器人班组日砌筑量相当于三砖工和三普工额定日工作量砌筑分包业务的利润水平。

随着对砌砖机器人的技术提升与市场前景的看好，国内也有很多企业纷纷转战建筑机器人市场。根据人机协作施工的特点，在功能上做适当取舍，以取得效率-造价-可靠性三方面的较好平衡。

2. 知识点——智能砌筑设备与材料

（1）砌筑机器人

目前，国内外砌筑机器人8个小时最多可以完成3000～5000块。砌筑机器人能够一次抓取、砌筑多块墙体砖，不需要人工配合，并且在墙体与框架梁、框架柱间连接施工关键技术上，能满足防震规范要求，做到砌墙时不落灰。砌筑机器人系统包含了从砖体制作到砌筑灌浆完成的一体化配套设备。其中大部分设备都是根据新的砖体材料和新的砌筑工艺特定研发设计的，主要包括：原料搅拌机、液压式制砖机、供砖系统、机器人砌筑系统和灌浆系统。砌筑机器人及其系统相对安装位置如图5-1、图5-2所示，现场安装可根据场地实际情况相应调整。

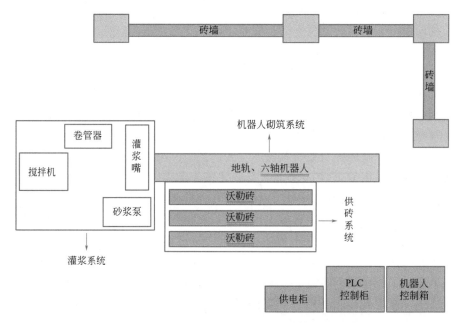

图 5-1　砌筑机器人系统布置示意图

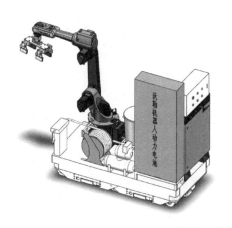
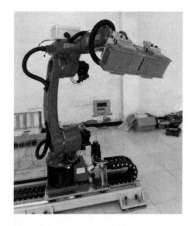

砌筑机器人介绍

图 5-2　砌筑机器人

（2）供砖系统

供砖系统主要由输送带组成，配置检测开关和自动启停功能，供砖系统为机器人输送提供砌墙砖，通过与机器人本体和集中控制系统的信号互通，实现供砖节拍与砌砖节拍的同步契合，从而达到实时供砖的运行节拍。根据教学或相关实训要求，供砖系统可以选择性配备砖体拆垛机。拆垛机的拆垛爪也是根据新砖型特定设计制作的抓取机构。其特点在于：机构性能稳定，拆垛效率高，重复定位精度高，误差范围小。教育用机器人砖体摆放平台通过与机器人底座连接移动，无单独的传送带系统。

（3）机器人砌筑系统

机器人砌筑系统是根据全新的砌筑灌浆工艺，自主研发设计的一套自动化砌筑系统，主要由 6 轴机器人和行走轨道组成，机器人安装在行走轨道上，满足不同位置的墙体砌筑要求，行走轨道由伺服电机驱动，通过齿轮齿条传动，实现高精度移动和定位。机器人的夹爪也是根据新砖型的结构和样式特制的，夹爪的特点在于：可以一次性夹取两块或多块沃勒砖，在满足机器人负载的前提下，夹爪可以尽可能多地夹取砖体，所以在相同的机器人运行节拍频率下，机器人的砌筑效率比传统砌筑机器人的工作效率高出了两倍甚至数倍。

行走轨道采用高精度的齿轮齿条传动，配合伺服电机驱动，具有运行稳定、精度高的特点。根据教学和实训要求，机器人砌筑系统也可配置 AGV 行走小车来替代现的固定式行走轨道，同时配置机器人视觉系统，同样也能达到高精度的定位效果。

（4）灌浆系统

灌浆系统是专门为砌筑工艺（灌浆）而设计的一套全新的机构。主要由移动平台、搅拌机、砂浆泵、供浆管道、压力传感器、流量传感器和灌浆嘴等机构组成，供浆系统配置 PLC 集成，实时监测和控制砂浆的搅拌、砂浆的供给和砂浆浇灌的工序和动作。

在教学和实训中，只需按指定配比将砂浆原材料倒入搅拌机中，按下灌浆系统启动开关，搅拌机自动将原料搅拌均匀，当灌浆系统接收到供浆和出浆信号后，砂浆泵和出口阀自动开启，配合机器人完成供浆和灌浆工序。供浆系统的总体控制与机器人砌墙系统信号互通，实现一体化控制功能。

（5）砌筑砖

机器人施工配套使用的墙体砖如图 5-3 所示，适用于工业和民用建筑墙体工程的承重墙和非承重墙。墙体砖作为一种创新型建筑材料，其外形采用独特设计，通过多面凸出棱边的造型样式，构成纵横拼搭的榫卯结构。经过精密计算后对墙体砖底部进行了不规则盲孔开洞，通过控制砖体重量以减少机器人或人工的工作强度，使墙体连结相较于使用传统墙砖更稳固，墙体结构更安全，极大地简化了砖墙施工工艺，降低了工人的作业强度，提高了施工效率及结构稳定性。其既适用于机器人砌墙，也适用于人工砌墙。

砌筑砖包括混凝土墙体砖、加气混凝土墙体砖、烧结墙体砖。其产品标记编码等见表5-1。

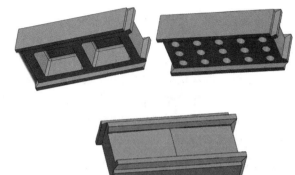

图 5-3 机器人砌筑配套墙体砖

砌筑砖产品标记编码示意对应一览表　　　　　　　　　　　表 5-1

序号	产品标记编码	砖块种类	砖块规格	编码原则
1	LS 390 × 190 × 190 MU15.0 Q/HD10101-2022	混凝土墙体砖	390mm×190mm×190mm	按照砖块种类、规格尺寸、强度等级（MU）、标准代号顺序缩写
2	NH 395 × 190 × 194 MU5.0 Q/HD10101-2022	混凝土墙体砖	395mm×190mm×194mm	
3	LH50 190 × 190 × 190 MU15.0 Q/HD10101-2022	混凝土墙体砖	190mm×190mm×190mm	
4	A3.5 B05 390 × 190 × 115 Q/HD10103-2023	加气混凝土墙体砖	390mm×190mm×115mm	按照抗压强度、干密度分级、规格尺寸和标准编号顺序缩写
5	N 290 × 140 × 90 MU15 Q/HD10102-2023	烧结普通砖	290mm×140mm×90mm	按照产品名称、类别、规格、强度等级、质量等级和标准编号顺序缩写

（6）混凝土墙体砖

以水泥、矿物掺合料、砂、石、水等为原材料，经搅拌、振动成形、养护等工艺制成的小型砖块，包括空心砖块、多孔砖块和实心砖块。砖块按空心率分为空心砖块（孔洞率≥40%，代号：H）、多孔砖块（25%≤孔洞率＜40%，代号：P）和实心砖块（不带孔洞或孔洞率＜25%，代号：S）。混凝土外形为顶面、坐浆面和铺浆面具有榫槽结构的六面体，砖块长度尺寸为外侧条面长度，砖块高度尺寸为外侧条面高度，条面是封闭完好的砖块。砖块的强度等级分别见表 5-2 和表 5-3。

砖块的强度等级（单位：MPa）　　　　　　　　　　　表 5-2

砖块种类	承重砖块（L）	非承重砖块（N）
空心砖块（H）	7.5、10.0、15.0	5.0、7.5
多孔砖块（P）	20.0、25.0	10.0
实心砖块（S）	15.0、20.0、25.0、30.0、35.0、40.0	10.0、15.0、20.0

强度等级（单位：MPa）   表 5-3

强度等级	抗压强度	
	平均值≥	单块最小值≥
MU5	5.0	4.0
MU7.5	7.5	6.0
MU10	10.0	8.0
MU15	15.0	12.0
MU20	20.0	16.0
MU25	25.0	20.0
MU30	30.0	24.0
MU35	35.0	28.0
MU40	40.0	32.0

承重空心砖块和多孔砖块的最小外壁厚应不小于 30mm，最小肋厚应不小于 25mm。非承重空心砖块和多孔砖块的最小外壁厚和最小肋厚应不小于 20mm。

（7）加气混凝土墙体砖

以硅质材料和钙质材料为主要原材料，掺加发气剂及其他调节材料，通过配料浇筑、发气静停、切割、蒸压养护等工艺制成的多孔轻质硅酸盐建筑制品，用于墙体砌筑。按抗压强度分为 A1.5、A2.0、A2.5、A3.5、A5.0 五个级别；强度级别 A1.5、A2.0 适用于建筑保温。按干密度分为 B03、B04、B05、B06、B07 五个级别；干密度级别 B03、B04 适用于建筑保温。常用规格尺寸、尺寸允许偏差、外观质量分别见表 5-4～表 5-6。

规格尺寸（单位：mm）   表 5-4

长度 L	宽度 B	高度 H
390	190	115
240	115	90

注：如需要其他规格，可由供需双方协商确定。

尺寸允许偏差（单位：mm）   表 5-5

项目	偏差值
长度 L	±3
宽度 B	±1
高度 H	±1

外观质量   表 5-6

项目		偏差值
缺棱掉角	最小尺寸(mm) ≤	10
	最大尺寸(mm) ≤	20
	三个方向尺寸之和不大于 120mm 的掉角个数(个) ≤	0

续表

项目		偏差值
裂纹长度	裂纹长度(mm) ≤	0
	任意面不大于70mm裂纹条数(条) ≤	0
	每块裂纹总数(条) ≤	0
损坏深度(mm) ≤		0
表面疏松、分层、表面油污		无
平面弯曲(mm) ≤		1
直角度(mm) ≤		1

（8）烧结墙体砖

烧结墙体砖以黏土、页岩、煤矸石、粉煤灰和淤泥（江河湖淤泥）及其他固体废弃物等为主要原料经焙烧而成的烧结墙体砖（以下简称砖）。按主要原料分为黏土砖和黏土砌块（N）、页岩砖和页岩砌块（Y）、煤矸石砖和煤矸石砌块（M）、粉煤灰砖和粉煤灰砌块（F）、淤泥砖和淤泥砌块（U）、固体废弃物砖和固体废弃物砌块（G）。

烧结实心砖经焙烧而成，孔洞率小于25%；烧结多孔砖经焙烧而成，25%≤孔洞率<30%；烧结空心砖经焙烧而成，孔洞率大于30%。常见规格尺寸见表5-7。粉刷槽是设在砖或砌块条面或顶面上深度不小于2mm的沟或类似结构。

常见规格尺寸（单位：mm）   表5-7

长度 L	宽度 B	高度 H
390、290、240、190、180、140	190、180、140、115、90	180、140、115、90

注：如需要其他规格，可由供需双方协商确定。

根据抗压强度，烧结墙体砖分为MU30、MU25、MU20、MU15、MU10五个强度等级。强度、抗风化性能和放射性物质合格的砖，根据尺寸偏差、外观质量、泛霜和石灰爆裂分为优等品（A）、一等品（B）、合格品（C）三个质量等级。优等品适用于清水墙和装饰墙，一等品、合格品可用于混水墙，中等泛霜的砖不能用于潮湿部位。

每块砖样应符合下列规定：优等品：无泛霜；一等品：不允许出现中等泛霜；合格品：不允许出现严重泛霜。尺寸允许偏差应符合表5-8、表5-9规定，外观质量和强度应符合表5-10、表5-11规定。

实心砖尺寸允许偏差（单位：mm）   表5-8

公称尺寸	优等品		一等品		合格品	
	样本平均偏差	样本极差≤	样本平均偏差	样本极差≤	样本平均偏差	样本极差≤
240	±2.0	6	±2.5	7	±3.0	8
115	±1.5	5	±2.0	6	±2.5	7
53	±1.5	4	±1.6	5	±2.0	6

多孔砖尺寸允许偏差（单位：mm）　　　　　　表 5-9

尺寸	样本平均偏差	样本极差≤
>400	±3.0	10.0
300～400	±2.5	9.0
200～300	±2.5	8.0
100～200	±2.0	7.0
<100	±1.5	6.0

外观质量（单位：mm）　　　　　　表 5-10

项目		优等品	一等品	合格
两条面高度差　≤		2	3	4
弯曲　≤		2	3	4
杂质凸出高度　≤		2	3	4
缺棱掉角的三个破坏尺寸不得同时大于		5	20	30
裂纹长度　≤	a. 大面上宽度方向及其延伸至条面的长度	30	60	80
	b. 大面上长度方向及其延伸至顶面的长度或条顶面上水平裂纹的长度	50	80	100
完整面不得少于		二条面和二顶面	一条面和一顶面	—
颜色		基本一致	—	—

凡有下列缺陷之一者,不得称为完整面：
a）缺损在条面或顶面上造成的破坏面尺寸同时大于 10mm×10mm。
b）条面或顶面上裂纹宽度大于 1mm,其长度超过 30mm。
c）压陷、粘底、焦花在条面或顶面上的凹陷或凸出超过 2mm,区域尺寸同时大于 10mm×10mm。

强度（单位：MPa）　　　　　　表 5-11

强度等级	抗压强度平均值 $\overline{f}$≥	变异系数 δ≤0.21	变异系数 δ>0.21
		强度标准值 f_k≥	单块最小抗压强度值 f_{min}≥
MU30	30.0	22.0	25.0
MU25	25.0	18.0	22.0
MU20	20.0	14.0	16.0
MU15	15.0	10.0	12.0
MU10	10.0	6.5	7.5

（9）砌筑砂浆

砌筑砂浆包括湿拌砂浆和干混砂浆。砂浆标记见表 5-12。教育机器人系统无干混砂浆。

砂浆标记一览表　　　　　　　　　　表 5-12

序号	砂浆类型	砂浆代号	型号	编号原则
1	湿拌砂浆	WM M10-70-8 Q/HD10111-2022	M10-70-8	按照湿拌砂浆代号、型号、强度等级、抗渗等级（有要求时）、稠度、保塑时间、标准号顺序编码标记
2	干混砂浆	DM M10.0/ HD10111-2022	M10.0	按照干混砂浆代号、型号、主要性能、标准号顺序编码标记

（10）湿拌砂浆

湿拌砂浆为水泥、细骨料、矿物掺合料、外加剂、添加剂和水按一定比例，在专业生产厂经计量、搅拌后，运至使用地点，并在规定时间内使用的拌合物。按用途归类为：湿拌砌筑砂浆，代号为 WM；湿拌防水砂浆，代号为 WW。按强度等级、抗渗等级、稠度和保塑时间的分类应符合表 5-13 的规定，性能指标见表 5-14，抗压强度见表 5-15，抗渗压力见表 5-16，湿拌砂浆稠度实测值与合同规定的稠度值之差应符合表 5-17 的规定，保塑时间见表 5-18。

湿拌砂浆分类　　　　　　　　　　表 5-13

项目	湿拌砌筑砂浆	湿拌防水砂浆
强度等级	M5、M7.5、M10、M15、M25、M25、M30	M15、M20
抗渗等级	—	P6、P8、P10
稠度*（mm）	50、70、90	
保塑时间（h）	4、6、8、12、24	

* 可根据现场气候条件或施工要求确定。

湿拌砂浆性能指标　　　　　　　　　　表 5-14

项目		湿拌砌筑砂浆	湿拌防水砂浆
保水率（%）		≥88.0	
14d 拉伸粘结强度（MPa）		—	≥0.20
28d 收缩率（%）		—	≤0.15
抗冻性	强度损失率（%）	≤25	
	质量损失率（%）	≤5	

湿拌砂浆抗压强度（单位：MPa）　　　　　　　　　　表 5-15

强度等级	M5	M7.5	M10	M15	M20	M25	M30
28d 抗压强度	≥5.0	≥7.5	≥10.0	≥15.0	≥20.0	≥25.0	≥30.0

湿拌砂浆抗渗压力（单位：MPa）　　　　　　　　　　表 5-16

抗渗等级	P6	P8	P10
28d 抗渗压力	≥0.6	≥0.8	≥1.0

湿拌砂浆稠度允许偏差（单位：mm）　　　　　　　　表 5-17

规定稠度	允许偏差
＜100	＋10
≥100	−10～+5

湿拌砂浆保塑时间（单位：h）　　　　　　　　表 5-18

保塑时间	4	6	8	12	24
实测值	≥4	≥6	≥8	≥12	≥24

3. 知识点——施工工艺与施工技术

砌筑机器人的目的，是使用机器人代替人工砌墙；使用机械化、智能化的工程机械替代"危、繁、脏、重"的人工作业；完善工程质量、安全保障体系；提升建筑工程的抗震防灾能力。

（1）施工现场基本条件

① 框架式结构

混凝土柱、梁和楼板完成浇筑且混凝土强度达到设计强度，能够开始墙体施工；机器人能够通过施工电梯，到达工作面；混凝土模板拆除并外运，工作面完成清理，工作面无障碍物影响砌筑机器人通行。

② 砖混结构

混凝土圈梁完成浇筑且混凝土强度达到设计强度，能够开始墙体施工；机器人能够通过施工通道或施工电梯，到达工作面；工作面完成清理，工作面平整，且无障碍物影响砌筑机器人通行。

（2）砌筑机器人作业前准备工作

① 机器人受到作业指令，明确工作任务。

② 计算并提交需要的墙体砖和砂浆之种类和数量。

③ 工作面具备机器人作业条件。

④ 电气准备：工作面具备 380V 施工电源。

⑤ 墙体砖已按要求运抵工作面。

⑥ 将各种墙体砖摆放在沃勒机器人的供砖平台的固定位置。

⑦ 检查并核实墙体基层是否满足设计条件。

⑧ 检查并核实混凝土柱的墙砖预留槽是否满足设计条件。

⑨ 机器人本体和 BOP 各系统连接电源。

⑩ 机器人启动自检，控制系统无异常报警。

⑪ 检查并核实机器人的应急开关是否工作正常。

⑫ 在机器人的人机界面屏输入墙体编号，并保存。

⑬ 检查并核实机器人是否回归零点位置。

⑭ 通知项目部运送砂浆。

⑮ 将砂浆注入砂浆罐，在机器人的人机界面屏启动砂浆搅拌机。

⑯ 学员离开沃勒机器人作业区域。

砌筑机器人作业

4. 知识点——质量验收

（1）一般规定

与构造柱相邻部位砌体应砌成马牙槎，马牙槎应先退后进，每个马牙槎沿高度方向的尺寸不宜超过300mm，凹凸尺寸宜为60mm。

（2）砌筑过程中质量控制要点

混凝土砖应达到100%设计强度后，方可用于砌体的施工。

1）混凝土多孔砖及混凝土实心砖不宜浇水湿润，但在气候干燥炎热的情况下，宜在砌筑前对其浇水湿润。

2）砖基础大放脚形式应符合设计要求。当设计无规定时，宜采用二皮砖一收或二皮与一皮砖间隔一收的砌筑形式，退台宽度均应为60mm，退台处面层砖应丁砖砌筑。

3）砖砌体的转角处和交接处应同时砌筑。在抗震设防烈度8度及以上地区，对不能同时砌筑的临时断处应砌成斜槎，其中普通砖砌体的斜槎水平投影长度不应小于高度（h）的2/3，多孔砖砌体的斜槎长高比不应小于1/2。斜槎高度不得超过一步脚手架高度。

4）砖砌体的转角处和交接处对非抗震设防及在抗震设防烈度为6度、7度地区的临时间断处，当不能留斜槎时，除转角处外，可留直槎，但应做成凸槎，留直槎处应加设拉结钢筋。

5）砌体灰缝的砂浆应密实饱满，砖墙水平灰缝的砂浆饱满度不得小于80%。

6）砖柱的水平灰缝和竖向灰缝饱满度不应小于90%；竖缝采用砂浆自流方法，不得出现透明缝、瞎缝和假缝。不得用水冲浆灌缝。砌体接槎时，应将接槎处的表面清理干净，洒水湿润，并应填实砂浆，保持灰缝平直。

（3）砖砌体的下列部位不得使用破损砖

砖柱、砖垛、砖拱、砖植、砖过梁、梁的支承处、砖挑层及宽度小于1m的窗间墙部位。水池、水箱和有冻胀环境的地面以下工程部位不得使用多孔砖。

（4）质量检查

墙体砖、水泥、钢筋、砂浆、复合夹心墙的保温材料、外加剂等原材料进场时，应检查其质量合格证明；对有复检要求的原材料应送检，检验结果应满足设计及相应国家现行标准要求。

砖的质量检查，应包括其品种、规格、尺寸、外观质量及强度等级，符合设计要求后方可使用砖砌体工程施工过程中，应对主控项目及一般项目进行检查，并应形成检查记录。

砌筑质量验收

5. 知识点——常见问题及处理措施

砌筑机器人作业监测和异常情况处理

（1）监测项目

1）机器人动作和节拍。

2）机器人放置墙砖的位置。

3）砂浆搅拌机工作状态。

4）砂浆输送泵工作状态。

5）空压机工作状态。

6）卷管器工作状态。

7）墙体砖数量，并提前通知项目部运送墙体砖。

8）砂浆量，并提前通知项目部运送砂浆。

（2）异常情况及处理

1）机器人动作或节拍出现异常，或发出异常声音：按下任何一个应急开关，机器人停止作业。通知维修工程师处理。

2）机器人放置墙砖的位置错误：按下任何一个应急开关，机器人停止作业。

a. 拆除当层已经摆放的墙体砖。

b. 应急开关恢复。

c. 在人机界面屏点击复位键。

d. 在人机界面屏输入墙体砖的层数编号，点击保存。

e. 在人机界面屏点击"启动"键，沃勒机器人恢复自动砌墙作业。

3）空压机工作状态异常：空压机停止工作，或空压机压力低于设定值，或机器爪不能夹持墙砖，按下任何一个应急开关，机器人停止作业。通知维修工程师处理。

4）卷管器工作状态异常：卷管器弹簧不正常工作，造成灌浆管拉伸或回收异常；或灌浆管和机器人发生缠绕，按下任何一个应急开关，机器人停止作业。

a. 检查并识别异常原因。

b. 应急开关恢复。

c. 在人机界面屏点击复位键。

d. 人机界面屏选择手动模式，操作机械爪将灌浆嘴放回灌浆嘴底座。

e. 在人机界面屏选择手动模式，将机器人移动到安全位置（离开灌浆嘴底座）。

f. 按下任何一个应急开关，确保机器人不发生误动作。

g. 学员人工拉伸或回收灌浆管，并重复一次。

砌筑机器人作业监测和异常情况处理

h. 应急开关恢复。

i. 在人机界面屏点击复位键。

j. 在人机界面屏选择手动模式，操作机械爪拉伸或回收灌浆管。

k. 如果机械爪能够正常拉伸或回收灌浆管，机器人恢复砌墙作业；如果机械爪不能正常拉伸或回收灌浆管，通知维修工程师处理。

5.3 任务书

学习任务 5.3.1　直墙砌筑

【任务书】

任务背景	砌筑一段直墙。
任务描述	使用砌筑机器人,进行直形墙体砌筑,保障墙体的平整度、垂直度、截面尺寸偏差符合规范要求。
任务要求	学生需根据墙体质量验收要求,利用砌筑机器人砌筑墙体,完成任务描述中所述的工作任务。
任务目标	1. 熟练掌握砌体墙验收内容及验收标准。 2. 充分了解砌筑机器人的部件组成、功能划分、使用方法及操作规范。
任务场景	如下图示:砌筑①轴墙Ⓐ-Ⓑ段\②轴墙Ⓐ-Ⓑ段\③轴墙Ⓐ-Ⓑ段。 要求:满足表面平整度、垂直度、截面尺寸偏差、砌体墙强度指标。 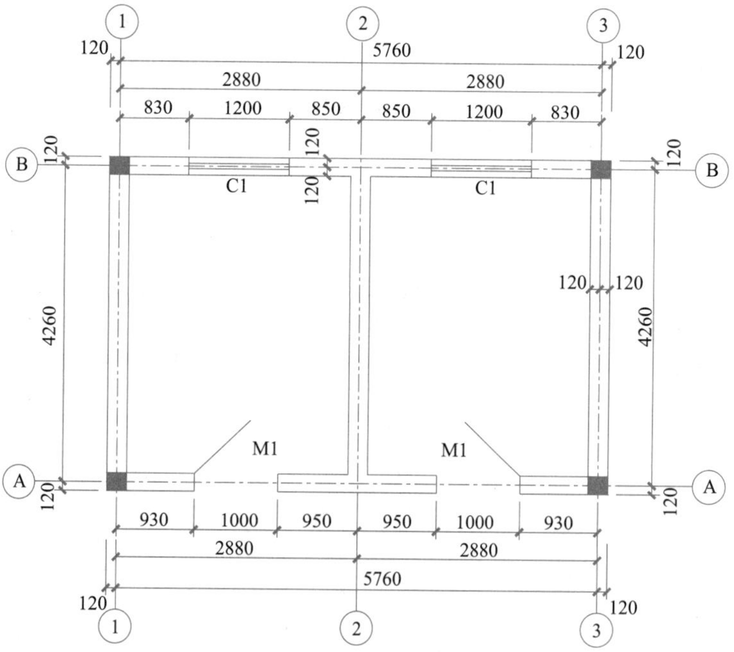

【获取资讯】

了解任务要求,收集砌筑工作过程资料,掌握砌筑机器人工具的使用;掌握砌筑墙体数据分析;掌握智能砌筑异常工况处置;学习操作智能砌筑机器人使用说明书,按照智能管理系统操作,掌握智能砌筑技术应用。

引导问题 1：机器人砌筑的目的是什么？

_____

_____

引导问题 2：在砌筑过程中，需要调整什么参数完成直墙施工？在砌筑的过程中，机器人出现异常工况，如机器人动作或节拍异常，如何处理？

_____

引导问题 3：墙体质量验收要点有哪些？

_____

【工作计划】

按照收集的资讯制定砌筑任务实施方案，完成表 5-19。

直墙砌筑任务实施方案　　　　　　　　　　　　　表 5-19

步骤	工作内容	负责人

【工作实施】

（1）根据图纸，选择机器人砌筑场景。

_____

（2）砌筑前准备工作记录（表 5-20）。

智能砌筑前准备工作记录表　　　　　　　　　　表 5-20

类别	检查项	检查结果
设备检查	设备外观完好	
	正常开关机	
	设备电量满足使用时间	
	正常连接移动端	
	设备校正正常	
	设备在维保期限内	
个人防护	安全帽佩戴	
	工作服穿戴	
	劳保鞋穿戴	
环境检查	场地满足测量条件	
	施工垃圾清理	

（3）墙体质量验收记录（表 5-21）

墙体质量验收记录表   表 5-21

建设单位		监理单位			
施工单位		验收日期			
验收人员					
序号	验收要点	是否合格	有无异常工况	异常工况处理	责任人
检验人员：					

学习任务 5.3.2 有门窗洞口的直墙砌筑

【任务书】

任务背景	砌筑一段有门窗洞口的直墙。
任务描述	使用砌筑机器人,进行直形墙体砌筑,保障墙体的平整度、垂直度、截面尺寸偏差符合规范要求。
任务要求	学生需根据墙体质量验收要求,利用砌筑机器人砌筑墙体,完成任务描述中所述的工作任务。
任务目标	1. 熟练掌握砌体墙验收内容及验收标准。 2. 充分了解砌筑机器人的部件组成、功能划分、使用方法及操作规范。
任务场景	如下图示:砌筑Ⓐ轴墙①-②段\Ⓑ轴墙①-②段\Ⓐ轴墙②-③段\Ⓑ轴墙②-③段。 要求:满足表面平整度、垂直度、截面尺寸偏差、砌体墙强度指标。 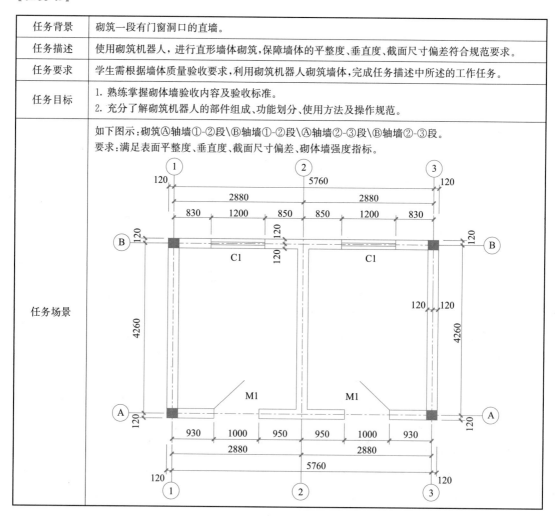

【获取资讯】

了解任务要求，收集砌筑工作过程资料，掌握砌筑机器人工具的使用；掌握砌筑墙体数据分析；掌握智能砌筑异常工况处置；学习操作智能砌筑机器人使用说明书，按照智能管理系统操作，掌握智能砌筑技术应用。

引导问题 1：有门窗洞口的直墙砌筑的难点是什么？

_____

_____

引导问题 2：在砌筑过程中，如何调整砌筑机器人的参数，完成有门窗洞口的直墙墙体的砌筑？

_____

_____

引导问题 3：该墙体质量验收要点有哪些？

_____

_____

【工作计划】

按照收集的资讯制定砌筑任务实施方案，完成表 5-22。

直墙砌筑任务实施方案　　　　　　　　　　　　　表 5-22

步骤	工作内容	负责人

【工作实施】

（1）根据图纸，选择机器人砌筑场景。

_____

（2）砌筑前准备工作记录（表 5-23）。

智能砌筑前准备工作记录表　　　　　　　　　　表 5-23

类别	检查项	检查结果
设备检查	设备外观完好	
	正常开关机	
	设备电量满足使用时间	
	正常连接移动端	
	设备校正正常	
	设备在维保期限内	

续表

类别	检查项	检查结果
个人防护	安全帽佩戴	
	工作服穿戴	
	劳保鞋穿戴	
环境检查	场地满足测量条件	
	施工垃圾清理	

（3）墙体质量验收记录（表5-24）。

墙体质量验收记录表　　　　　　表5-24

建设单位		监理单位			
施工单位		验收日期			
验收人员					
序号	验收要点	是否合格	有无异常工况	异常工况处理	责任人
检验人员：					

学习任务 5.3.3　T形/L形墙体砌筑

【任务书】

任务背景	砌筑一段T形/L形的墙体。
任务描述	使用砌筑机器人,进行L形/T形墙体砌筑,保障墙体的平整度、垂直度、截面尺寸偏差符合规范要求。
任务要求	学生需根据墙体质量验收要求,利用砌筑机器人砌筑墙体,完成任务描述中所述的工作任务。
任务目标	1. 熟练掌握砌体墙验收内容及验收标准。 2. 充分了解砌筑机器人的部件组成、功能划分、使用方法及操作规范。

续表

任务场景	如下图示:砌筑Ⓐ与①轴的 L 形墙\Ⓑ与①轴的 L 形墙\Ⓐ与②轴的 T 形墙\Ⓑ与②轴的 T 形墙。要求:满足表面平整度、垂直度、截面尺寸偏差、砌体墙强度指标。 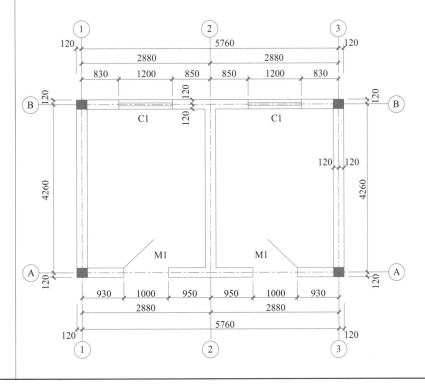

【获取资讯】

　　了解任务要求，收集砌筑工作过程资料，掌握砌筑机器人工具的使用；掌握砌筑墙体数据分析；掌握智能砌筑异常工况处置；学习操作智能砌筑机器人使用说明书，按照智能管理系统操作，掌握智能砌筑技术应用。

　　引导问题 1: T 形/L 形墙体砌筑的难点是什么?

_____

_____

　　引导问题 2: 在砌筑过程中，如何调整砌筑机器人的参数，完成 T 形/L 形墙体的砌筑?

_____

_____

　　引导问题 3: 该墙体质量验收要点有哪些?

_____

_____

【工作计划】

　　按照收集的资讯制定砌筑任务实施方案，完成表 5-25。

T 形/L 形墙体砌筑任务实施方案 表 5-25

步骤	工作内容	负责人

【工作实施】

（1）根据图纸，选择机器人砌筑场景。

（2）砌筑前准备工作记录（表 5-26）。

智能砌筑准备工作记录表 表 5-26

类别	检查项	检查结果
设备检查	设备外观完好	
	正常开关机	
	设备电量满足使用时间	
	正常连接移动端	
	设备校正正常	
	设备在维保期限内	
个人防护	安全帽佩戴	
	工作服穿戴	
	劳保鞋穿戴	
环境检查	场地满足测量条件	
	施工垃圾清理	

（3）墙体质量验收记录（表 5-27）。

T 形/L 形墙体质量验收记录表 表 5-27

建设单位		监理单位			
施工单位		验收日期			
验收人员					
序号	验收要点	是否合格	有无异常工况	异常工况处理	责任人
检验人员：					

建筑施工机器人应用

6.1 教学目标与思路

【教学案例】

建筑行业通过运用建筑施工机器人，不仅能节约部分劳动力成本，而且有效提升了施工效率及施工质量。目前，建筑施工机器人种类繁多，《建筑施工机器人应用》选取喷涂机器人作为典型代表，结合建筑施工机器人操作要求和质量标准，通过案例举一反三学习掌握建筑施工机器人使用及异常情况处理。

【教学目标】

知识目标	能力目标	素质目标
1. 了解建筑施工机器人种类及作用； 2. 掌握喷涂机器人的使用方法； 3. 掌握喷涂机器人的保养方法； 4. 掌握喷涂机器人异常情况下的处置方法。	1. 能根据工程实际情况合理选用建筑施工机器人； 2. 能操作使用喷涂机器人； 3. 能对喷涂机器人进行保养； 4. 能对喷涂机器人异常情况下进行处置。	1. 提升行业自豪感，强化责任意识； 2. 树立质量意识和规范意识； 3. 培养学生协作能力和团队意识； 4. 培养学生创新意识。

【建议学时】6～8 学时

【学习情境设计】

序号	学习情境	载体	学习任务简介	学时
1	基础墙面机器人喷涂作业	可使用喷涂机器或仿真实训系统	使用喷涂机器人对基础墙面进行喷涂作业，并对喷涂质量进行验收。	3～4
2	复杂墙面喷涂作业及异常情况处置		使用喷涂机器人对复杂墙面进行喷涂作业，并对异常情况进行处置。	3～4

【课前预习】

引导问题 1：你所知道目前工程中有哪些建筑施工机器人？

引导问题 2：各类型的建筑施工机器人分别解决了什么工程难题？

引导问题 3：大开脑洞，你还想发明什么建筑施工机器人来解决什么难题？

6.2 知识与技能

1. 知识点——建筑施工机器人概述

（1）建筑施工机器人的概念

建筑施工机器人（Construction Robot）是指应用服务于土木工程领域的机器人，不仅可以替代人类执行简单重复的劳动力，而且还能确保工作的质量稳定高效。此外，建筑施工机器人可以在各种极端严酷的环境下长时间工作，避免了人工工作的安全隐患，适应性极强，操作空间大，且不会感到疲惫，这些特征都使得建筑施工机器人拥有比人类更大的优势。

据统计，自动化仪器可以有效减少工作时间，建筑施工机器人工作消耗的时间只有人工消耗时间的 57.85%，同时机器人自动化设备的平均净工作成本为传统方法的 51.67%，与手工劳动相比建筑施工机器人工作质量更高，其返工和报废成本降低 66.76%。

2022 年 1 月，住房和城乡建设部印发的《"十四五"建筑业发展规划》中指出要加快建筑机器人研发和应用。发展规划中提到，加强新型传感、智能控制和优化、多机协同、人机协作等建筑机器人核心技术研究，研究编制关键技术标准，形成一批建筑机器人标志性产品。积极推进建筑机器人在生产、施工、维保等环节的典型应用，重点推进与装配式建筑相配套的建筑机器人应用，辅助和替代"危、繁、脏、重"施工作业。

（2）建筑施工机器人的种类及作用

为了更好地了解建筑机器人的常规类型，更加符合学术规范，在参考了斯坦福大学机器人教程《机器人学导论》之后，认为建筑施工机器人可以按照一般机器人一样，按下述方式进行分类。

① 按运动类型分

按运动类型的不同，建筑施工机器人可以分为固定基座机器人（Stationary Robot）、移动机器人（Mobile Robot）和交互机器人（Human-Interactive Robot）三类。

A. 固定基座机器人：指具有固定基座的机器人，机器人整体不能移动，但可以在固定住的基座上通过机械臂工作。例如焊接钢构件的焊接机器人，如图 6-1 所示。

B. 移动机器人：指可以自由移动的机器人，常见的类型有轮式、履带式，常用于运输用途或移动式施工等，图 6-2 所示为移动式腻子打磨机器人。

图 6-1　固定基座的焊接机器人　　　　图 6-2　移动式腻子打磨机器人

C. 交互机器人：指可穿戴式机械骨骼，它可以同人类的手势、动作等进行实时交互，并进行反应动作。图 6-3 所示为交互式外骨骼机器人。

② 按使用空间分

按使用空间的不同，建筑施工机器人可以分为路基机器人（Land Robot）、水下机器人（Underwater Robot）、空基机器人（Aerial Robot）三类。

A. 路基机器人：指在陆地上工作的建筑施工机器人，例如抹灰机器人、检测机器人等。图 6-4 所示为混凝土抹平机器人。

图 6-3　交互式外骨骼机器人　　　　图 6-4　混凝土抹平机器人

B. 水下机器人：指可以在水下进行工作的机器人，多用于水下管道检查和维修。图 6-5 所示为水下大坝检测机器人。

C. 空基机器人：指在空中飞行进行工作的机器人，在建筑领域中目前尚处于研发阶段，主要用于测绘方面。图 6-6 所示为无人机测绘机器人。

图 6-5　水下大坝检测机器人　　　　图 6-6　无人机测绘机器人

③ 按工作类型分

按工作类型的不同，建筑机器人可以分为生产机器人（Production Robot）、建造机器人（Construction Robot）、运输机器人（Transportation Robot）、维修检测机器人（Maintaining Robot）、拆除机器人（Demolition Robot）、挖掘清障机器人（Excavating Robot）六类。

A. 生产机器人：生产机器人多用于模块化施工的预制构件生产。生产机器人可以自动读取操作系统中的 CAD 图纸或者 BIM 模型中的构件数据，然后自动化运行，生产出规定尺寸的钢筋混凝土构件。生产机器人不仅可以非常快速地生产出复杂的预制构件，而且生产出的预制构件质量相比人工而言非常稳定。图 6-7 所示为预制构件自动钢筋绑扎机器人。

B. 建造机器人：建造机器人为建筑施工机器人中最常见且应用最广泛的一种类型，这类机器人主要是代替人工在现场进行建筑主体或装饰装修等施工工序。图 6-8 所示为砌砖机器人。

图 6-7　预制构件自动钢筋绑扎机器人

图 6-8　砌砖机器人

C. 运输机器人：运输机器人主要作用是在建筑施工现场帮助施工人员运输建筑材料，多用于高层建筑。图 6-9 所示为施工搬运机器人。

D. 维修检测机器人：维修检测机器人指用来辅助人工进行建筑或者基础设施维修的机器人。图 6-10 所示为巡检机器人。

图 6-9　施工搬运机器人

图 6-10　巡检机器人

E. 拆除机器人：拆除机器人指专门用来拆除建筑的机器人。图 6-11 所示为拆除机器人。

F. 挖掘清障机器人：挖掘清障机器人指专门进行挖掘工作和清障工作的机器人。图 6-12 所示为清障机器人。

图 6-11　拆除机器人

图 6-12　清障机器人

2. 知识点——喷涂机器人概述

建筑施工机器人种类繁多，用途各异，但操作原理大同小异。以下以杭州丰坦机器人有限公司研发生产的喷涂机器人为例，介绍其基本情况及施工作业流程，希望读者能举一反三，学习掌握建筑施工机器人相关知识及应用技能。

（1）喷涂机器人简介

喷涂机器人主要应用于建筑行业的室内装饰装修领域，主要用途包括：腻子、乳胶漆喷涂的内墙、顶棚等场景。其体型小巧，可在标准精装修户型内出入自如，适用于住宅、商业、公建、酒店等室内装修，作业不高于4.6m。其显著特点是高质量、高效率和高覆盖，根据规划路径自动行驶并完成喷涂。该喷涂机器人 8 小时腻子施工量约为 $800\sim1000m^2$，约为人工效率的 $8\sim10$ 倍；乳胶漆施工量约为 $3000\sim4000m^2$，与人工手持喷涂机相比，效率提升 $2\sim3$ 倍。图 6-13 所示为喷涂机器人。

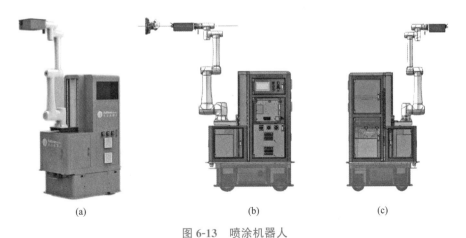

图 6-13　喷涂机器人

（a）喷涂机器人外观；（b）喷涂机器人侧面 A；（c）喷涂机器人侧面 B

（2）喷涂机器人产品功能

① 两遍乳胶漆喷涂：适用立邦、多乐士、三棵树等底漆及面漆喷涂；

② 全户型特征喷涂：墙面、顶棚、飘窗、房梁等；

③ 自动路径规划：喷涂路径自动规划，高效输出；

④ 电池状态实时监测：电量、温度、电流等；

⑤ 涂料重量实时监测：涂料消耗率、余料不足等；

⑥ 喷涂状态实时监测：喷嘴堵塞、泄漏等；

⑦ APP 远程操作：手/自动操作，匹配地图，远程停止等。

（3）喷涂机器人结构

喷涂机器人分为 AGV 底盘和上装主体结构。

① AGV 底盘

喷涂机器人的 AGV 底盘如图 6-14 所示。底盘采用通用型模块化底盘，标准设计，方便易损易坏维护，上盖板兼容多种上装结构也可拆换，一车多用，方便后期多款机器人使用，降低成本。AGV 底盘的主要参数见表 6-1。

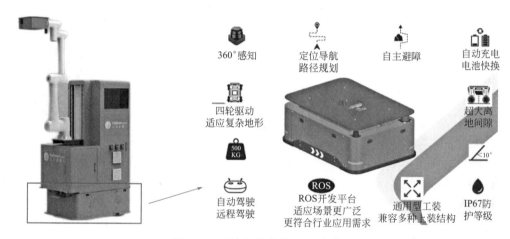

图 6-14　喷涂机器人的 AGV 底盘

AGV 底盘主要参数　　　　　　　　　　　　　　表 6-1

外形尺寸	1030mm×800mm×490mm
运行速度	≤0.5m/s
运动模式	双舵轮＋双可控轮、四舵轮
越障高度	40mm
越沟宽度	50mm
最大爬坡	10°
自重	300kg
载重	500kg
续航时间	5h
充电时间	3h
电池容量	100Ah(可拆换)

② 上装主体结构

喷涂机器人的上装主体结构如图 6-15 所示。

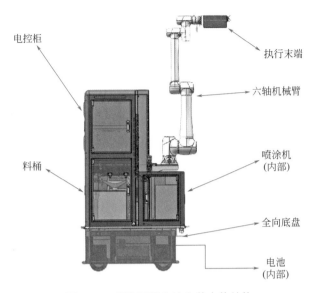

图 6-15　喷涂机器人的上装主体结构

主要包括：

AGV 全向底盘（含电池）模块：主要用于机器的行走、转向，并支撑电控柜模块；

电控柜模块：主要用于机器的控制系统元器件的固定和防护；

六轴机械臂模块：主要用于执行喷涂作业动作；

喷涂机模块：主要用于给喷枪提供高压涂料；

执行末端模块：可快速更换作业机械终端；

料桶模块：主要用于存放喷涂需要的涂料、腻子；

手持平板设备：已默认安装"喷涂机器人软件"，该软件含喷涂项目管理、喷涂作业任务、维护和喷涂实时数据查看等功能，可用该平板进行喷涂任务操作。

上装主体结构的主要参数如表 6-2 所示。

上装主体结构主要参数　　　　　　　　　　　表 6-2

技术参数	参数说明	技术参数	参数说明
车身尺寸	1030mm×800mm×1760mm	转弯半径	全向移动,无转弯半径
本体重量	680kg	爬坡能力	≤10°
作业高度	4.6m	越障能力	30mm
作业工效	100m²/h	车体材质	钣金材质
运行方式	四轮驱动、激光定位、无轨化行走	防护等级	IP54
持续运行时间	5h	供电方式	48V 100Ah DC 磷酸铁锂电池组
最大速度	0.5m/s	充电方式	手动
定位精度	±10mm	通信方式	Wi-Fi 2.4GHz/5GHz
刹车距离	≤0.1m	执行机构	六自由度工业协作机器人,运动精度±0.02mm

（4）喷涂机器人使用安全

喷涂机器人的使用应遵守国家规定的机器人安全相关法规，正确安装、使用安全保护装置。设备安全标识如表 6-3 所示。

喷涂机器人设备安全标识 表 6-3

内容	标识
急停按钮：在显示屏下方配置急停按钮装置，在遇到紧急或突发事故时按下，马上停止设备运行。急停按钮可通过旋转复位。	
电击危险标志：操作或维护维修的过程中，有触电的风险，请勿触碰设备电气元件。在需对本产品进行维护维修时，请断电并上锁挂牌后进行下一步操作。	
机械伤人标志：在标志挂放处应小心使用机械设备，以免造成人身伤害。	
注意安全标志：在机器人作业时，周围人员务必保持高度警惕并保持安全距离，避免发生意外时造成人身伤害。	
操作要求：在进行机器人相关操作时，必须按照规程要求进行严格操作。	

续表

内容	标识
机器人作业时禁止打开机身上的柜门,避免发生安全意外或机器故障。	⚠警告/WARNING 机器运转时 禁止开门 DO NOT OPEN THIS DOOR WHEN THE MACHINE IS IN MOTION

3. 知识点——喷涂机器人使用

使用喷涂机器人进行墙面喷涂作业的流程为:喷涂机器人点检—前置条件确认—腻子、涂料搅拌—喷涂机器人作业—工完料清。

(1) 喷涂机器人点检

在喷涂机器人开机作业前应对设备进行点检,确认设备的完好性以及机器人的原点位置,检查部位包括底盘、上端、机械手臂和功能,点检项目包括舵轮是否松动,有无异物等共计 22 项,详见学习任务 6.3.1 基础墙面机器人喷涂作业中的表 6-7 喷涂机器人点检记录表。

(2) 前置条件确认

喷涂作业前,应对前置条件进行确认,包括:

① 工作场所所在区域能够方便机器人运动(无土建遗留问题:裸露钢筋、地泵管道洞口等),地面平整度≤5mm,斜度小于 6°,完成相关找平工作;

② 作业墙面基层处理完成,无浮灰、钢筋凸起、不平整等问题;

③ 作业现场应无墙板、窗、砌块等材料堆放,无其他杂物堆放;

④ 运行通道最小门洞尺寸:高≥1.8m,宽≥0.9m;

⑤ 喷涂作业进行过程中,应避免现场人员在喷涂机器人之间频繁走动,并与机器人保持 5m 以上安全距离;

⑥ 天花消防管道类设施在喷涂后进行安装;

⑦ 工作场地提供 220V 供电,供电功率 5kW,设有满足作业要求的配电箱,提供水源及废水处理区域。

(3) 腻子、涂料搅拌

① 腻子搅拌

准备干净的容器,腻子粉和水按照一定的比例进行搅拌(配比值需要根据腻子品牌与型号实际情况进行黏稠度标定,配比值并不固定),先倒入称量好的水,再倒入相应的腻子粉,使用搅拌机搅拌均匀,确保无粉末粘结于容器壁和底部,静置 5 分钟后,继续搅拌确认容器内无沉淀、无结块后,倒入专用的研磨机进行过筛研磨处理,处理结束后方可使用。每个批次的腻子都需要使用黏度杯测试黏度,以确保腻子黏度一致性,最后将混合好的腻子统一加入机器人的料桶。腻子搅拌步骤如图 6-16 所示。

② 涂料搅拌

打开涂料桶,根据面漆配比分别计算漆水重量,注意需去除桶净重,且称重前需将秤

（a）　　　　　　　　（b）　　　　　　　　（c）　　　　　　　　（d）

图 6-16　腻子搅拌步骤

（a）称量水重量；（b）称量腻子粉重量；（c）均匀腻子搅拌；（d）腻子研磨细腻

归零，称重时读数需稳定 5s 以上。使用搅拌机搅拌涂料 2min 以上，搅拌后需要人工对倒 4 次以上以充分搅拌均匀，每个批次的涂料要使用黏度杯测试涂料的黏度，以确保涂料黏度一致性，最后将混合好的涂料加入机器人的料桶中。加料完成后，对空桶内进行试喷作业，喷至涂料或者腻子黏稠度稳定后再进行正常施工作业。涂料搅拌步骤如图 6-17 所示。

（a）　　　　　　　　　　　（b）　　　　　　　　　　　（c）

图 6-17　涂料搅拌步骤

（a）称量水、涂料重量；（b）均匀搅拌涂料；（c）黏度杯测试

图 6-18　上装电源操作开关

（4）喷涂机器人作业

① 设备开机

设备开机分成上装开机和 AGV 底盘开机两部分，从而实现机器人整体开机运行。

A. 上装开机操作

上装电源操作开关如图 6-18 所示，左一开关为 220V 交流供电开关，给喷涂机供电，顺时针旋转至垂直方向时，为电源开启状态，逆时针旋转至水平方向时，为电源关闭状态。右一开关为 48V 直流供电开关，负责给电控箱模块供电，顺时针旋转至垂直方向时，为电源开启状态，逆时针旋转至水平方向时，为电源关闭状态。

B. 上装操作指示按钮

上装操作指示按钮如图 6-19 所示。电源指示开关为上装供电正常指示标志；初始化开关为当机器处于初始化状态时，蓝色按钮会处于亮灭交替闪烁之中；复位开关为机器处于报警状态时，按下黄色按钮可消除报警状态；暂停开关为暂停施工作业，停止当前机器人当前动作。

C. AGV 底盘开机操作

AGV 底盘开机操作按钮如图 6-20 所示。急停开关为紧急制动按钮，遇到紧急情况可按下急停，停止机器人所有动作；电源开关为底盘电源开关，控制底盘供电；切换开关为切换底盘供电模式，缺电时可切换至上装电池供电；复位开关为复位系统；触边失效为感应碰撞后停止前进，防止人员操作误触，需人工恢复。

图 6-19　上装操作指示按钮

图 6-20　AGV 底盘开机操作按钮

② 喷涂机器人 APP 操作系统

A. 喷涂机器人 APP 操作系统登录

在手持平板电脑上打开喷涂机器人操作软件，进入登录页面。接着输入喷涂机器人 IP 连接机器人（由管理员提供），如设备已经登录过，将会有历史 IP 备份，可以在下拉的历史记录列表中选择，如图 6-21（a）所示。最后输入账号、密码进行登录，如图 6-21（b）所示。

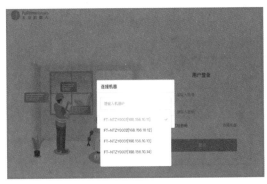

(a)

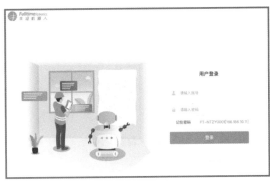

(b)

图 6-21　喷涂机器人 APP 操作系统登录

（a）输入喷涂机器人 IP；（b）输入账号、密码登录

B. 喷涂机器人 APP 操作系统应用

进入 APP 操作界面，左边为主菜单选项，包括机器状态、机器人作业、上装操控、底盘遥控、故障管理、参数设置共 6 项，右边为对应的菜单操作项。其中每个界面均显示手自动切换按钮与急停、复位按钮。机器运行过程中，按下急停按钮，可使机器瞬间停止工作，再次点击急停按钮，机器复位。长按故障复位按钮使机器恢复正常，点击手自动模式切换可以实现两种工作状态的切换。

机器状态：在基本状态界面，显示机器喷涂压力、电池温度、电压、电流、底盘设置速度等基本信息，如图 6-22 所示。

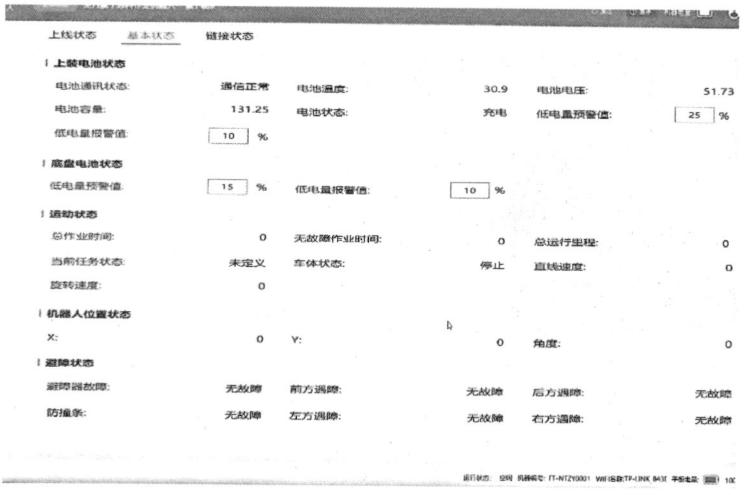

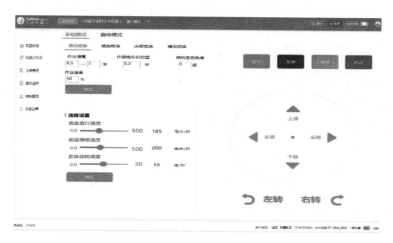

图 6-22　机器状态界面

机器人作业：有手动模式和自动模式 2 种。手动模式为机械臂展开后，输入需要作业的参数，输入起始高度和终止高度、喷枪的枪距、喷枪左右角度以及作业速度，按启动按钮开始施工作业，如图 6-23 所示。自动模式为机械臂展开后，设置自动喷涂作业墙面的起始高度和终止高度，点击启动按钮开始自动作业，如图 6-24 所示。

图 6-23　机器人作业—手动模式设置界面

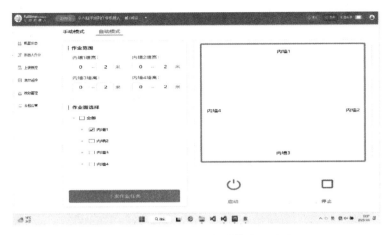

图 6-24　机器人作业—自动模式设置界面

上装操控：用于参数设置，控制机械臂各种动作姿态，如：打包姿态、展开姿态、待机和清洗姿态等，控制启动腻子机、喷头等，如图 6-25 所示。

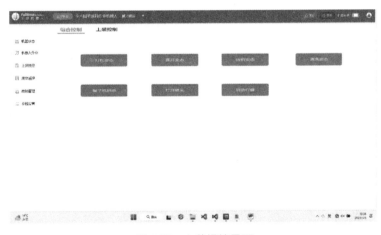

图 6-25　上装操控界面

底盘遥控：可手动移动底盘前后左右移动与左旋右旋，设置底盘直行、横移及旋转速度，如图 6-26 所示。

故障管理：显示当前故障中信息，机器报警后显示对应故障类型、警告和提示的信息，如图 6-27 所示。

参数设置：用于施工参数设置，可设置机器人喷涂作业时离墙间距（mm），机械臂横向移动的间距（mm，控制喷涂覆盖面），机械臂喷涂的速度（mm/s），底盘作业每次移动距离（mm），如图 6-28 所示。

（5）工完料清

① 料筒清洗

首先打开排污阀将料桶中剩余涂料排放到临时存放的料桶，开回流阀将回流管中涂料排放至料桶后再排至临时存放的料桶；接着加清

喷涂机器人作业

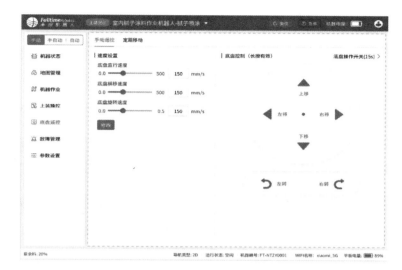

图 6-26　底盘遥控界面

图 6-27　故障管理界面

图 6-28　参数设置界面

水至料桶，清洗料桶，可以使用毛刷清洗筒壁内部，待料桶内污水排净关闭排污阀，妥善处理废水；最后更换清水，重复上述步骤直至料桶内壁残余涂料清洗干净并完全排出，判断标准为料桶内壁是否有涂料残余。

② 喷涂机清洗

在每次喷涂作业完成后 10min 内，需对喷涂设备进行清洗，以免管路或喷嘴堵塞，影响下一次喷涂作业。清洗方法为首先打开回流阀，将喷涂机管路中的液体排空；接着关闭回流阀，向料桶中加入清水，打开喷涂机，直到喷嘴喷出清水大约 30～60s 后，关闭喷枪打开回流阀，排出污水；最后加清水重复 3～5 次，至喷枪喷出清水，将料桶及喷枪洗净。

喷涂机器人的维护与保养内容详见表 6-4。

喷涂机器人维护与保养内容

表 6-4

序号	维护与保养内容
1	手持平板终端使用时需佩戴防尘套
2	机器人充电均需选用稳定的 220V 电压
3	每天作业完成后清理机器上灰尘及杂物
4	每次喷涂作业完成后 30min 内进行喷涂设备清洗
5	每天作业前和作业后在喷涂机柱塞泵处添加润滑油
6	在喷涂过程中遇到喷涂不畅，要及时检查，清洗吸料管的过滤网，一般每次作业结束后清洗一次过滤网
7	机器使用三个月后，需打开泵盖检查液压油是否清洁、缺少
8	定期检查各紧固件是否松动，各密封件是否泄漏
9	每次作业前应手动检测喷涂机是否能达到设定的喷涂压力（15～25MPa）
10	每次作业前应在手动模式下，上装控制进入展臂模式，打开两侧喷枪，在喷枪位置处放置 1 个空桶，将上次作业清洗后残留在管道内的水排尽，以免影响喷涂质量

4. 知识点——喷涂机器人常见故障及处理方法

喷涂机器人常见故障及处理方法详见表 6-5。

喷涂机器人常见故障及处理方法

表 6-5

序号	常见故障	处理方法
1	（1）雾化小、滋水 （2）无涂料喷出	（1）检查回流阀是否完成并关闭（人工操作喷涂机上的回流阀旋钮）； （2）检查涂料是否充足，并保证进料口浸没在涂料中； （3）将进料口换成清水，回流后打开喷嘴进行喷涂操作，检验喷涂雾化是否正常，同时观察表盘上的压力值是否正常（一般设置在 15～25MPa）； （4）卸下喷嘴，检查喷涂涂料检测喷枪管路是否堵塞，同时使清洗喷嘴至无乳胶漆残留

序号	常见故障	处理方法
2	(1)机器人偏移预设路径 (2)机器人有碰撞周围物体风险 (3)机器人移动路径上有较大障碍物或沟壑	暂停机器人作业,或拍下红色急停按钮,排除故障或障碍物后,切换到手动模式,下发定位,重新开始作业
3	出现程序故障报警、机器作业过程中自动中断作业、站点位置异常等	暂停机器人作业,重启电源
4	喷涂作业过程中,出现压力不稳或压力达不到预设压力	(1)检查吸料管头是否完全浸入涂料中; (2)检查吸料口是否有堵塞; (3)检查料管带过滤器的转接头是否有堵塞; (4)检查料口接头是否松动或有滴漏
5	上装机械臂运行过程中,出现急停、故障等现象	进入安全模式,在安全模式中复位,然后移到宽敞的位置,机械臂回原点并排查修复

6.3 任务书

学习任务 6.3.1　基础墙面机器人喷涂作业

【任务书】

施工单位现已完成装配式混凝土建筑主体工程施工，现需操作喷涂机器人完成第 2 层作业墙体的腻子喷涂任务，并完成施工数据的记录。作业墙体长 3m，高 3.3m，为平整钢筋混凝土墙面，无门窗洞口，墙面基层处理已完成。作业墙体立面图如图 6-29 所示。

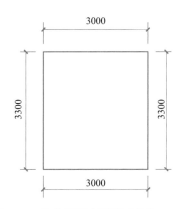

图 6-29　作业墙面立面图（单位：mm）

【获取资讯】

了解任务要求，观看喷涂机器人介绍视频及作业视频，学习喷涂机器人的结构及操作方法，设置喷涂机器人操作 APP 参数，掌握喷涂机器人应用技能。

引导问题 1：喷涂机器人可分为＿＿＿＿和＿＿＿＿两大结构。

引导问题 2：喷涂机器人所需的供电电压是（　　）V。

A. 36　　　　　　　　B. 120　　　　　　　　C. 220　　　　　　　　D. 360

引导问题 3：使用喷涂机器人进行墙面喷涂作业的流程是什么？

_____

_____

引导问题 4：以下关于腻子搅拌做法中错误的是（　　）。

A. 腻子粉和水的配比值需根据腻子品牌与型号实际情况进行确定

B. 先倒入腻子粉，再倒入称量好的水，使用搅拌机搅拌均匀

C. 搅拌均匀后应静置 5min，确认无沉淀、无结块后倒入研磨机进行研磨

D. 每个批次的腻子都需要使用黏度杯测试黏度，以确保腻子黏度一致性

引导问题 5：如果要设置自动喷涂作业墙面的起始高度和终止高度，应在以下哪个界面中进行参数设置？（　　）

A. 机器状态　　　　B. 机器人作业　　　　C. 上装操控　　　　D. 底盘遥控

E. 故障管理　　　　F. 参数设置

【工作计划】

按照获取资讯中使用喷涂机器人进行墙面喷涂作业的流程制定实施方案，并完成表6-6。

基础墙面机器人喷涂任务实施方案　　　　　　　　　　　　　　　表 6-6

步骤	工作内容	负责人

【工作实施】

（1）完成喷涂机器人点检任务（表6-7）。

喷涂机器人点检记录表　　　　　　　　　　　　　　　　　　　表 6-7

	部位	序号	点检项目	是否合格
喷涂机器人点检	AGV 底盘	1	舵轮是否松动,有无异物	
		2	启动按钮是否正常	
		3	8 位激光传距仪是否正常	
	上装主体	1	三色灯是否显示正常	
		2	显示屏是否显示正常	
		3	按键是否松动、功能是否正常	
		4	电池电量是否充足	
		5	整机外观是否变形	
		6	喇叭功能是否正常	
		7	升降机构螺栓是否松动,是否润滑	
		8	料筒是否有渗漏现象	
		9	管道是否松动,是否渗漏	
	机械手臂	1	末端机构是否变形	
		2	喷嘴磨损是否严重	
		3	保护罩是否损坏	
		4	管线是否松脱破损	
	功能	1	手动喷水,喷枪是否堵塞	
		2	手动喷水,压力是否稳定	
		3	底盘行走是否正常	
		4	语音播报功能是否正常	
		5	机械手臂动作是否干涉,正常	
		6	手持 iPad 操作是否正常	

（2）施工数据记录（表 6-8）。

基础墙面机器人喷涂施工数据记录表　　　　表 6-8

	时间	
基础墙面机器人喷涂施工数据	喷嘴型号	
	离墙距离（mm）	
	喷幅宽度（mm）	
	喷幅重叠比例（%）	
	机械臂移动速度（%）	
	腻子/水配比	
	腻子厚度（mm）	
	施工面积	
	施工用时	
	施工用料	

（3）工完料清、设备维护记录（表 6-9）。

基础墙面机器人喷涂工完料清、设备维护记录表　　　　表 6-9

项目	检查项	检查结果
工完料清	料筒清洗干净,内壁无残余	
	喷涂机和喷枪清洗干净	
	施工垃圾清理干净	
设备维护	喷涂机柱塞泵添加润滑油	
	清洗吸料管的过滤网	

学习任务 6.3.2　复杂墙面喷涂作业及异常情况处置

【任务书】

施工单位现已完成装配式混凝土建筑主体工程施工，现需操作喷涂机器人完成第 3 层作业墙体的涂料喷涂任务，完成施工数据的记录，并完成相关异常工况的处理。作业墙体长 5m，高 3.3m，为平整钢筋混凝土墙面，有门、窗洞口各 1 个，墙面基层处理已完成。作业墙体立面图如图 6-30 所示。

【获取资讯】

了解任务要求，观看喷涂机器人介绍视频及作业视频，学习喷涂机器人的结构及操作方法，设置喷涂机器人操作 APP 参数，掌握喷涂机器人应用技能。

引导问题 1：以下关于涂料搅拌做法中错误的是（　　）。

A. 根据面漆配比分别计算漆水重量，需去除桶净重

B. 使用搅拌机搅拌涂料 2min 以上，然后人工对倒 4 次以上以充分搅拌均匀

C. 每天只需要使用黏度杯做 1 次涂料黏度测试即可

D. 加料完成后，对空桶内进行试喷作业，喷至涂料黏稠度稳定后再正常施工

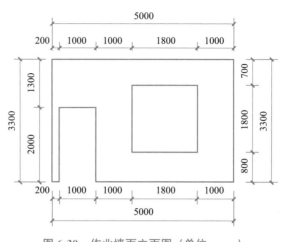

图 6-30　作业墙面立面图（单位：mm）

引导问题 2：如果要调整机械臂喷涂速度，应在以下哪个界面中进行参数设置？（　　）

A. 机器状态　　　　B. 机器人作业　　　　C. 上装操控　　　　D. 底盘遥控

E. 故障管理　　　　F. 参数设置

引导问题 3：遇到带门窗等洞口的墙体，你的喷涂机器人作业方案如何来设计？

_____

引导问题 4：喷涂机器人每次作业完成后，必做的维护与保养内容有哪些？

_____

引导问题 5：如果喷涂机器人在作业过程中出现无涂料喷出现象，应如何处理？

_____

_____

【工作计划】

按照获取资讯中使用喷涂机器人进行墙面喷涂作业的流程制定实施方案，并完成表 6-10。

复杂墙面机器人喷涂任务实施方案　　　　　　　　　　　　　表 6-10

步骤	工作内容	负责人

【工作实施】

（1）完成喷涂机器人点检任务（表 6-11）。

喷涂机器人点检记录表　　　　　　　　　　表 6-11

	部位	序号	点检项目	是否合格
喷涂机器人点检	AGV 底盘	1	舵轮是否松动,有无异物	
		2	启动按钮是否正常	
		3	8 位激光传距仪是否正常	
	上装主体	1	三色灯是否显示正常	
		2	显示屏是否显示正常	
		3	按键是否松动,功能是否正常	
		4	电池电量是否充足	
		5	整机外观是否变形	
		6	喇叭功能是否正常	
		7	升降机构螺栓是否松动,是否润滑	
		8	料筒是否有渗漏现象	
		9	管道是否松动,是否渗漏	
	机械手臂	1	末端机构是否变形	
		2	喷嘴磨损是否严重	
		3	保护罩是否损坏	
		4	管线是否松脱破损	
	功能	1	手动喷水,喷枪是否堵塞	
		2	手动喷水,压力是否稳定	
		3	底盘行走是否正常	
		4	语音播报功能是否正常	
		5	机械手臂动作是否干涉,正常	
		6	手持 iPad 操作是否正常	

（2）施工数据记录（表 6-12）。

复杂墙面机器人喷涂施工数据记录表　　　　　　表 6-12

复杂墙面机器人喷涂施工数据	时间	
	喷嘴型号	
	离墙距离(mm)	
	喷幅宽度(mm)	
	喷幅重叠比例(%)	
	机械臂移动速度(%)	
	腻子/水配比	
	腻子厚度(mm)	
	施工面积	
	施工用时	
	施工用料	

（3）工完料清、设备维护记录（表6-13）。

复杂墙面机器人喷涂工完料清、设备维护记录表　　　表6-13

项目	检查项	检查结果
工完料清	料筒清洗干净，内壁无残余	
	喷涂机和喷枪清洗干净	
	施工垃圾清理干净	
设备维护	喷涂机柱塞泵添加润滑油	
	清洗吸料管的过滤网	

（4）异常工况处理（表6-14）。

复杂墙面机器人喷涂异常工况处理记录表　　　表6-14

序号	异常工况类型	异常工况描述及发生原因	处理方法	备注

混凝土3D打印技术应用

7.1 教学目标与思路

【教学案例】

《混凝土 3D 打印技术应用》为"智能施工技术"课程中智能控制技术典型应用案例，结合建筑部件 3D 工厂打印施工和单层建筑 3D 工厂打印施工的真实学习情境，通过案例学习掌握混凝土 3D 打印建筑的设备组成及使用方法，了解水泥基 3D 混凝土制备关键技术，并掌握混凝土 3D 打印施工流程及施工质量检查。

【教学目标】

知识目标	能力目标	素质目标
1. 了解混凝土 3D 打印建筑的特点； 2. 了解混凝土 3D 打印系统设备组成； 3. 了解水泥基 3D 打印混凝土制备的关键技术； 4. 掌握水泥基 3D 打印混凝土的性能； 5. 掌握混凝土 3D 打印施工流程； 6. 熟悉混凝土 3D 打印建筑的质量检查。	1. 会进行三维模型分割及优化； 2. 会根据打印结构方案进行打印交底； 3. 能按照设计要求完成建筑构件打印； 4. 能处理打印过程中的常见工况； 5. 能进行墙体灌浆、管线预理； 6. 会进行墙体移位、养护。	1. 具有良好的人际交往能力； 2. 具有团队合作精神、客户服务意识和职业道德； 3. 具有健康的体魄和良好的心理素质及艺术素养。

【建议学时】24 学时

【学习情境设计】

序号	学习情境	载体	学习任务简介	学时
1	建筑部件 3D 工厂打印施工	实训场所实操或混凝土 3D 打印仿真实训系统	使用混凝土 3D 打印系统和打印材料完成建筑单一部件、构件的模型导入、路径优化、打印施工和养护。	8
2	单层建筑 3D 工厂打印施工		选用混凝土 3D 打印系统，完成单层建筑的打印材料拌制、模型拆分和路径优化、打印施工、门窗洞口留设、水电暖及钢筋网片制作、墙体移位和养护、异常工况处理、构件吊装和拼接、施工资料记录和整理。	16

【课前预习】

引导问题 1：简述混凝土 3D 打印建筑在国内的发展和应用情况。

引导问题 2：混凝土 3D 打印建筑的材料有哪些性能？

引导问题 3：简述混凝土 3D 打印设备系统组成和种类。

引导问题 4：简述混凝土 3D 打印的施工流程。

引导问题 5：混凝土 3D 打印施工中一般工况有哪些？

7.2 知识与技能

1. 知识点——混凝土 3D 打印建筑的定义

（1）混凝土 3D 打印建筑的概念

混凝土 3D 打印（concrete 3D printing）：采用挤出堆叠工艺实现混凝土免模板成型的建造技术。

混凝土 3D 打印建筑（3D printed concrete building）：采用混凝土 3D 打印技术建造的建筑物。包括原位 3D 打印建筑和装配式 3D 打印建筑两种形式。

原位 3D 打印建筑（insitu 3D printed building）：在规划设计的位置，采用 3D 打印技术进行施工的建筑，如图 7-1 所示。

装配式 3D 打印建筑（assembled 3D printed building）：采用可靠的连接方式将 3D 打印构件装配而成的建筑。

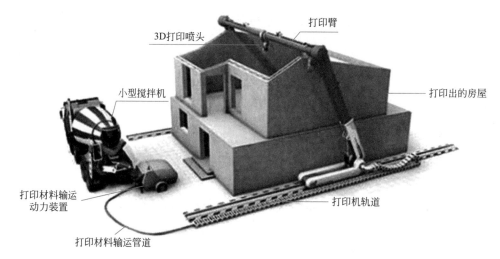

图 7-1　原位 3D 打印建筑施工概况图

（2）混凝土 3D 打印建筑的特点

提高效率：传统的建筑制造需要大量的人工和时间，而 3D 建筑打印可以通过计算机设计和自动化制造，快速生产出建筑构件和模型，从而提高了效率和减少了制造成本。

提高精度：3D 打印技术能够实现高精度制造，可以在模型设计和制造中避免传统手工制造时可能出现的误差，从而提高了建筑设计的准确性。

增强创意：3D 打印技术可以使建筑设计师更容易地尝试不同的设计理念和构造形式，因为它可以帮助他们快速制造出各种形状和结构的建筑模型，从而激发更多的创意和想象力。

节约材料：传统建筑制造中，很多材料都需要进行手工裁剪和处理，这会浪费大量材料。而 3D 建筑打印可以根据设计要求直接制造出需要的构件，从而减少了材料浪费。

减少人力：3D 建筑打印可以减少建筑现场的人工参与，降低了人力成本，同时也减少了建筑现场的安全隐患。

综上所述，3D 建筑打印可以提高建筑制造的效率、精度和创意性，节约材料和人力，减少建筑现场的安全隐患，因此具有重要的作用和意义。

2. 知识点——混凝土 3D 打印机器人

混凝土 3D 打印机器人主要由硬件设备与软件系统构成，硬件和软件的形式如图 7-2 所示。用于混凝土 3D 打印的硬件设备包括搅拌设备、输料设备和 3D 打印设备，设备模型图如图 7-3 所示。我们将直接打印建筑房屋整体或房屋的一部分、现场打印建筑预制模块及构件、工厂车间打印预制模块及构件的 3D 打印设备称为 3D 建筑打印机，即建筑 3D 打印机器人。由于建筑房屋的体量较大，所以打印建造的 3D 建筑打印机的体积也较大，都有一个大跨度的支撑性架构，并配有混凝土 3D 打印头装置，如图 7-4 所示。图 7-5 为近几年升级迭代的万向旋转打印头装置。

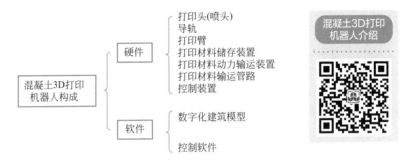

图 7-2　混凝土 3D 打印机器人构成图

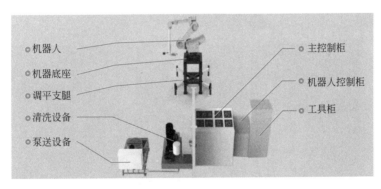

图 7-3　混凝土 3D 打印硬件设备模型

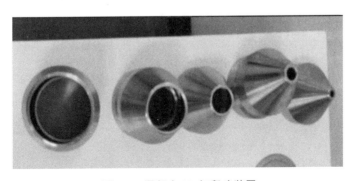

图 7-4　混凝土 3D 打印头装置

图 7-5　万向旋转打印头装置

以冠力科技公司的产品为例介绍常见的硬件和软件。硬件设备有框架型 3D 打印机和机器臂两类，框架型 3D 打印机又分为桌面级、实验室级、工业级 3D 打印机和大型原位级打印机。建筑 3D 打印智能控制系统 Moli 软件及功能如图 7-6 所示。各种打印机详见图 7-7～图 7-12。

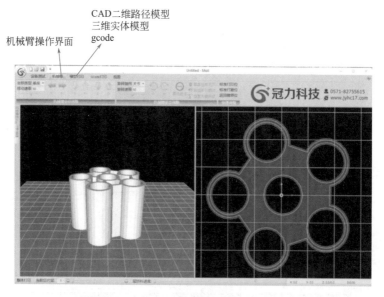

图 7-6　建筑 3D 打印智能控制系统 Moli

（1）建筑 3D 打印智能控制系统 Moli

1）三维可视化实时在线交互控制，具有自动切片、智能路径优化和打印预览功能；

2）支持三维模型（stl）、CAD 二维路径图形（dwg、dxf、svg）、Rhino 参数化设计建模路径（gcode）及第三方切片 Gcode 数据的直接导入、打印；

3）具有连续打印、断点交互打印及打印进程保存功能；

4）支持模型分块打印，分块区域可新建也可导入任意一个闭合曲线而创建，分块具有独立的子坐标系以及显示面；

5）支持可旋转万向打印头的控制功能；

6）多角度视图，中英文界面一键替换；

7）独具符合建筑 3D 打印特点和需求的填充路径设置功能；

8）具有填充路径、填充率打印预览和实时打印进度显示功能；

9）支持多种打印材料，包括但不限于 3 种普通硅酸盐水泥基材料、硫铝酸盐水泥基材料、地质聚合物材料及石膏基材料等；

10）打印参数根据需求自由设置，打印过程中可实时修改等功能。

（2）桌面级建筑 3D 打印机（GL-3DPrt-D）

桌面级建筑 3D 打印机（图 7-7）外观尺寸是 1370mm×1170mm×1460mm，有效打印尺寸 600mm×600mm×550mm。主要用途是用于试验试块、小型构件的打印成型等。

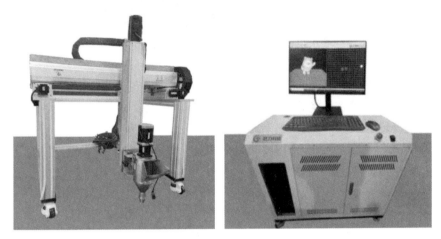

图 7-7　桌面级建筑 3D 打印机

（3）实验室级建筑 3D 打印机（GL-3DPrt-L）

实验室级建筑 3D 打印机（图 7-8）的外观尺寸为 2550mm×2350mm×2520mm，有效打印尺寸为 1800mm×1700mm×1500mm。主要用途为材料试验试件打印成型、结构试验试件的打印成型和景观部品、城市家具的打印成型。

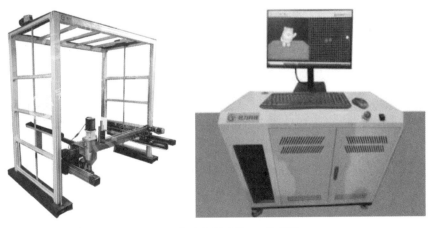

图 7-8　实验室级建筑 3D 打印机

（4）工业级建筑3D打印机（大中型龙门式）

中型龙门式打印机的设备尺寸：6810mm×4650mm×3710mm，有效打印尺寸：5500mm×350mm×2500mm（图7-9）。大型龙门式打印机的设备尺寸：15800mm×8800mm×5250mm（图7-10），有效打印尺寸：12000mm×6000mm×4000mm。

图7-9　工业级建筑3D打印机（中型龙门式）　　图7-10　工业级建筑3D打印机（大型龙门式）

主要用途是单层房屋建筑、拼装式建筑墙体、各类景观部品、市政构件、城市家具、异形雕塑、园林项目等生产应用。

（5）工业级建筑3D打印机（大型原位级）

主要用途：可根据项目建造面积大小进行定制，适用于2层、3层别墅、房屋建筑等的原位3D打印建造，如图7-11所示。

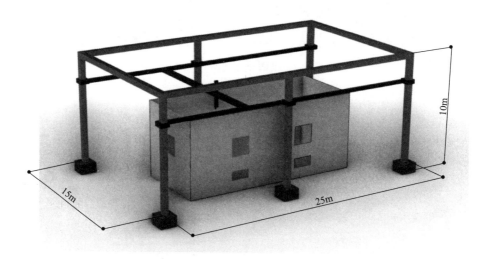

图7-11　工业级建筑3D打印机（大型原位级）

（6）三自由度建筑3D打印机器人（GL-3DPrt-Robot）

移动方式有固定式和履带式，手臂伸展行程3100mm（工作半径），延长臂长1000mm。主要用途是试验研究、工业厂房内打印生产和工程现场打印施工等，如图7-12所示。

3. 知识点——混凝土3D打印材料

建筑3D打印最重要的技术之一是材料技术。3D打印机是实现材料到产品的一个途

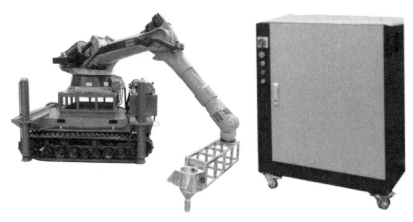

图 7-12　三自由度建筑 3D 打印机器人

径，随着工业精密机床技术和机器人技术的发展趋于成熟，使得制造一个符合技术要求的 3D 打印机成为可能。但是能够满足 3D 打印技术去制造产品的材料技术，才是 3D 打印技术的根本。因此，建筑 3D 打印材料是实现建筑 3D 打印首要解决的技术问题之一。

近年来，应用到工程建设领域的 3D 打印技术的结构物尺寸越来越大。伴随着 3D 打印技术的飞速发展，配置能够与 3D 打印机具有良好适应性和兼容性的水泥基材料日益成为人们关注的焦点。

目前研究比较多的 3D 打印混凝土主要分为 3 种类型：普通硅酸盐水泥基 3D 打印混凝土、特种水泥基 3D 打印混凝土及工业固废为主要原材的地质聚合物 3D 打印混凝土。目前应用主要以水泥基 3D 打印混凝土为主。受制于 3D 打印机输送和挤出设备的限制，粗骨料 3D 打印混凝土目前还没有较多的实际应用，目前还主要以砂浆 3D 打印材料为主。

满足 3D 打印工艺的水泥基复合材料的制备和性能优化是发展 3D 打印的重点与核心。打印材料除了要满足传统混凝土施工工艺对材料的工作性能要求外，还需满足混凝土 3D 打印工艺对材料挤出性、建造性、凝结时间和早期强度等 3D 可打印性能的要求。混凝土 3D 打印过程中易出现材料的堵塞、中断、变形、撕裂甚至坍塌现象，制约着打印成型。3D 打印混凝土材料的性能直接决定着构件成型的质量。作为数字化建筑 3D 打印建筑对打印材料的基本要求：

（1）强度要求。用于结构 3D 打印的混凝土强度等级不宜低于 C30，预应力 3D 打印预制构件的混凝土强度等级不应低于 C40。3D 打印构件中填充的普通混凝土应满足设计要求，且强度等级不宜低于 C25。

（2）成本适宜和较好的打印性能。由于建筑房屋体量很大，使用的打印材料和粘结材料价格不能太高，否则建筑成本无法接受。

（3）有较大流量的输运供给。在打印较大体量的建筑房屋时，使用的半流质打印材料必须能够满足有较大流量的输运供给，否则打印速度过低，无法实现较大体量建筑正常的建造生产。

（4）使用掺杂混凝土打印建筑需要满足的条件。如玻璃纤维混凝土材料、玻璃纤维加强石膏板、再造石材料和混凝土材料等。

打印混凝土的性能还必须具备满足建筑 3D 打印工艺要求的性能。由于建筑 3D 打印工艺没有模板的堆积成型技术，所以打印材料的可堆积性和在塑性阶段下层材料对逐渐增加的上层材料的承载力是其最重要的性能。建筑 3D 打印工艺对打印材料的性能要求主要有以下五个方面：

（1）凝结时间。3D 打印材料应具有初凝时间可调，初、终凝时间间隔小的特点；初凝时间可调是指可根据打印长度和高度大小，以及打印速度的快慢调整材料的初凝时间；初、终凝时间间隔小，是为了保证打印材料有足够的强度发展速率，保证材料具有在不同高度材料自重下不变形的承载力。

（2）强度。打印混凝土应该具有足够的早期强度，特别是 1～2h 打印材料的后期强度应该发展较快，保证在连续 3D 打印施工过程中，对建筑结构整体荷载具有足够的承载力，保证打印体稳固不变形。同时，建筑 3D 打印材料的后期强度保持一定的增长速度，从而满足建筑物本身对材料强度的要求。

（3）工作性。首先，打印材料在外力作用下，具有一定的流动性，无外力作用时，要保持自身形态不变的特性；其次，打印材料从打印头挤出后能够具有承受荷载不变形的能力，能够支撑自重以及打印过程中的动荷载的性能，这也就是要求建筑 3D 打印材料具有一定的初期承载力。

（4）层间粘结性。因 3D 打印是由层间堆积而成，层间结合部分成为混凝土的薄弱环节，良好的粘结性是保证混凝土强度的必要条件。

（5）工业化生产。建筑材料一般具有用量大、工业化集中生产的特点。所以 3D 打印混凝土生产也应该考虑满足工业产品化制备，保证打印材料的性能稳定，同时减少在打印过程中材料的损耗，具有方便使用的特点。

4. 知识点——混凝土 3D 打印结构形式

3D 打印结构形式主要有 3D 打印框架结构、3D 打印剪力墙结构、3D 打印配筋砌体结构等。

（1）3D 打印框架结构是以 3D 打印柱和 3D 打印梁为主要构件组成的承受竖向和水平作用的结构。3D 打印梁、3D 打印柱是由混凝土 3D 打印成外壳，壳内放置钢筋笼，灌注混凝土后形成的整体结构。

在 3D 打印梁柱连接节点、3D 打印柱与基础连接节点处受力钢筋应深入节点内锚固或连接，并采用现浇混凝土施工，实现框架梁、框架柱和基础的稳定连接。

（2）3D 打印剪力墙结构

3D 打印剪力墙结构是以 3D 打印混凝土剪力墙为主要构件组成的承受竖向和水平作用的结构。3D 打印混凝土剪力墙是由混凝土 3D 打印成外壳、壳内放置竖向钢筋和水平钢筋，灌注混凝土后形成的整体结构。

3D 打印混凝土剪力墙截面形式宜设计成 L 形、T 形，截面宜简单、规则，墙体的门窗洞口宜上下对齐、成列布置。

（3）3D 打印配筋砌体结构

3D 打印配筋砌体结构是将 3D 打印混凝土技术与传统配筋砌体结构相结合，以 3D 打印配筋砌体墙为主要构件组成的承受竖向和水平作用的结构。由于现有 3D 打印工艺无法做到混凝土材料与钢筋同时布置，只能在局部采用钢筋网片或钢筋进行加强，整体受力接近砌体结构,将 3D 打印技术应用到配筋砌体剪力墙体系中,将 3D 打印墙体内部打印成桁架状,代替传统砌块,并在墙体内部部分空腔中插入钢筋,用混凝土灌注,在 3D 打印墙体内每隔一定高度放置水平钢筋,形成 3D 打印配筋砌体结构。为了满足墙体保温隔热要求,可打印成含有保温层的复合墙体。

5. 知识点——混凝土 3D 打印材料生产技术

(1) 打印材料干混生产工艺

根据建筑 3D 打印材料在实际应用方面的需求,目前开发的水泥基 3D 打印材料中除拌合水以外,其他的原材料和外加剂都是采用粉体材料。可以利用工业化干粉砂浆设备,将细骨料、水泥和外加剂等原材料按配合比精确称量混匀后,以固定包装形式提供使用,现场加水搅拌即可使用,如图 7-13 所示。

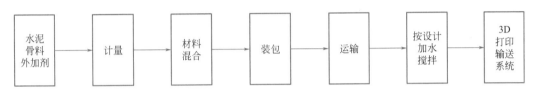

图 7-13　3D 打印干混材料应用工艺流程

相对于在施工现场配置材料,采取以干粉砂浆生产的优势有:一是品质稳定可靠,可以满足不同的功能和性能需求,提高工程质量。二是材料产品化,有利于长距离运输。三是有利于自动化施工机具的应用,提高建筑 3D 打印的效率,且使用方便。

(2) 打印材料预拌生产技术

将水泥、骨料、水和外加剂等组分按照配比,经过计量、拌制后运输至现场使用。具有优势:集中搅拌生产,相对于施工现场搅拌的传统工艺减少了粉尘、噪声、废水等污染;设备配置成熟,不仅产量大、生产周期短,搅拌均匀,质量稳定,同时大规模的商业化生产和罐装运送,提高了生产效率(图 7-14)。

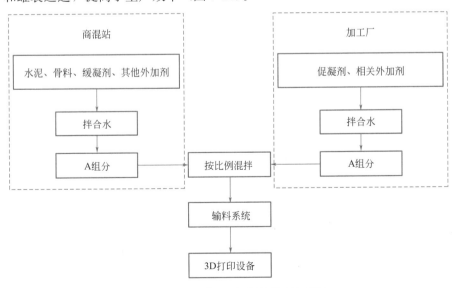

图 7-14　双组分 3D 打印材料制备原理

将制备好的 A、B 组分，按照一定的比例分别进入建筑 3D 打印机，经过高速搅拌挤出头混合后挤出 A＋B 复合水泥基 3D 打印材料。挤出的 A＋B 复合材料具有凝结时间短、强度高、黏性好、稳定性强等特点，满足建筑 3D 打印施工连续性和建筑强度的要求。其中 A 组分具有泵送性能好、工作性保持时间长等特点，能够实现搅拌站预拌生产—运输—施工现场使用的工业化过程。B 组分具有形态稳定、可长时间储存的特点，能够集中生产并存储。A＋B 双组分 3D 打印材料制备的方案能够解决水泥基 3D 打印材料无法工业化生产和推广的问题，对促进 3D 打印技术在建筑中的应用有积极作用。

（3）混凝土配合比设计

混凝土技术指标要求见表 7-1。

混凝土的技术指标要求 表 7-1

序号	性能指标		取值范围	测试方法
1	工作性能	初始流动度	160～180mm	《水泥胶砂流动度测定方法》GB/T 2419
		15min 流动度	140～180mm	
2	凝结时间	初凝时间	20～60min	《建筑砂浆基本性能试验方法标准》JGJ/T 70
		终凝时间	30～90min	
3	抗压强度	1d 抗压强度	≥20MPa	《混凝土物理力学性能试验方法标准》GB/T 50081
		28d 抗压强度	满足设计要求	

原材料包括水泥、骨料、纤维、外加剂。

水泥采用强度等级不低于 42.5 的普通硅酸盐水泥；骨料采用连续级配砂和细石，细石最大粒径 10mm，砂石含泥量应小于 1％；采用长度 6～9mm 聚丙烯纤维或聚乙烯醇纤维；添加具有调节流动性和凝结时间功能的粉体外加剂。

混凝土初步配合比设计参数可按如下进行选择：胶凝材料总用量为 800～900kg/m³，胶凝材料与骨料体积比宜采用 45：55；水胶比宜为 0.38～0.42；外加剂掺量根据工作性和凝结时间需经过试验调整确定。

经过试配，性能测试结果选定基准配比，再通过打印试验验证配比的可行性后确定最终配合比。

混凝土采用强制式搅拌机制备，投料顺序如图 7-15 所示。

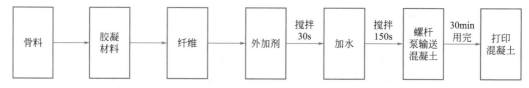

图 7-15 混凝土投料顺序图

6. 知识点——混凝土 3D 工厂打印施工流程

（1）混凝土 3D 打印工艺流程图

混凝土 3D 打印施工一般包括混凝土配合比设计、混凝土制备、布料打印成型和混凝土成品养护四个环节，如图 7-16 所示。

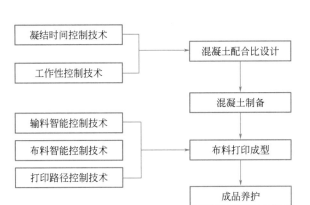

图 7-16　混凝土 3D 打印工艺流程图

（2）二层原位 3D 打印建筑施工工艺流程

某二层办公室设计为长方形，建筑项目为地上两层，底层为 2 间办公室和 1 间展厅，上层为 2 间办公室和 1 间会议室，建筑高度 7.2m。总建筑面积 230m²，建筑占地面积 118m²。长向跨度 16.7m，宽度 7.5m。

混凝土3D打印
施工工艺流程

其原位 3D 打印施工工艺流程如图 7-17 所示。建筑基础部分是与传统基础施工工艺相同，在建筑基础施工的时候按图纸位置锚固打印机的柱角连接螺栓和柱脚生根钢筋。首层 3D 打印施工是在墙体 3D 打

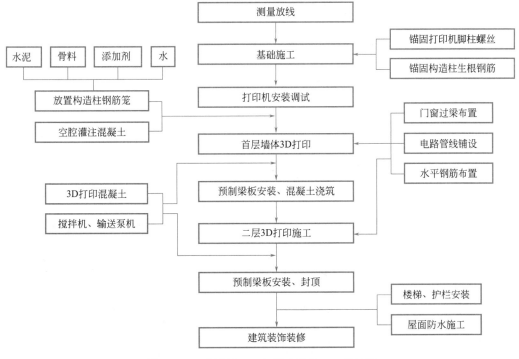

图 7-17　二层原位 3D 打印建筑施工工艺流程

印过程中同时施工电路管线、水平钢筋的布置安装；首层打印完成后进行养护，3d 后开始进行构造柱竖向钢筋笼的吊装，并灌浆或浇筑混凝土；然后吊装预制梁、板，绑扎钢筋后浇筑混凝土面层。二层 3D 打印顺序与首层基本相同。

7. 知识点——模型导入和打印路径设置

通过混凝土 3D 打印机器人控制系统，可以将输入的 3D 模型直接转化成打印的路径。如图 7-18 所示为动物模型及路径设计图，图 7-19 为某建筑竖向构件模型及路径对照图。

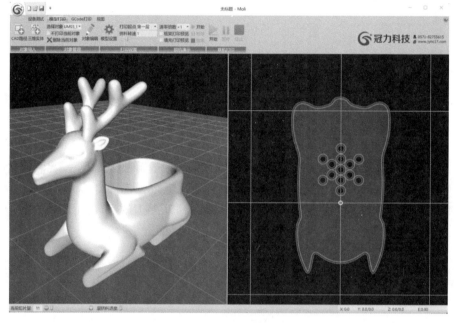

图 7-18　动物模型及路径设计

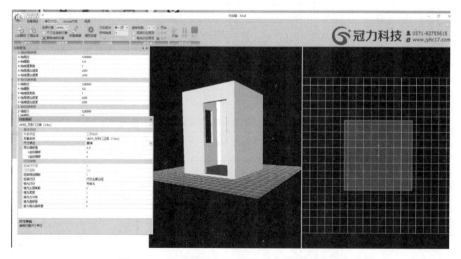

图 7-19　某建筑竖向构件模型及路径对照图

8. 知识点——混凝土 3D 打印结构养护

3D 打印混凝土相比传统混凝土在养护措施方式和养护措施介入时间方面具有很大的优势。首先，3D 打印混凝土挤出后就具有了自立性，所以在初凝前就可以以人工喷雾、自动化喷雾的养护方式开始超早期的养护，这样可以有效地防止由于水分的蒸发散失引起的塑性阶段收缩开裂风险。在硬化后继续以自动化喷雾养护结合局部人工辅助浇水养护至 7d 即可，如图 7-20 所示。

项目利用 3D 打印机的升降框架和移动横梁设计布置了自动雾化喷淋系统，在打印过程中喷雾，既可提高打印过程中混凝土层间的粘结力，又避免了混凝土早期失水过快引起的开裂，同时该套系统还可以用于后期的无人养护，降低了人工成本，为建筑的质量提供了保证。

图 7-20　3D 打印混凝土喷淋养护

7.3 任务书

学习任务 7.3.1 建筑部件工厂打印

【任务书】

任务背景	在工厂完成单个建筑部件或构件混凝土 3D 打印任务。 建筑部件或构件的尺寸可以在项目库中选择,也可以自己建模设计。
任务描述	使用给定的 3D 打印机和干混打印材料,建立建筑部件或构件的三维模型,设置打印路径,完成混凝土 3D 打印任务,并填写相关施工记录资料。
任务要求	学生分组合作,完成任务描述中所述的工作任务。
任务目标	1. 能进行混凝土 3D 打印部件材料准备、打印机调试工作。 2. 能导入三维模型及路径设计。 3. 能完成建筑部件的 3D 打印任务。 4. 能处理打印过程的工况。
任务场景 (项目库选择 或自行设计)	圆柱模板打印 花盆及几何体打印

【获取资讯】

了解混凝土 3D 打印任务,了解打印材料特性和打印机特点,学习 STL 模型的建立,设置打印路径,进行混凝土 3D 构件的试打印、打印施工、工况处理并填写施工记录。

引导问题 1: 熟悉打印任务的设计图纸。

(1) 打印构件的尺寸:长_____、宽_____、高_____。

(2) 打印构件的厚度:_____。

(3) 打印构件的体量:打印混凝土的体积_____。

(4) 构件是否有洞口:_____。

（5）构件是否有预埋钢筋：＿＿＿＿＿＿＿＿。

引导问题 2：根据业主要求和项目特点，3D 打印混凝土的材料如何选择？混凝土 3D 打印的设备如何选择？

＿＿＿＿＿＿＿＿＿＿＿＿＿＿＿＿＿＿＿＿＿＿＿＿＿＿＿＿＿＿＿＿＿＿＿＿＿＿＿

＿＿＿＿＿＿＿＿＿＿＿＿＿＿＿＿＿＿＿＿＿＿＿＿＿＿＿＿＿＿＿＿＿＿＿＿＿＿＿

引导问题 3：3D 混凝土试打印，确定混凝土 3D 打印机的打印速度为＿＿＿＿＿＿＿mm/s，挤出宽度＿＿＿＿＿＿mm，每层打印厚度＿＿＿＿＿＿mm。

引导问题 4：3D 混凝土打印如何进行找平处理？

引导问题 5：3D 混凝土打印过程中，如果混凝土挤出宽度变小，原因是什么？一般处理措施有哪些？

＿＿＿＿＿＿＿＿＿＿＿＿＿＿＿＿＿＿＿＿＿＿＿＿＿＿＿＿＿＿＿＿＿＿＿＿＿＿＿

＿＿＿＿＿＿＿＿＿＿＿＿＿＿＿＿＿＿＿＿＿＿＿＿＿＿＿＿＿＿＿＿＿＿＿＿＿＿＿

【工作计划】

按照收集的资讯制定建筑部件工厂打印的实施方案，完成表 7-2。

建筑部件工厂打印任务实施方案　　　　　　　　　　表 7-2

步骤	工作内容	负责人
1	三维模型导入及路径设计	
2	打印材料准备、打印机调试	
3	混凝土 3D 试打印	
4	建筑部件 3D 打印	
5	建筑部件养护	
6	工完料清、设备维护	

【工作实施】

（1）根据打印任务，导入三维模型，完成路径设置。

＿＿＿＿＿＿＿＿＿＿＿＿＿＿＿＿＿＿＿＿＿＿＿＿＿＿＿＿＿＿＿＿＿＿＿＿＿＿＿

（2）打印材料准备、打印机调试（表 7-3）。

准备工作记录表　　　　　　　　　　表 7-3

打印地点		现场工程师		
类别	检查项	检查结果		备注
设备检查	设备外观完好			
	正常开关机			
	电源连接正常			
	正常连接移动端			
	设备校正正常			
	设备在维保期限内			

续表

打印地点		现场工程师	
类别	检查项	检查结果	备注
材料检查	干粉材料品种、配合比		
	材料强度、凝结固化时间		
个人防护	安全帽佩戴		
	工作服穿戴		
	劳保鞋穿戴		
环境检查	场地满足测量条件		
	施工垃圾清理		

（3）建筑部件混凝土 3D 试打印（表 7-4）。

混凝土 3D 试打印施工参数记录表　　　　表 7-4

施工单位		现场工程师	
打印地点		试打印日期	
参数类别	单位	打印参数	备注
打印速度	mm/s		
挤出宽度	mm		
每层打印厚度	mm		
记录人员：			

（4）建筑部件混凝土 3D 打印（表 7-5）。

混凝土 3D 打印工况处理记录表　　　　表 7-5

施工单位		现场工程师	
打印地点		打印日期	
构件名称		构件编号	
序号	情况描述	处理方法及效果	时间
1	找平处理		
2	钢筋放置		
3	环境变化，配合比调整		
记录人员：			

（5）3D 打印混凝土养护（表 7-6）。

3D 打印混凝土养护记录表　　　　表 7-6

养护地点		现场工程师	
环境温度		设计等级	
实验编号		委托编号	
构件名称		打印结束日期	
时间		养护措施	
记录人员：		记录日期：	

（6）工完料清、设备维护记录（表 7-7）。

打印后工完料清、设备维护记录表　　　　表 7-7

日期		现场工程师	
序号	检查项		检查结果
设备维护	关闭设备电源		
	清理使用过程中造成的污垢、灰尘		
	设备外观完好		
	拆解设备，收纳保存		
施工环境	施工垃圾清理		

学习任务 7.3.2　单层建筑工厂打印

【任务书】

任务背景	根据给定图纸或模型，在工厂完成岗亭（有门窗孔洞）混凝土 3D 打印任务，进行吊装拼装。
任务描述	根据项目特点选择 3D 打印机和干混打印材料；建立单层建筑的三维模型及设置打印路径；能预埋水、电、暖等设备管线；完成混凝土 3D 打印、吊装拼接；养护和质量验收；填写相关施工记录资料。
任务要求	学生分组合作，完成任务描述中所述的工作任务。
任务目标	1. 能进行混凝土 3D 打印部件材料准备、打印机调试工作。 2. 能 3D 打印模型，优化打印路径。 3. 能完成建筑部件的 3D 打印任务。 4. 能预埋水、电、暖等设备管线。 5. 能处理打印过程的工况。 6. 能进行构件的吊装和拼接。 7. 能进行 3D 混凝土的养护和质量验收。 8. 会整理施工记录。

续表

任务场景	 

了解单层建筑物的混凝土3D打印任务，选择合适打印材料和打印机，拆分三维打印模型，优化打印路径，进行混凝土3D打印技术交底，预埋水电暖管线，进行3D混凝土构件的试打印、打印施工、工况处理、吊装拼接，填写施工记录。

引导问题1： 熟悉单层建筑物打印任务，拆分单层建筑物打印的三维模型。

（1）建筑物打印拆分。竖向构件＿＿＿＿＿＿＿＿＿，水平构件＿＿＿＿＿＿＿＿＿。

（2）打印构件的尺寸：长＿＿＿＿＿＿＿、宽＿＿＿＿＿＿＿、高＿＿＿＿＿＿＿。

（3）打印构件的体量：打印混凝土的大概体积＿＿＿＿＿＿＿＿＿。

（4）单层建筑的墙体构造：墙体厚度＿＿＿＿＿＿＿＿＿，填充方式＿＿＿＿＿＿＿＿＿。

（5）门窗洞口尺寸：＿＿＿＿＿＿＿＿＿。

（6）构件预埋钢筋情况：＿＿＿＿＿＿＿＿＿。

（7）水电暖预埋情况：＿＿＿＿＿＿＿＿＿。

引导问题2： 根据业主要求和项目特点，3D打印混凝土的材料如何选择？混凝土3D打印的设备如何选择？

_____

引导问题3： 混凝土3D试打印，设定打印机的打印速度为＿＿＿＿＿＿＿＿＿mm/s，挤出宽度＿＿＿＿＿＿＿＿＿mm，每层打印厚度＿＿＿＿＿＿＿＿＿mm。注意环境灰尘、湿度、水分、温度变化，材料配合比的变化。

_____

引导问题4： 场地的找平处理方式有哪些？

_____

引导问题5： 3D混凝土建筑的孔洞模板如何支设？

_____

引导问题6： 3D混凝土打印过程中，水地暖预埋和钢筋的预埋位置在哪里？

_____

【工作计划】

按照收集的资讯制定单层建筑工厂打印的实施方案，完成表 7-8。

单层建筑工厂打印任务实施方案　　　　　　　　表 7-8

步骤	工作内容	负责人
1	三维模型拆分及路径优化	
2	打印材料准备、打印机调试	
3	混凝土 3D 试打印	
4	竖向(水平)构件 3D 打印	
5	3D 打印混凝土养护	
6	工完料清,设备维护	
7	建筑构件吊装	

【工作实施】

（1）根据打印任务，拆分三维模型，优化打印路径。

_____

（2）打印材料准备、打印机调试（表 7-9）。

准备工作记录表　　　　　　　　表 7-9

打印地点		现场工程师		
类别	检查项	检查结果	备注	
设备检查	设备外观完好			
	正常开关机			
	电源连接正常			
	正常连接移动端			
	设备校正正常			
	设备在维保期限内			
材料检查	干粉材料品种、配合比			
	材料强度、凝结固化时间			
	钢筋原材料			
	水电暖埋件材料			
个人防护	安全帽佩戴			
	工作服穿戴			
	劳保鞋穿戴			
环境检查	场地满足测量条件			
	施工垃圾清理			

（3）混凝土 3D 试打印（表 7-10）。

混凝土 3D 试打印施工参数记录表　　　　　表 7-10

施工单位		现场工程师	
打印地点		试打印日期	
参数类别	单位	打印参数	备注
打印速度	mm/s		
挤出宽度	mm		
每层打印厚度	mm		
记录人员：			

（4）竖向（水平）构件混凝土 3D 打印（表 7-11）。

混凝土 3D 打印工况处理记录表　　　　　表 7-11

施工单位		现场工程师	
打印地点		打印日期	
构件名称		构件编号	
序号	情况描述	处理方法及效果	时间
1	找平处理		
2	钢筋放置		
3	水电暖预埋		
4	门窗模板支设		
5	环境变化,配合比调整		
记录人员：			

（5）3D 打印混凝土养护（表 7-12）。

3D 打印混凝土养护记录表　　　　　表 7-12

养护地点		现场工程师	
环境温度		设计等级	
构件编号		委托编号	
构件名称		打印结束日期	
时间		养护措施	
记录人员：	记录日期：		

（6）工完料清、设备维护记录（表 7-13）。

打印后工完料清、设备维护记录表　　　　　　　　表 7-13

日期		现场工程师	
序号	检查项		检查结果
设备维护	关闭设备电源		
	清理使用过程中造成的污垢、灰尘		
	设备外观完好		
	拆解设备,收纳保存		
施工环境	施工垃圾清理		

（7）构件现场吊装施工（表 7-14）。

构件现场吊装施工记录表　　　　　　　　表 7-14

施工单位		现场工程师		
项目地点		吊装日期		
构件编号	构件名称	吊装方式	连接方式	备注
记录人员：				

施工现场监测管理应用（智慧工地施工管理）

8.1 教学目标与思路

【教学案例】

　　《施工现场监测管理应用》为"建筑工程施工组织"课程中智能控制技术典型应用案例，结合智慧工地公共管理平台，通过案例学习掌握智能监测技术在智慧工地施工管理中的应用。

【教学目标】

知识目标	能力目标	素质目标
1. 了解智慧工地施工管理的概念； 2. 了解智慧工地施工管理的应用技术； 3. 掌握智能监测的方法； 4. 掌握智能监测的标准。	1. 掌握智能监测工具的使用； 2. 掌握智能监测信息化工具在管理中的应用； 3. 掌握智能监测数据分析； 4. 掌握智能监测异常工况处置。	1. 树立责任、安全、质量和规范等意识； 2. 培养严谨的工作作风、与时俱进的工匠精神； 3. 遵守建筑施工管理岗位职业操守。

【建议学时】6～8 学时。

【学习情景设计】

序号	学习情境	载体	学习任务简介	学时
1	智能监测流程	"智慧＋互联＋协同"的智慧工地公共平台	使用智慧工地公共平台,进行数据采集、数据传输、数据可视化、信息化管理等操作。	3～4
2	监测信息应用		使用智慧工地公共平台,实现劳务监测、质量监测、物资监测、成本监测、进度监测等应用。	3～4

【课前预习】

　　引导问题 1：智慧工地的引入，为施工管理带来了什么改变？

　　引导问题 2：智慧工地有哪些应用技术？

　　引导问题 3：如何实现施工信息的集成化监测与管理？

8.2 知识与技能

1. 知识点——智慧工地施工管理概述

（1）智慧工地的定义

充分利用工程物联网技术和互联网技术，结合 BIM、人工智能、机器人与自动化技术等信息化技术，将施工现场各工程要素互相连接、采集数据，通过云计算、大数据、人工智能等技术进行数据挖掘分析，提供施工预测及施工方案，实现工程施工可视化智能管理，最终实现数字化、网络化和智能化的工地建造管理模式。

（2）施工管理的基本概念和原理

施工管理是指利用各种管理手段，从组织、协调、领导和控制等方面对施工作业进行全面的规划、组织、协调、管理和控制，以达到高效、高质、安全的目的。其原理如下：

① 组织协调原理：施工管理的核心思想是通过合理的组织协调，提高工程施工效率。施工管理应该充分考虑人、工程、机械和材料等方面的协调与配合，以达到规定合理、施工安全和工程质量标准。

② 计划管理原理：在施工管理中，计划是对工作任务、成果、工期、施工效率等的具体掌握和安排。对工作任务、工期和成果等的合理安排和分配，对准确掌握工作进度和施工效率有重要作用。

③ 控制原理：施工管理应该强调监控和控制功能。通过合理地安排施工计划、监控进度、质量、安全和成本等方面的指标，对施工进程进行随时的掌握和调整。

④ 进度管理原则：管理者应该清楚地了解每个工序的工作量和完成时间，对整个工程的工期提出合理建议，倡导提高工作效率，提高工程建设的质量和绩效。

⑤ 质量管理原理：质量管理是施工管理的核心。应该统一质量标准和要求，明确责任和权利，全面推行质量管理活动。

⑥ 安全管理原理：安全管理是保障施工运行安全的核心。应该落实安全意识，加强现场安全培训，提高工程项目的安全防范意识和能力。

⑦ 成本控制原理：在施工管理中，成本控制非常重要。必须要按照施工计划控制成本，建立实施成本控制体系，确保施工过程中的成本控制。

（3）智慧工地的关键技术

① 感知技术

感知技术是工程数据获取的基础，主要涉及传感器技术、机器视觉技术以及非接触式检测技术。传感器技术是利用不同的传感器对工程要素进行感知，把收集到的数据转变为数字信号，传输到由后台算法进行处理。机器视觉技术是利用计算机通过模拟人的视觉功能收集图像信息，进行处理并加以分析，最终用于实际检测、测量和控制。非接触式检测技术是利用不同频率的电磁波对工程结构内部质量问题进行探测，相比于表观测量，该技术能够更早地发现质量隐患。

② 传输技术

传输技术是工程数据实时共享的重要保障，目前比较常用的是有线传输、无线传输以及下一代通信技术。经过数十年的发展，有线传输技术已经十分成熟，主要包括现场总线和光纤传输两种方式。其中，现场总线具有简单、可靠、经济实用的特点，主要在相对固定的工程场景使用，如能源站、大坝等。光纤传输具有传输距离长、灵敏度高、保密性好的优势，在地铁等线性工程建造中应用更为广泛。无线传输技术由大量的无线通信节点及系统组成，具有自组织能力强、大规模高冗余部署的优势，适合条件恶劣的极端工况。5G 作为新一代移动通信系统，有数据传输快、延迟少、能耗低、费用低、系统容量大和大规模设备连接快捷等优点。

③ 决策技术

决策技术是工程数据处理的手段，主要涉及云计算、边缘计算、人工智能等技术。云计算是利用互联网云端计算资源进行海量数据处理的一种方式，这种方式具有高可靠性、按需服务的特点，可避免在施工现场部署服务器网络，降低工程物联网的实施成本。边缘计算是指在靠近物或数据源头的一侧进行数据处理。和云计算相比，边缘计算更为高效，更有利于工程风险信息的及时预警。人工智能是研发用于模拟、延伸和扩展人的智能的理论、方法、技术及应用系统的一门新的技术。

（4）智慧工地施工管理的本质

智慧工地施工管理有三大显性作用：第一是提高生产效率，第二是降低劳动强度，第三是减少甚至规避质量安全隐患。总结来讲，可用"监测"二字来概括这三大作用，如图8-1 所示。

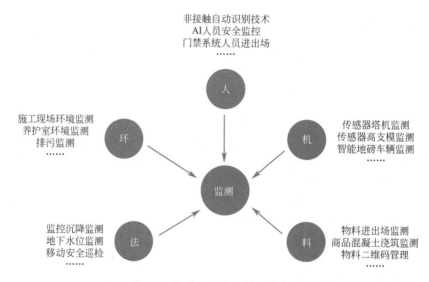

图 8-1　智慧工地施工管理的本质

无论是 AI 摄像头、门禁系统等对人员的监测，还是各类传感器对基坑、高支模、塔机、车辆、物料等的监测，抑或是环境采集设备对空气、污水、室温等的监测等等，都是通过在施工现场安装各种传感装置来构建智能监控防范体系，以弥补传统方法和技术在管理中的缺陷，从而实现对"人、机、料、法、环"的全方位实时监测。整个过程通过"数据采集—信息记录—数据分析—快速反应"的方式将工程监测的被动"监督"转换为主动"监控"。

2020 年 7 月，住房和城乡建设部等 13 部门联合印发了《关于推动智能建造与建筑工业化协同发展的指导意见》，提出要加快推动新一代信息技术与施工技术的协同发展，推动智能建造基础技术和关键核心技术的研发，加快突破新型传感感知、工程质量检测监测、数据采集与分析等核心技术的研究。

传统建筑行业廉价、无限的劳动力供应时代已经结束，施工企业向高效生产和信息化管理的方向进行转型是必经之路。因此，构建智慧工地公共平台来实现施工信息的集成化监测与管理，实现"一平台、一张图、一张网"式的施工监管模式。

2. 知识点——智慧工地公共管理平台

针对项目施工涉及的"人、机、料、法、环"建立"工地人员、材料物资、机械设备、施工场地、智慧项目管理"五大模块，通过物联网、大数据等技术对现场相关信息采集、判断、处置、分析，实现项目现场全面、实时的智能化管理，提高施工现场管理水平，如图 8-2 所示。

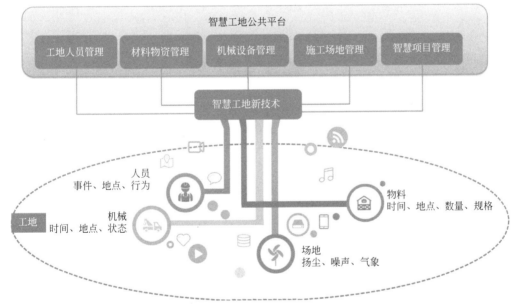

图 8-2 　智慧工地公共管理平台业务架构

（1）数据聚合

通过建立标准的数据接口（调试 API、开发文档以及规范对接接口协议等），实现现场数据的有机聚合、综合运用，如图 8-3 所示。

（2）集控管理

将各管理层级、各类工地数据，一套界面统一聚合，整合各类社会化碎片应用为平台所用。通过驾驶舱，实现各业务线集中管理与协调应用。

（3）系统架构

系统通过面向开放组装的可复制推广架构技术，使系统架构符合工地实际，具有行业通用性，如图 8-4 所示。

图 8-3　数据接口

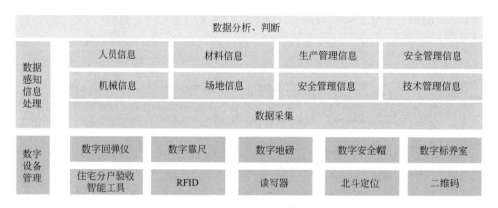

图 8-4　基于智慧工地公共管理平台的施工信息监测框架体系

3. 知识点——劳务监测（人员管理）

工地人员管理主要实现了劳务工人、管理人员、外来访客的数字化管理，包括劳务实名制、实名考核、岗位证书及特种作业的信息、定位信息、安全教育信息、人员调配、人员工效等信息收集，判断、处置和分析业务。实现个人基本信息分析，岗位资格信息分析，工作经历信息分析，工作记录信息分析，建筑工人工资收入信息分析、奖罚诚信信息分析，人员工效数据分析，如图 8-5 所示。

人脸识别系统主要由硬件和软件两部分组成，主要功能是使用硬件设备对工人进行身份识别，记录工人的进出场时间，并在软件端生成考勤记录，为工资发放提供依据，如图 8-6、图 8-7 所示。

4. 知识点——质量监测（质量巡查整改）

巡检人员在日常项目质量巡查过程中，通过工程质量巡查整改 APP 对发现具有质量隐患的区域进行信息的准确录入，主要包括检查区域、施工阶段、问题描述、问题级别、整改要求、整改时限及现场照片等，通过 APP 中的提交功能反馈给相应执行人进行整改，待整改完成后在 APP 中进行整改说明并提交照片，并指定下一步复查工作的

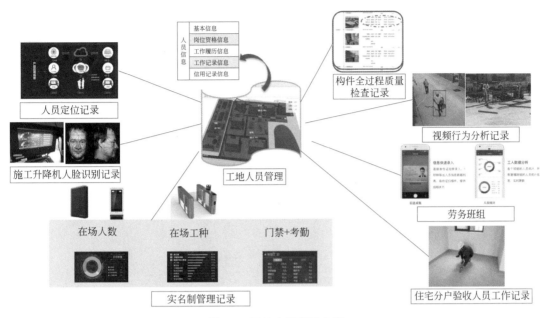

图 8-5　工地人员管理方案

图 8-6　平台大屏展示-人员入场

执行人，复查执行人去检验后填写是否通过，并提交说明和照片，至此，整个工程质量巡查整改结束。在整个过程中，相应执行人会收到工程质量待整改、待复查、待完成的消息及提示限制完成时间，从而保证工程质量巡查整改的顺利完成，确保项目整体工程质量实现优质工程的目标。

在网页端可以查看整个工程质量巡查的更新时间、检查区域、问题描述、整改时限、整改要求等整体数据，以加强对工程项目各环节质量、安全监管力度，使管理者全面掌握施工现场生产活动状况，防止质量、安全事故发生，促进工程质量、安全工作。

图 8-7　设备示例

5. 知识点——物资监测（材料物资管理）

通过材料物资管理，实现项目现场物料及车辆的全方位精益管理，运用物联网技术，通过地磅的智能化改造，实现数据自动采集，抑制数据的人为干扰；运用数据集成和云计算技术，及时掌握一手数据，有效积累、保值、增值物料数据资产；运用互联网和大数据技术，实现多项目数据监测，全维度智能分析；运用移动互联技术，随时随地掌控现场、可视化决策。

材料物资管理包括物资材料的采购、供应商管理、进场验收、现场收料、材料统计的全过程资源数字化、过程的数字化，实现材料物资的精细化的过程管理，如图 8-8、图 8-9 所示。

图 8-8　物料称重智能管理系统

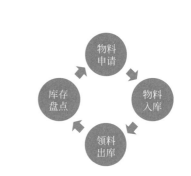

Web端
物料收发存系统

APP端
物料收发存系统

图 8-9　物料收发存系统

6. 知识点——成本监测（大宗材料集控管理）

大宗材料集控管理系统是结合项目管理系统（集团 PM 系统）及物料收发存系统进行材料需求计划至用料执行实施全过程的物资材料执行监控系统，系统跨项目管理端、项目执行端及监控端三方进行数据整合、汇总、呈现，体现公司对材料计划、采购、验收、入库、出库、库存的执行情况的掌控。

大宗材料集控管理系统支持进行分公司、子公司、项目部四级的数据分析，可通过组织架构树进行不同层级的数据查看。大宗材料集控管理系统可进行目标成本、招标采购、工地进场三个数据的汇总展示。此外，还可以对项目造价占比、采购来源分布、费用结算、异常项目情况等关键信息进行实时掌控。其中，异常项目数是指在建项目中，统计发生异常预警消息的项目数量，如图 8-10 所示。

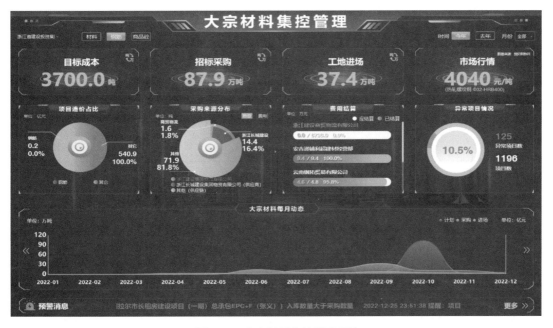

图 8-10　大宗材料集控管理系统

8.3 任务书

学习任务 8.3.1　智能监测流程

【任务书】

任务背景	本次实训案例为某项目基坑现场施工管理智能监测。
任务描述	使用智慧工地公共平台,完成智能监测流程,正确处理监测过程中遇到的工况。
任务要求	完成任务描述中所述的工作任务。
任务目标	1. 熟练掌握智慧工地公共平台智能监测的流程和步骤。 2. 充分了解基于智慧工地公共平台的施工信息智能监测体系框架。 3. 正确处理工作任务中所遇到的各种工况。

【获取资讯】

了解任务要求,收集智能监测工作过程资料,了解智慧工地平台使用原理,学习操作智慧工地公共平台进行智能监测,掌握智能监测技术应用。

引导问题 1: 智能监测的目的是什么?

_____

_____

引导问题 2: 完成基坑工程的智能监测,采用什么智能监测工具?

_____

_____

引导问题 3: 智能监测工具一般通过什么方式与移动端互联?

_____

_____

【工作计划】

按照收集的资讯制定基坑工程智能监测流程任务实施方案,完成表 8-1。

基坑工程智能监测流程任务实施方案　　　　　　　　　　表 8-1

步骤	工作内容	负责人

【工作实施】

(1) 根据图纸,选择监测场景。

_____

(2) 监测流程实施前的准备工作 (表 8-2)。

智能监测实施前准备工作记录表　　　　　　　　　　表 8-2

类别	检查项	检查结果
数字设备	设备外观完好	
	正常开关机	
	设备电量满足使用时间	
	正常连接移动端	
	设备校正正常	
	设备在维保期限内	
数据采集	监测的参数和指标	
	数据采集地点和监测区域范围	
	数据采集方案和程序	
数据分析	注册账号及开通权限	
	调试数据接口	

（3）监测流程运行检查记录（表 8-3）。

基坑工程智能监测流程运行检查记录表　　　　　　表 8-3

类别	检查项	检查结果
数字设备	数字回弹仪	
	数字靠尺	
	数字地磅	
	数字安全帽	
	数字标养室	
	住宅分户验收智能工具	
	RFID	
	读写器	
	北斗定位	
	二维码	
数据采集	人员信息	
	材料信息	
	生产管理信息	
	安全管理信息	
	机械信息	
	场地信息	
	技术管理信息	
数据分析	可视化	
	数据库	
	信息化管理	

（4）工完料清、设备维护记录（表8-4）。

智能监测工完料清、设备维护记录表

表 8-4

类别	检查项	检查结果
设备维护	关闭设备电源	
	清理使用过程中造成的污垢、灰尘	
	设备外观完好	
	拆解设备，收纳保存	
软件维护	历史数据的备份和恢复	
	数据库维护	
	软件故障的排查与修复	

学习任务 8.3.2　监测信息应用

【任务书】

任务背景	本次实训案例为某项目基坑现场施工管理智能监测。
任务描述	使用智慧工地公共平台，完成智能监测应用，正确处理监测过程中遇到的工况。
任务要求	完成任务描述中所述的工作任务。
任务目标	1. 熟练掌握智慧工地公共平台在施工信息监测方面的应用。 2. 充分了解施工信息智能监测应用原理。 3. 正确处理工作任务中所遇到的各种工况。

【获取资讯】

了解任务要求，收集智能监测工作过程资料，了解智慧工地平台使用原理，学习操作智慧工地公共平台进行智能监测，掌握智能监测技术应用。

引导问题 1：在施工信息监测过程中，有哪些设备管理层支持实现施工数据采集、数据录入、数据传输、成果展示？

_____

_____

引导问题 2：完成基坑工程的智能监测，需要采集哪些施工信息？

_____

_____

引导问题 3：如何在智慧工地公共平台上实现施工管理各条线的信息化监测？

_____

_____

【工作计划】

按照收集的资讯制定基坑工程智能监测应用任务实施方案，完成表8-5。

基坑工程智能监测应用任务实施方案　　表 8-5

步骤	工作内容	负责人

【工作实施】

（1）根据图纸，选择监测场景。

（2）监测流程实施前的准备工作（表 8-6）。

智能监测实施前准备工作记录表　　表 8-6

类别	检查项	检查结果
数字设备	设备外观完好	
	正常开关机	
	设备电量满足使用时间	
	正常连接移动端	
	设备校正正常	
	设备在维保期限内	
数据采集	监测的参数和指标	
	数据采集地点和监测区域范围	
	数据采集方案和程序	
数据分析	注册账号及开通权限	
	调试数据接口	

（3）监测流程运行检查记录（表 8-7～表 8-9）。

基坑工程工地人员数据检查记录表　　表 8-7

类别	检查项	检查结果
人员信息	基本信息	
	岗位资格信息	
	工作履历信息	
	工作记录信息	
	信用记录信息	
实名制管理	在场人数	
	在场工种	
	门禁考勤	
工作成果	视频行为分析记录	
	构件全过程质量检查记录	
	住宅分户验收人员工作记录	

基坑工程机械设备数据检查记录表 表 8-8

类别	检查项	检查结果
运行状态	工作模式	
	工作效率	
	异常情况	
工作场景	工作环境	
	工作地点	
	工作区域	
维护记录	保养维修	
	故障处理	
	历史使用数据分析	

基坑工程材料物资数据检查记录表 表 8-9

类别	检查项	检查结果
进出场	数字地磅材料记录	
	物料验收记录	
	材料加工记录	
材料收发	物料申请	
	物料入库	
	领料出库	
	库存盘点	

（4）工完料清、设备维护记录（表 8-10）。

智能监测工完料清、设备维护记录表 表 8-10

类别	检查项	检查结果
设备维护	关闭设备电源	
	清理使用过程中造成的污垢、灰尘	
	设备外观完好	
	拆解设备，收纳保存	
软件维护	历史数据的备份和恢复	
	数据库维护	
	软件故障的排查与修复	

模块9

安全智能化管理应用

9.1 教学目标与思路

【教学案例】

《安全智能化管理应用》为"建筑工程质量与安全管理"课程中智能控制技术典型应用案例,结合安全智能化管理要求和质量标准,通过案例学习掌握安全智能化管理工具使用、安全智能化管理技术应用及监测数据分析。

【教学目标】

知识目标	能力目标	素质目标
1. 了解边坡自动化监测的内容; 2. 了解智能安全帽解决方案的建设背景、目的和意义; 3. 掌握边坡自动化监测的方法; 4. 掌握智能安全帽的使用方法。	1. 掌握边坡自动化监测智能工具的使用; 2. 掌握边坡自动化监测技术的应用; 3. 掌握边坡自动化监测数据处理与分析; 4. 掌握边坡自动化监测异常工况处置; 5. 掌握智能安全帽的使用方法及操作规范。	1. 具有良好的人际交往能力; 2. 具有团队合作精神、客户服务意识和职业道德; 3. 具有健康的体魄和良好的心理素质及艺术素养。

【建议学时】4~6 学时。

【学习情境设计】

序号	学习情境	载体	学习任务简介	学时
1	边坡自动化监测	可使用边坡自动化监测工具、智能安全帽或仿真实训系统	使用边坡自动化监测工具,开展边坡沉降变化、水平位移,深层水平位移、地下水位等内容的监测。	2~3
2	智慧工地安全管理之智能安全帽		根据智慧工地安全管理内容,学习智能安全帽的主要功能模块、建设内容和使用方法。	2~3

【课前预习】

引导问题 1:简述边坡自动化监测的内容。

引导问题 2:简述建设智能安全帽解决方案的目的和意义。

9.2 知识与技能

1. 知识点——边坡竖向位移的自动化监测

（1）监测说明：反映观测区域的竖向位移严重程度。

（2）测量工具：静力水准仪。

静力水准仪是一种高精密测量仪器，用于测量基础和建筑物各个测点的相对沉降，测量原理如图 9-1 所示。用于大型建筑物，如水电站厂、大坝、高层建筑物、核电站、水利枢纽工程，铁路、地铁、高铁等各测点不均匀沉降的测量。

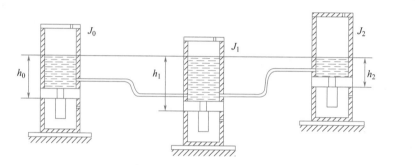

边坡竖向位移的
自动化监测

图 9-1 静力水准仪测量原理

（3）设备布设与使用

① 侧装式

A. 安装前需先确定标高，各测点及基准点安装高度低于储液罐的高度，需控制在测量量程范围内。

B. 各基准点、各监测点静力水准仪通过安装支架打膨胀螺栓的方式固定在侧面，如果监测点与监测点之间相距较远，气管和液管需用线槽或者 PVC 管作为导向支撑并固定在墙壁上，单条总线长度建议控制在 200m 范围内。

② 平装式

A. 安装前需先确定标高，各测点及基准点安装高度低于储液罐的高度，需控制在测量量程范围内。

B. 对于高速公路、硬化路面等混凝土硬化地基可直接通过安装支架打膨胀螺栓的方式固定在平面上，对于野外等未做硬化的地基，需建造相对坚实的测量基台，高度根据各测点的设计标高而定。

静力水准仪探头内装有一个硅压传感器及信号变送器，膜片所感受的压力与膜片到储液罐液面的高度有关，当硅压传感器膜片和储液罐液面之间的高差产生变化时，作用在硅压感应膜上的水压力也同步产生了变化，水压力的变化改变了感应膜的压力，致使硅压传感器应变电阻值改变，通过数据采集设备可测得应变电阻的变化量，经计算可得沉降变化量。

2. 知识点——边坡水平位移的自动化监测

（1）水平位移监测说明：反映观测区域的水平位移并总结其规律性。

（2）测量工具：GNSS（全球导航卫星系统）。

GNSS 自动化变形监测系统适用于边坡体地表的三维位移监测，尤其适合于地形条件复杂、起伏大的边坡监测，在矿区地表沉降观测、采场或排土场边坡滑坡监测、大坝位移监测、地质滑坡监测、大桥结构健康监测中广泛应用并取得很好的效益。测量原理如图 9-2 所示，随着 GNSS 接收机的发展，GNSS 定位精度可达毫米级。

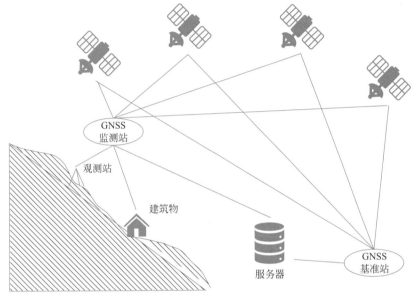

图 9-2　GNSS 测量原理

（3）设备布设与使用

GNSS 监测站的基准站和观测站按一定数量比例进行布设，即每 1 台基准站对应 N 台观测站，观测站分布于基准站周围，以基准站为核心，通过实时数据对比监测区地表形变，一般一个监测基准站能够覆盖方圆数公里以内的观测站，具体布设数量视现场情况及设备性能而定。

3. 知识点——边坡深层水平位移的自动化监测

（1）深层水平位移监测说明：反映观测区域土体内部各点的水平位移并总结其规律性。

（2）测量工具：测斜仪。

固定式测斜仪是一种高精度传感器，广泛适用于测量土石坝、面板坝、边坡、路基、基坑、岩体滑坡等结构物的水平或垂直位移、垂直沉降及滑坡，该仪器配合测斜管可反复使用，并可方便实现倾斜测量的自动化。测斜仪是通过测量测斜管轴线与铅垂线之间夹角变化量，来计算水平位移的工程监测仪器。通常情况下，由多支固定式测斜仪串联装在测斜管内，通过装在每个高程上的倾斜传感器，测量出被测结构物的倾斜角度，以此将结构物的变形曲线描述出来，测量原理如图 9-3 所示。

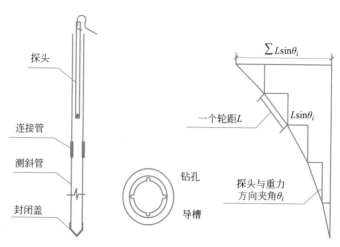

图 9-3 测斜仪测量原理

（3）设备布设与使用

先将测斜管装上管底盖，用螺栓或胶固定。测斜管与测斜管之间用管接头连接，测斜管与管接头之间必须用螺栓固定后涂胶填缝密封。测斜管在安装中应注意导槽的方向必须与设计要求的方向一致。当确认测斜管安装完好后即可进行回填，回填一般用膨润土球或原土沙。回填时每填 3～5m 要进行一次注水，注水是为了使膨润土球或原土沙遇水后与孔壁结合牢固，以此方法直至孔口。露在地表上的测斜管应注意做好保护，盖上管盖防止物体落入。测斜管地表管口段应浇筑混凝土，做成混凝土墩台以保护管口及保证其转角的稳定性。墩台上应设置测绘标点。

仪器使用前，首先应检查测斜仪的导向轮是否转动灵活，扭簧是否有力，检查传感器部件是否工作正常，按设计高程截取连接杆并将固定测斜仪用钢丝绳首尾相连，确认完好后以备安装。固定测斜仪组装时应按施工图纸要求的数量装成一个个测量单元，检查确认完好后以备吊装。吊装时按一个个测量单元的顺序放入测斜管内，每个测量单元之间用连接杆连接，连接一定要牢靠，各个测量单元的所有导向轮方向必须一致。需要注意的是每套固定测斜仪要按顺序作好编号记录，逐个装入时电缆要逐个理顺，所有电缆要松弛不能拉紧，将最后的连接杆缚在孔口装置的横轴上用锁扣锁紧。最后孔口应设保护设施。观测电缆按规定走向固定埋设。

4. 知识点——边坡地下水位的自动化监测

（1）地下水位监测说明：反映观测区域地下水位的变化量并总结其规律性。

（2）测量工具：水位计。

水位计（图 9-4）通常用于测量井、钻孔及水位管中的水位，特别适合于水电工程中地下水位的观测或土石坝体的坝体浸润线的人工巡检。该仪器既可在施工期间使用，也可作为工程的长期安全监测用。

图 9-4 水位计

边坡地下水位的自动化监测

（3）设备布设与使用

① 地下水位观测点的布设

以边坡监测为例，在边坡结构顶部布设地下水位监测孔，以 PVC 管作为水位监测管，管顶露出地面约 300mm。水位管放入水位孔后，孔隙用砂填充，距地面约 0.5m 高度用水泥砂浆填实，可避免地表水流入管中。

② 观测方法与数据处理

水位测量采用电测水位计（例如：SWJ-8090 型钢尺水位计，测程 30m，最小读数 1mm，重复性误差 ±2mm），将探头沿水位管缓慢放下，当测头接触水面时，蜂鸣器响，读取孔口标志点处测尺读数 a，重复一次读数 b，取平均值作为观测值。与上次读数之差即是水位的升降数值。再根据水位变化值绘制水位随时间的变化曲线，以及水位随边坡施工的变化曲线图，进而判断边坡顶部水位的变化情况。

5. 知识点——边坡挡墙倾斜的自动化监测

（1）倾斜监测说明：反映挡墙结构的倾斜角度及其变化量。

（2）测量工具：智能倾角计。

智能倾角计（图 9-5）广泛应用于桥梁、建（构）筑物、危房等工程的倾斜度测量。由于倾角计输出为数字信号，可以实现远程自动化监测，并能以总线的形式进行串联通信，增加了在复杂环境中的应用性。倾角计采用电容微型摆锤原理。利用地球重力原理，当倾角单元倾斜时，地球重力在相应的摆锤上会产生重力的分量，相应的电容量会变化，通过对电容量变量放大、滤波、转换之后得出倾角。

图 9-5 智能倾角计

（3）设备布设与使用

① 倾角观测点的布设

观测支架顶部变形的智能倾角计应安装在可调托撑调节螺母下方；支架倾角观测点应布置在立杆上。

② 观测方法与数据处理

智能倾角计的安装分为水平安装和垂直安装，但无论是水平还是垂直安装，在安装时都应保持传感器安装面与被测物体面平行，同时减少动态和加速度的影响；除了保持智能倾角计安装面与被测物体面平行外，还需保持其与被测面轴线平行，即两轴线不能有夹角产生。

一般的倾角计都会内置零位调整，因此可以根据要求定制零位调整按钮，从而实现在一定的角度范围内角度置零的功能。在倾角计安装之前，需要确定安装位置和测量角度，当以某一角度固定传感器后，在测量前需使用零位按钮将仪器角度置零，从而方便角度的读取，并减少不必要的误差。

6. 知识点——边坡区域降雨量的自动化监测

（1）监测说明：测量观测区域降雨量，掌握边坡区域环境参数情况。

（2）测量工具：雨量计。

雨量计是一种水文、气象仪器，用以测量自然界降雨量，同时将降雨量转换为以开关量形式表示的数字信息量输出，以满足信息传输、处理、记录和显示等的需要。

（3）设备布设与使用

如图 9-6 所示，该雨量计的上翻斗为安装在引水漏斗中的一体化组件装置，它的下翻斗为计量、计数斗。安装使用该仪器时，不必对上翻斗组件作任何调整。该型翻斗式雨量计的下翻斗上增加了一个活动分水板和两个用于改变活动分水板回转方向的限位柱，在翻斗翻水过程中，该仪器的活动分水板顶端分水刃口能自动地回转到降水泄流水柱的边缘临界点位置，当翻斗水满开始翻水时，分水刃口即会立即跨越泄流水柱完成两个承水斗之间的降水切换任务，由此缩短了降水切换时间，减小了仪器测量误差。

7. 知识点——边坡土压力的自动化监测

（1）监测说明：测量观测区域各特征部位的土压力理论分析值及沿深度的分布规律。

（2）测量工具：土压力计。

土压力计（图 9-7）适用于测量土石坝、防波堤、护岸、码头岸壁、高层建筑、桥墩、挡土墙、隧道、地铁、机场、公路、铁路、防渗墙结构等建筑基础与土体的压应力，是了解被测物体内部土压力变化量的有效监测设备。

图 9-6　翻斗式雨量计　　　　　　　　图 9-7　土压力计

（3）设备布设与使用

① 钻孔法

钻孔法是通过钻孔和特制的安装架将土压力计压入土体内。具体步骤如下：

A. 先将土压力盒固定在安装架内。

B. 钻孔到设计深度以上 0.5~1.0m；放入带土压力盒的安装架，逐段连接安装架压杆，土压力盒导线通过压杆引到地面。然后通过压杆将土压力盒压到设计标高。

C. 回填封孔。

② 挂布法

挂布法用于量测土体与围护结构间的接触压力。具体步骤如下：

A. 先用帆布制作一幅挂布，在挂布上缝有安放土压力盒的布袋，布袋位置按设计深度确定。

B. 将包住整幅钢筋笼的挂布绑在钢筋笼外侧，并将带有压力囊的土压力盒放入布袋内，压力囊朝外，导线固定在挂布上通到布顶。

C. 挂布随钢筋笼一起吊入槽（孔）内。

D. 混凝土浇筑时，挂布将受到侧向压力而与土体紧密接触，土压力计受力产生的变形将引起内钢弦变形，使钢弦发生应力变化，从而改变钢弦的振动频率。测量时利用电磁线圈激拨钢弦并量测其振动频率，频率信号经电缆传输至频率读数装置或数据采集系统，再经换算即可得到土压力的应力值。

8. 知识点——智能安全帽技术

（1）智能安全帽技术说明：在建筑行业实现实时的、全过程的安全施工管理和人员管理。

（2）工具：智能安全帽。

智能安全帽（图 9-8）是佩戴在头部的智能移动作业终端，运用了移动互联网、物联网、感知传感器、高清防抖摄像头、人工智能等技术，具备语音操控、实时视频、拍照、录像、录音、实时对讲、定位、电子围栏、安全防护预警、人脸识别、视频行为分析等功能，支撑扩展 UWB 定位、近电感应、有害气体检测等。数据支持在线实时上传与离线存储。通过与现场作业智能管控平台交互，可实现远程调度、专家指导，并融合人工智能技术进行现场视频的行为分析、物体检测、人脸识别等，实现作业指导、安全管控、缺陷分析、风险预警等业务场景与行业解决方案。

图 9-8　智能安全帽

（3）设备主要功能模块

① 基础模块

安全帽信息管理；

人员定位与轨迹巡查；

人员广播/群体广播。

② 人员告警模块

SOS 求解报警；

告警记录管理。

③ 人员考勤模块

考勤记录管理；

考勤点管理；

工时统计。

9.3 任务书

学习任务 9.3.1 边坡自动化监测

【任务书】

任务背景	本次实训案例为边坡工程,现对图纸标注位置的各类观测点进行监测,监测内容详见任务描述。
任务描述	使用静力水准仪、GNSS、测斜仪、水位计等完成图示标注位置的各类观测点的沉降变化、水平位移、深层水平位移、地下水位等内容的监测,正确处理测量过程中遇到的工况。测量任务完成后需进行各类监测数据的处理并绘制时程曲线,对边坡施工及后期稳定性监测过程中的相关异常工况进行处理。
任务要求	学生需根据不同的监测项目内容选择相应的智能监测工具,完成任务描述中所述的工作任务,并对监测数据进行处理,正确应对工作任务中所遇到的各种工况。
任务目标	1. 熟练掌握边坡工程的各类监测内容。 2. 充分了解各智能监测工具的部件组成、功能划分、使用方法及操作规范。 3. 正确处理各类监测数据。 4. 正确处理工作任务中所遇到的各种工况。

测量内容	自动化监测项目明细表:		
	1	坡顶不均匀沉降	静力水准仪
	2	坡体表面水平位移	GNSS
	3	深层水平位移	固定式测斜仪
	4	降雨量监测	雨量计
	5	挡墙/坡顶建筑物监测	倾角计
	6	地下水位监测	投入式水位计
	7	土压力监测	土压力计

任务场景	满足沉降变化、水平位移、深层水平位移、地下水位等内容的监测。 示例图: 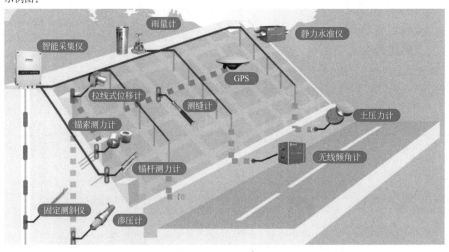

【获取资讯】

了解任务要求，收集边坡自动化监测工作过程资料，了解监测工具使用原理，学习操作监测工具使用说明书，掌握边坡监测技术应用。

引导问题 1：简述边坡自动化监测的主要内容和范围。

_____

_____

引导问题 2：简述边坡自动化监测需使用的主要工具及原理。

_____

_____

引导问题 3：简述边坡沉降监测基本流程及数据处理方法。

_____

_____

引导问题 4：在进行监测任务时，若工具测量的值存在明显误差，应如何处理？
（　　）

A. 重新校正设备，再次测量　　　　　　B. 无需重复测量

C. 进行多次测量　　　　　　　　　　　D. 淘汰该设备

【工作计划】

按照收集的资讯制定边坡工程监测任务实施方案，完成表 9-1。

边坡工程监测任务实施方案　　　　　　　　　　　　　　　表 9-1

步骤	工作内容	负责人

【工作实施】

（1）选择合适的测量场景。

_____

（2）测量前准备工作记录（表 9-2）。

测量前准备工作记录　　　　　　　　　　　　　　　　　表 9-2

类别	检查项	检查结果
设备检查	设备外观完好	
	正常开关机	
	设备电量满足使用时间	
	设备校正正常	
	设备在维保期限内	

类别	检查项	检查结果
个人防护	安全帽佩戴	
	工作服穿戴	
	劳保鞋穿戴	
环境检查	场地满足测量条件	
	施工垃圾清理	

（3）监测数据记录（表9-3）。

边坡监测数据记录表   表 9-3

项目：				
监测单位：				
监测部位：		时间：		
序号	监测内容	预警值	监测仪器	监测结果
1				
2				
3				
4				
…				
监测示意图				
测量员：		审核员：		
备注：				

（4）工完料清、设备维护记录（表9-4）。

监测工完料清、设备维护记录表   表 9-4

序号	检查项	检查结果
设备维护	关闭设备电源	
	清理使用过程中造成的污垢、灰尘	
	设备外观完好	
	拆解设备，收纳保存	
施工环境	施工垃圾清理	

（5）工况处理（表 9-5）。

监测工况处理记录表　　　　　　　　　　　　　　　　表 9-5

序号	工况名称	发生原因	处理方法	备注

学习任务 9.3.2　智慧工地安全管理之智能安全帽

【任务书】

任务背景	本次实训案例为智能安全帽解决方案,方案内容详见任务描述。
任务描述	建筑工地是一个人员、物资流动频繁的场所,也是安全事故多发的场所。目前,工程建设规模不断扩大,工艺流程纷繁复杂,如何搞好现场施工现场管理,提高工作效率,有效预防事故的发生,一直是施工企业、政府管理部门关注的焦点。 怎样利用有效手段,优化监管,实现实时的、全过程的监控和信息交流成了建筑行业安全施工管理、人员管理需要解决的问题。
任务要求	科技赋能 VR、大数据、云计算、人工智能、5G 等技术,配合智慧工地建设的发展需求,聚焦智能安全帽解决方案,为工地统筹调度指挥提供准确、快速的位置信息等资料。 学生需根据智慧工地安全管理内容,学习智能安全帽的主要功能模块、建设内容和使用方法。
任务目标	1. 了解智能安全帽解决方案的产生背景、目的和意义。 2. 充分了解智能安全帽的部件组成、功能划分、使用方法及操作规范。
任务场景	智能安全帽主要功能模块。 示例图: 人员定位　脱帽报警　考勤打卡 电子围栏　近电感应　语音对讲

【获取资讯】

了解任务要求和智能安全帽主要功能,学习智能安全帽使用方法。

引导问题 1:简述智能安全帽解决方案的建设背景、目的和意义。

_____

_____

引导问题 2:简述智能安全帽的工作原理。

_____

_____

引导问题 3：简述智能安全帽的主要功能模块。

引导问题 4：简述智能安全帽的使用方法。

【工作计划】

按照智能安全帽功能模块，完成表 9-6。

智能安全帽学习记录表　　　　　　　　　　表 9-6

功能模块	工作内容	负责人

【工作实施】

（1）使用前准备工作记录（表 9-7）。

使用前准备工作记录表　　　　　　　　　　表 9-7

检查项目	检查结果
设备外观完好	
正常开关机	
设备电量满足使用时间	
设备校正正常	
设备在维保期限内	

（2）使用后设备处理记录（表 9-8）。

使用后设备处理记录表　　　　　　　　　　表 9-8

检查项目	检查结果
关闭设备电源	
清理使用过程中造成的污垢、灰尘	
设备外观完好	
拆解设备，收纳保存	

智能实测实量

10.1 教学目标与思路

【教学案例】

《智能实测实量》为"建筑工程质量与安全管理"课程中智能控制技术典型应用案例，结合实测实量要求和质量标准，通过案例学习掌握智能实测实量工具使用、智能实测实量技术应用及实测实量数据分析。

【教学目标】

知识目标	能力目标	素质目标
1. 了解实测实量的目的； 2. 了解实测实量的原则； 3. 掌握实测实量的方法； 4. 掌握实测实量的标准。	1. 掌握智能实测实量检测工具的使用； 2. 掌握智能实测实量技术应用； 3. 掌握智能实测实量数据分析； 4. 掌握智能实测实量异常工况处置； 5. 掌握实测实量质量评估。	1. 具有良好的人际交往能力； 2. 具有团队合作精神、客户服务意识和职业道德； 3. 具有健康的体魄和良好的心理素质及艺术素养。

【建议学时】6～8 学时

【学习情境设计】

序号	学习情境	载体	学习任务简介	学时
1	基础空间实测实量	可使用智能实测实量工具或仿真实训系统	使用智能实测实量等检测工具，进行表面平整度、垂直度、截面尺寸偏差、混凝土强度回弹测量。	3～4
2	复杂空间实测实量		使用智能实测实量等检测工具，进行混凝土结构工程的表面平整度、垂直度、截面尺寸偏差、混凝土强度回弹测量，并完成合格率计算，设备异常工况处理。	3～4

【课前预习】

引导问题 1：实测实量的意义是什么？

引导问题 2：实测实量的内容有哪些？

引导问题 3：传统实测实量存在的问题有哪些？

10.2 知识与技能

1. 知识点——实测实量概述

（1）实测实量的概念

实测实量是指应用测量工具，如尺、秤、量杯、温度计、压力计以及电子、量子、光学仪器等通过实际测试、丈量而得到能真实反映物体属性的相关数据的一种方法。工程中指根据相关质量验收规范，通过工程质量测量仪器，把工程质量真实反映出来的一种方法。随着人们质量意识的提高，市场对建筑工程质量的要求越来越高，越来越多的企业采用实测实量的方法来进行建筑工程质量控制，以往的施工质量控制的面比较宽泛，大多限于结构实体的观感质量和质量通病问题的一般防治方法，工程实测实量的控制方法将建筑工程施工质量控制提升到用数据反映质量的层次，并辅以相关施工方案和工艺方法做指导，从根本上保证工程的施工质量。

（2）实测实量的目的

① 通过定期评估，识别并消除项目风险。

② 通过对质量缺陷和管理风险的整改措施的跟踪和落实，持续提升工程质量标准和观感，消除客户投诉隐患。

（3）实测实量的取样原则

① 随机原则。各实测取样的楼栋、楼层、房间、测点等，必须结合当前各标段的施工进度，通过图纸或随机抽样事前确定。

② 真实原则。测量数据应反映项目的真实质量，避免为了片面提高实测指标，过度修补或做表面文章，实测取点时应规避响应部位，并对修补方案合理性进行检查。

③ 完整原则。同一分部工程内所有分项实测指标，根据现场情况，具备条件的必须全部进行实测，不能有遗漏。

④ 效率原则。在选取实测套房时，要充分考虑各分部分项的实测指标的可测性，使一套房包括尽可能多的实测指标，以提高实测效率。

⑤ 可追溯原则。对实测实量的各项目标段结构层或房间的具体楼栋号、房号做好书面记录并存档。

（4）实测实量基础质量控制指标

① 混凝土工程：截面尺寸偏差、表面平整度、垂直度、顶板水平度极差、梁底水平度极差、施工控制线偏差、轴线控制偏差；

② 砌筑工程：表面平整度、垂直度、方正度；

③ 抹灰工程：墙体表面平整度、墙面垂直度、地面表面平整度、室内净高偏差、顶板水平度极差、阴阳角方正、地面水平度极差、方正度、房间开间/进深偏差；

④ 涂饰工程：墙面表面平整度、墙面垂直度、阴阳角方正、顶棚（吊顶）水平度极差；

⑤ 墙面饰面砖工程：表面平整度、垂直度、阴阳角方正、接缝高低差；

⑥ 地面饰面砖工程：表面平整度、接缝高低差。

2022 年 5 月 25 日，住房和城乡建设部印发《关于征集遴选智能建造试点城市的通知》，决定征集遴选部分城市开展智能建造试点，推动建筑业向数字设计、智能施工、建筑机器人等方向转型，通过打造智能建造产业集群，催生一批新产业、新业态、新模式。2022 年 7 月 3 日，住房和城乡建设部、国家发展和改革委员会、科学技术部等十三个部门联合印发《关于推动智能建造与建筑工业化协同发展的指导意见》，智能建造已成为建筑行业发展的主要方向。

随着建筑行业的不断发展，传统的施工方式将被数字化管理方式取代。工程测量作为建筑施工中的重要环节，对工程质量和进度都有着重要的影响。为了解决传统实测实量测试人员多，测试时间长，测试工具繁琐，信息化率低，数据管理不便利的问题，采用科技技术改革原有实测实量工具，研发推出了智能数字靠尺、数显卷尺、数字回弹仪等智能实训设备，智能实测实量原理如图 10-1 所示。

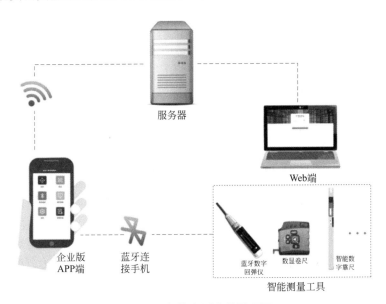

图 10-1　智能实测实量原理图

2. 知识点——表面平整度的智能测量

以混凝土结构工程为例，阐述表面平整度的智能测量。

① 指标说明：反映层高范围内剪力墙、混凝土柱表面平整程度。

② 合格标准：[0，8mm]

③ 测量工具：智能数字靠尺

智能数字靠尺，是一款利用数字式角度传感器和多项现代技术研制而成的智能化数字靠尺。具有测量绝对角度、相对角度、斜度、水平度、坡度、垂直度，可数字显示，自校准等功能特点，操作方便，可用于现代建设工程施工、监理、质检、验收中水平度、垂直度、坡度的检测，如图 10-2 所示。

工作原理：

智能数字靠尺通过数字式角度传感器，感知定位物体位置，将变化的位置信号传递给单片机，单片机将其转换为数字信号，传递给显示屏，如图 10-2 所示。

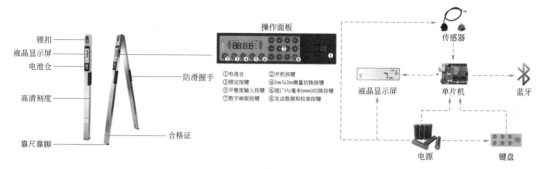

图 10-2　智能数字靠尺

数字式角度传感器利用角度变化来定位物体位置。当连接到 RCX 上时，轴每转过 1/16 圈，角度传感器就会计数一次。往一个方向转动时，计数增加，转动方向改变时，计数减少。计数与角度传感器的初始位置有关。当初始化角度传感器时，它的计数值被设置为 0。

④ 测量方法和数据记录

A. 剪力墙/暗柱：选取长边墙，任选长边墙两面中的一面作为 1 个实测区。累计实测实量 15 个实测区、60 个测点进行计算，单个实测区的合格率为合格点数与测量总点数的比值。

B. 当所选墙长度小于 3m 时，同一面墙 4 个角（顶部及根部）中取左上及右下 2 个角。按 45°角斜放靠尺，累计测 2 次表面平整度，墙长度中间距地面 20cm 处水平放靠尺测一次表面平整度。跨洞口部位必测。这 2 个实测值分别作为判断该指标合格率的 2 个计算点。

C. 当所选墙长度大于 3m 时，除按 45°角斜放靠尺测量 2 次表面平整度外，还需在墙长度中间位置水平放靠尺测量 1 次表面平整度，这 3 个实测值分别作为判断该指标合格率的 3 个计算点。

D. 跨洞口部位必测。实测时在洞口 45°斜交叉测 1 尺，该实测值作为新增实测指标合格率的 1 个计算点。

E. 混凝土柱：可以不测表面平整度。如图 10-3 所示。

⑤ 测量流程

A. 检查智能设备是否完备。

B. 打开智能靠尺电源。

C. 通过蓝牙无线传输连接到移动端。

D. 移动端依据图纸选择测量点位、设置测量任务以及测量标准。

E. 智能数字靠尺切换到平整度测量模式。

F. 校正智能数字靠尺。

G. 将智能数字靠尺依据测量标准放置到测量位置，进行测量。

H. 将测量数据锁定并上传到移动端。

I. 移动端自动计算该实测区平整度合格率。

J. 将该测区的平整度实测值上墙。

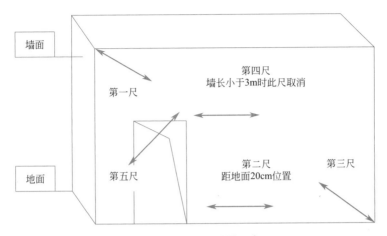

图 10-3 平整度测量示意

K. 测量任务完成后，将智能设备关机并复位，清理任务产生的垃圾。

3. 知识点——垂直度的智能测量

以混凝土结构工程为例，阐述垂直度的智能测量。

① 指标说明：反映层高范围内剪力墙、混凝土柱表面垂直的程度。

② 合格标准：[0，8mm]

③ 测量工具：智能数字靠尺

智能数字靠尺基本组成、工作原理详见表面平整度部分。

④ 测量方法和数据记录

A. 剪力墙：任取长边墙的一面作为 1 个实测区。累计实测实量 15 个实测区、45 个测量作为计算点，单个实测区的合格率为合格点数与测量总点数的比值。

B. 当墙长度小于 3m 时，同一面墙距两端头竖向阴阳角 30cm 位置，分别按以下原则实测 2 次：一是靠尺顶端接触到上部混凝土顶板位置时测 1 次垂直度，二是靠尺底端接触到下部地面位置时测 1 次垂直度，混凝土墙体洞口一侧为垂直度必测部位。这 2 个实测值分别作为判断该实测指标合格率的 2 个计算点。

C. 当墙长度大于 3m 时，同一面墙距两端头竖向阴阳角 30cm 和墙中间位置，分别按以下原则实测 3 次：一是靠尺顶端接触到上部混凝土顶板位置时测一次垂直度，二是靠尺底端接触到下部地面位置时测 1 次垂直度，三是墙长度中间位置靠尺基本在高度方向居中时测 1 次垂直度，混凝土墙体洞口一侧为垂直度必测部位。这 3 个实测值分别作为判断该实测指标合格率的 3 个计算点。

D. 混凝土柱：任选混凝土柱四面中的两面，分别将靠尺顶端接触到上部混凝土顶板和下部地面位置时各测 1 次垂直度。这 2 个实测值分别作为判断该实测指标合格率的 2 个计算点。如图 10-4 所示。

⑤ 测量流程

A. 检查智能设备是否完备。

B. 打开智能靠尺电源。

C. 通过蓝牙无线传输连接到移动端。

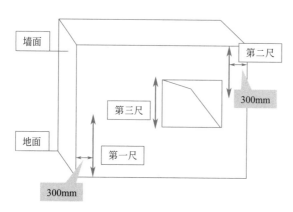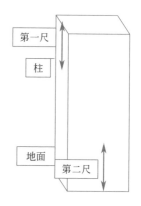

图 10-4　垂直度测量示意

D. 移动端依据图纸选择测量点位、设置测量任务以及测量标准。

E. 智能数字靠尺切换到垂直度测量模式。

F. 校正智能数字靠尺。

G. 将智能数字靠尺依据测量标准放置到测量位置，进行测量。

H. 将测量数据锁定并上传到移动端。

I. 移动端自动计算该实测区垂直度合格率。

J. 将该测区的垂直度实测值上墙。

K. 测量任务完成后，将智能设备关机并复位，清理任务产生的垃圾。

4. 知识点——截面尺寸偏差的智能测量

以混凝土结构工程为例，阐述截面尺寸偏差的智能测量。

① 指标说明：反映层高范围内剪力墙、混凝土柱施工尺寸与设计图尺寸的偏差。

② 合格标准：$[-5, 8mm]$

③ 测量工具：数显卷尺

数显卷尺，是一款集成传统卷尺、数显和激光测量三合一的激光测距仪。数显卷尺集成 5m 专业级卷尺，可将卷尺测量数据实时显示在屏幕上；还拥有面积、体积、一次勾股和二次勾股测量功能，远距离测量更有效，适应多种测量场景，50 组历史数据存储，测量数据不怕丢失，如图 10-5 所示。

工作原理：

数显卷尺（激光测距仪），通过激光接收口接收发射口发出的激光，并通过单片机将激光信号转换为数字信号传递给 LED 显示屏。

激光测距仪是利用调制激光的某个参数对目标的距离进行准确测定的仪器。脉冲式激光测距仪是在工作时向目标射出一束或一序列短暂的脉冲激光束，由光电元件接收目标反射的激光束，计时器测定激光束从发射到接收的时间，计算出从测距仪到目标的距离。

④ 测量方法和数据记录

A. 以钢卷尺测量同一面墙/柱截面尺寸，精确至毫米。

B. 同一面墙/柱作为 1 个实测区，累计实测实量 15 个实测区，单个实测区的合格率

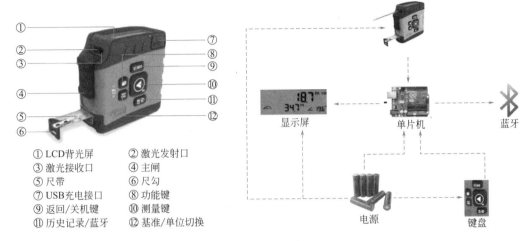

① LCD背光屏　　② 激光发射口
③ 激光接收口　　④ 主闸
⑤ 尺带　　　　　⑥ 尺勾
⑦ USB充电接口　⑧ 功能键
⑨ 返回/关机键　　⑩ 测量键
⑪ 历史记录/蓝牙　⑫ 基准/单位切换

图 10-5　数显卷尺

为合格点数与测量总点数的比值。每个实测区从地面向上 300mm 和 1500mm 各测量截面尺寸 1 次（图 10-6），选取其中与设计尺寸偏差最大的数，作为判断该实测指标合格率的 1 个计算点。

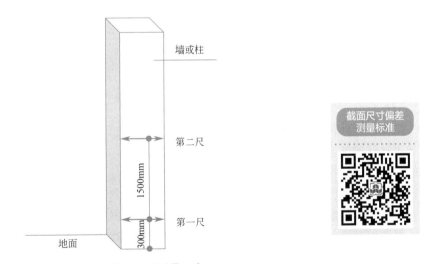

图 10-6　墙柱截面尺寸测量示意

⑤ 测量流程

A. 检查智能设备是否完备。

B. 打开数显卷尺电源。

C. 通过蓝牙无线传输连接到移动端。

D. 移动端依据图纸选择测量点位、设置测量任务以及测量标准。

E. 校正数显卷尺。

F. 将数显卷尺依据测量标准放置到测量位置，进行测量。

G. 将测量数据锁定并上传到移动端。

H. 移动端自动计算该实测区截面尺寸偏差合格率。

I. 将该测区的截面尺寸偏差实测值上墙。

J. 测量任务完成后，将智能设备关机并复位，清理任务产生的垃圾。

5. 知识点——混凝土强度的智能测量

以混凝土结构工程为例，阐述混凝土强度的智能测量。

① 指标说明：反映该处混凝土强度。

② 合格标准（泵送 C30）：≥34.2MPa

③ 测量工具：数字回弹仪

数字回弹仪又称数显回弹仪、数字式回弹仪，适用于各类建筑工程中普通混凝土抗压强度的无损检测，能即时获得被抽检混凝土结构抗压强度的检测结果。在工程质量检测机构开展工程实物质量现场检测中，能更加体现检测的公正性、科学性和准确性，极大地提高检测、数据处理与检验报告编制的工作效率，如图 10-7 所示。

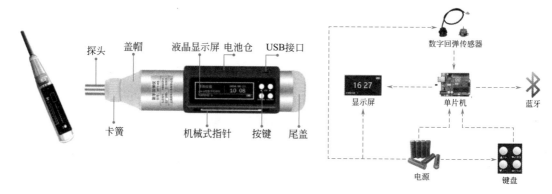

图 10-7　数字回弹仪

工作原理：回弹仪的基本原理是用弹簧驱动重锤，重锤以恒定的动能撞击与混凝土表面垂直接触的弹击杆，使局部混凝土发生变形并吸收一部分能量，另一部分能量转化为重锤的反弹动能，当反弹动能全部转化成势能时，重锤反弹达到最大距离，仪器将重锤的最大反弹距离以回弹值（最大反弹距离与弹簧初始长度之比）的名义显示出来。

数字回弹传感器，把回弹数据采样、校准以及采样控制功能集成到回弹传感器中，通过数据通信实现与回弹仪主机的数据交换，使数字回弹传感器成为独立于回弹仪主机的智能化数字系统，从而真正实现传感器可直接互换、单独检定。

④ 测量方法和数据记录

A. 一般构件测区不小于 10 个，每个测区采 16 个回弹值。

B. 相邻两侧区的间距不应大于 2m，测区离构件端部或施工缝边缘不宜大于 0.5m 且不宜小于 0.2m。

C. 测区面积不宜大于 0.04㎡。

D. 测区表面应为混凝土原浆面，并应清洁平整，不应有疏松层、浮浆、油垢、涂层、蜂窝、麻面等。

E. 弹击杆应垂直于被测构件表面，回弹值采样完成后，应选取有代表性的测区进行碳化深度测量，测点数不应小于构件测区数的 30%。

F. 测出的 16 个回弹值剔除 3 个最大值和 3 个最小值，取中间 10 个回弹值的平均值。

G. 根据平均回弹值和平均碳化值查阅现行《回弹法检测混凝土抗压强度技术规程》JGJ/T 23 中混凝土强度换算表，得出该测区的强度换算值。

H. 合格测区与总测区的比值为该实测构件的合格率。

⑤ 测量流程

A. 检查智能设备是否完备。

B. 打开数字回弹仪电源。

C. 通过蓝牙无线传输连接到移动端。

D. 移动端选择率定功能，开始率定，率定值实时上传至移动端，率定值在 80 ± 2 则为合格。

E. 移动端依据图纸选择测量点位、设置测量任务、测量标准和碳化深度值。

F. 将数字回弹仪依据测量标准放置到测量位置，进行测量。

G. 测量数据实时上传到移动端。

H. 移动端自动计算该实测区混凝土强度合格率。

I. 将该测区混凝土强度实测值上墙。

J. 测量任务完成后，将智能设备关机并复位，清理任务产生的垃圾。

10.3 任务书

学习任务 10.3.1　基础空间实测实量

【任务书】

任务背景	本次实训案例为现浇混凝土结构工程,已完成主体结构施工,现对图纸标注位置的实测实量的相关指标进行自检,自检内容详见任务描述。
任务描述	使用智能数字靠尺、数显卷尺、数字回弹仪完成图纸标注位置的表面平整度、垂直度,截面尺寸偏差、混凝土强度实测实量指标的检测并填写相关记录。
任务要求	学生需根据不同的实测实量工作选择相应的智能实测实量工具,完成任务描述中所述的工作任务。
任务目标	1. 熟练掌握混凝土结构工程实测实量的验收内容及验收标准。 2. 充分了解各智能实测实量工具的部件组成、功能划分、使用方法及操作规范。
任务场景	满足表面平整度、垂直度、截面尺寸偏差、混凝土强度指标的检测,测量目标应为不带洞口且长度不超过3m的墙。 示例图: 装配式多层剪力墙结构平面图

【获取资讯】

　　了解任务要求,收集实测实量工作过程资料,了解智能实测实量工具使用原理,学习智能实测实量工具使用说明书,按照实测实量智能管理系统操作,掌握智能实测实量技术应用。

　　引导问题 1:混凝土结构实测实量时都需要对哪些指标进行检测?(　　　)

A. 表面平整度　　　　　　　　　　　B. 垂直度

C. 截面尺寸偏差　　　　　　　　　　D. 方正度

E. 接缝高低差   F. 顶板水平度极差

G. 楼板厚度偏差   H. 楼地面平整度

I. 净高   J. 阴阳角方正

K. 混凝土强度回弹

引导问题 2： 实测实量的目的是什么？

_____

_____

引导问题 3： 在实测实量中，表面平整度、垂直度、截面尺寸偏差、混凝土强度检测分别采用什么智能测量工具？

_____

引导问题 4： 智能测量工具一般通过什么方式与移动端互联？

_____

引导问题 5： 实测实量自检工作开始前，需进行哪些准备工作？（   ）

A. 个人防护用品佩戴   B. 室内工作不需要佩戴防护用品

C. 确认测量位置   D. 智能设备的校正与调试

E. 通知监理单位旁站监督   F. 随机抽取测量位置

【工作计划】

按照收集的资讯制定混凝土结构工程实测实量任务实施方案，完成表 10-1。

混凝土结构工程实测实量任务实施方案   表 10-1

步骤	工作内容	负责人

【工作实施】

（1）根据图纸，选择测量场景。

_____

（2）测量前准备工作记录（表 10-2）。

实测实量准备工作记录表   表 10-2

类别	检查项	检查结果
设备检查	设备外观完好	
	正常开关机	
	设备电量满足使用时间	
	正常连接移动端	
	设备校正正常	
	设备在维保期限内	

类别	检查项	检查结果
个人防护	安全帽佩戴	
	工作服穿戴	
	劳保鞋穿戴	
环境检查	场地满足测量条件	
	施工垃圾清理	

（3）测量数据记录（表 10-3～表 10-6）。

主体结构（墙、柱混凝土）墙面平整度实测实量记录表　　　　表 10-3

建设单位		监理单位				
施工单位		实测日期				
实测区编号	墙/柱平整度 允许值(mm)	实测值				

实测人员：

主体结构（墙、柱混凝土）墙面垂直度实测实量记录表　　　　表 10-4

建设单位		监理单位				
施工单位		实测日期				
实测区编号	墙/柱垂直度 允许值(mm)	实测值				

实测人员：

主体结构（墙、柱混凝土）截面尺寸实测实量记录表　　　　　表 10-5

建设单位		监理单位			
施工单位		实测日期			
实测区编号	截面尺寸允许值(mm)	实测值			
实测人员：					

回弹法测试记录表　　　　　表 10-6

环境温度										设计等级				
实验编号										委托编号				
构件名称										浇筑日期				
测区	原始回弹值												平均回弹值	碳化平均值
测试面状况：														
实测人员：							实测日期：							

（4）工完料清、设备维护记录（表 10-7）。

实测实量工完料清、设备维护记录表　　　　　表 10-7

序号	检查项	检查结果
设备维护	关闭设备电源	
	清理使用过程中造成的污垢、灰尘	

续表

序号	检查项	检查结果
设备维护	设备外观完好	
	拆解设备,收纳保存	
施工环境	施工垃圾清理	

学习任务 10.3.2　复杂空间实测实量

【任务书】

任务背景	本次实训案例为现浇混凝土结构工程,已完成主体结构施工,现对图纸标注位置的实测实量的相关指标进行自检,自检内容详见任务描述。	
任务描述	使用智能数字靠尺、数显卷尺、数字回弹仪完成图纸标注位置的表面平整度、垂直度、截面尺寸偏差、混凝土强度实测实量指标的检测,正确处理测量过程中遇到的工况。测量任务完成后需进行各指标合格率计算及设备相关异常工况的处理。	
任务要求	学生需根据不同的实测实量工作选择相应的智能实测实量工具,完成任务描述中所述的工作任务,并计算各测量任务的合格率,正确处理工作任务中所遇到的各种工况。	
任务目标	1. 熟练掌握混凝土结构工程实测实量的验收内容及验收标准。 2. 充分了解各智能实测实量工具的部件组成、功能划分、使用方法及操作规范。 3. 手动计算测量任务的合格率。 4. 正确处理工作任务中所遇到的各种工况。	
测量标准	表面平整度	0～8mm
	垂直度	0～8mm
	截面尺寸偏差	−5～8mm
	混凝土强度(泵送 C30)	≥34.2MPa
任务场景	满足表面平整度、垂直度、截面尺寸偏差、混凝土强度指标的检测,测量目标应为带洞口且长度大于 3m 的墙。 示例图: 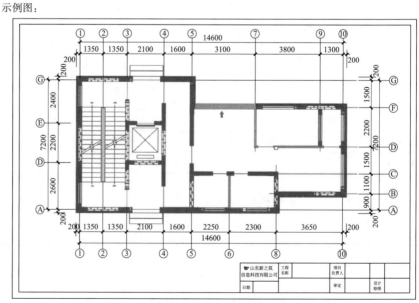	

【获取资讯】

了解任务要求，收集实测实量工作过程资料，了解智能实测实量工具使用原理，学习智能实测实量工具使用说明书，按照实测实量智能管理系统操作，掌握智能实测实量技术应用。

引导问题 1：进行表面平整度测量时，遇到墙长大于 3m 且带有窗洞口的测量任务，共计测量几尺？分别选择什么位置？

_____

_____

引导问题 2：简述混凝土柱垂直度的测量标准。

_____

_____

引导问题 3：简述单个实测区截面尺寸偏差实测指标的合格率计算方法。

_____

_____

引导问题 4：数字回弹仪的率定值是（　　　）。

A. 80±1　　　　　　　　　　　　　B. 80±2

C. 81±1　　　　　　　　　　　　　D. 81±2

引导问题 5：在进行实测实量任务时，若智能工具测量的值存在明显误差，应如何处理？（　　）

A. 重新校正智能设备，再次测量　　　B. 无需重复测量

C. 传统测量工具进行复核　　　　　　D. 淘汰该智能设备

引导问题 6：数字回弹仪在钢砧上检测率定值不合格时，应如何处理？

_____

【工作计划】

按照收集的资讯制定混凝土结构工程实测实量任务实施方案，完成表 10-8。

混凝土结构工程实测实量任务实施方案　　　　　　　　表 10-8

步骤	工作内容	负责人

【工作实施】

（1）根据图纸，选择测量场景。

_____

_____

（2）测量前准备工作记录（表10-9）。

实测实量准备工作记录表　　　　表 10-9

类别	检查项	检查结果
设备检查	设备外观完好	
	正常开关机	
	设备电量满足使用时间	
	正常连接移动端	
	设备校正正常	
	设备在维保期限内	
个人防护	安全帽佩戴	
	工作服穿戴	
	劳保鞋穿戴	
环境检查	场地满足测量条件	
	施工垃圾清理	

（3）测量数据记录（表10-10～表10-13）。

主体结构（墙、柱混凝土）墙面平整度实测实量记录表　　　　表 10-10

建设单位		监理单位			
施工单位		实测日期			
实测区编号	墙/柱平整度允许值（mm）	实测值			
合格率：			实测人员：		

主体结构（墙、柱混凝土）墙面垂直度实测实量记录表　　　表 10-11

建设单位		监理单位				
施工单位		实测日期				
实测区编号	墙/柱垂直度允许值(mm)	实测值				
合格率：			实测人员：			

主体结构（墙、柱混凝土）截面尺寸实测实量记录表　　　表 10-12

建设单位		监理单位				
施工单位		实测日期				
实测区编号	截面尺寸允许值(mm)	实测值				
合格率：			实测人员：			

回弹法测试记录表 表 10-13

环境温度										设计等级								
实验编号										委托编号								
构件名称										浇筑日期								
测区	原始回弹值																平均回弹值	碳化平均值
测试面状况：											合格率							
实测人员：									实测日期：									

（4）工完料清、设备维护记录（表 10-14）。

实测实量工完料清、设备维护记录表 表 10-14

序号	检查项	检查结果
设备维护	关闭设备电源	
	清理使用过程中造成的污垢、灰尘	
	设备外观完好	
	拆解设备，收纳保存	
施工环境	施工垃圾清理	

（5）工况处理（表 10-15）。

实测实量工况处理记录表 表 10-15

序号	工况名称	发生原因	处理方法	备注

无人机测量应用

11.1 教学目标与思路

【教学案例】

《无人机测量应用》为"智能测量技术"课程中智能控制技术典型应用案例,结合无人机设备与智能建造实测实量,通过案例学习让学生掌握无人机测量任务书的设计方法,培养运用无人机进行实地测量及在无人机测量时进行数据采集的能力。

【教学目标】

知识目标	能力目标	素质目标
1. 了解无人机的定义与其发展历史; 2. 了解我国对无人机的空域管辖与制度规定; 3. 了解无人机摄影测量的定义与特点; 4. 掌握无人机的主要分类方式; 5. 掌握无人机摄影测量总体流程。	1. 熟悉无人机航线规划设计流程,重点掌握比例尺精度、航高计算及航线间隔宽度计算; 2. 了解像控点布设标准实例,熟悉像控点布设原则与采集方式,重点掌握像控点布点方式与布设方案。	1. 具有良好的人际交往能力; 2. 具有团队合作精神、客户服务意识和职业道德; 3. 具有健康的心理素质及创新思维能力。

【建议学时】2~4 学时。

【学习情境设计】

序号	学习情境	载体	学习任务简介	学时
1	无人机航线规划与设计	多媒体、线下实训	1. 无人机航线规划设计流程介绍; 2. 比例尺精度、航高计算及航线间隔宽度等关键参数的计算方式; 3. 编制无人机航线规划设计书。	1~2
2	无人机测量像控点布设		1. 了解像控点布设标准实例、像控点布设原则与采集方式; 2. 像控点布点方式与布设方案; 3. 现场实操布点并完成相关数据记录。	1~2

【课前预习】

引导问题 1:无人机有哪些种类?无人机可以应用在哪些领域?

引导问题 2:用无人机来测量有哪些好处?

引导问题 3:你认为无人机测量在未来的发展如何?有哪些点可以去努力优化?

11.2 知识与技能

1. 知识点——无人机的概念

（1）无人机的定义

无人机是无人驾驶飞机（Unmanned Aerial Vehicle）的简称，是利用无线电遥控设备和自备的程序控制装置操纵的不载人飞机，包括无人直升机、固定翼机、多旋翼飞行器、无人飞艇、无人伞翼机等。广义地看也包括临近空间飞行器（20～100km 空域），如平流层飞艇、高空气球、太阳能无人机等。

从某种角度来看，无人机可以在无人驾驶的条件下完成复杂空中飞行任务和各种负载任务，可以被称作"空中机器人"。

（2）无人机的发展历史

无人机的起源可以追溯到 1914 年，当时英国提出了研制一种不用人驾驶，而用无线电操纵的小型飞机，使它能够飞到地方某一目标区上空，投下事先装在其上的炸弹的建议。虽然这个实验最终以失败告终，但为无人机的诞生积累了宝贵的经验。

1917 年，美国发明了第一台自动陀螺稳定仪，研制配置出了自动陀螺仪稳定器的无人飞行器——"斯佩里空中鱼雷"，从此无人飞行器诞生。虽然"空中鱼雷"的使用范围很受限制，但为无人机的发展奠定了基础。

1935 年，"蜂王号"无人机的问世才算是无人机的真正开始，也可以说是无人机史上的开山始祖。无人机的使用价值不断增加，主要被用于各大战场执行侦察任务。但由于当时无人机动力较小，机载设备侦察精度不足，通信设备无法完成远距离通信，导致其无法完成更多的任务，主要是靶机和自杀式无人机，逐渐被淘汰。

20 世纪 50 年代后期，在苏联的帮助下，中国开始进行无人机研究，之后中国无人机转为自主研究，到 1966 年 12 月，中国研制的第一架无人机"长空一号"首飞成功。

从 20 世纪 90 年代开始，随着科技的不断发展和研发经验的积累，无人机的研发技术日益成熟。

无人机从一开始的军事应用发展至今，已超过百年历史。其发展历程经历了多个阶段。20 世纪 80 年代后，无人机的性能和功能不断完善和提升，首先进入政府主导的监测、科研等领域，以及商业化的农业应用等领域。近年来，随着中国无人机品牌协同促进整个摄影行业的发展，民用无人机作为航拍设备更是走进了家家户户。

（3）无人机的分类及特点

① 按飞行平台构型分类

按飞行平台构型，无人机可以分为以下几种类型（表 11-1）：

A. 固定翼无人机：这种无人机是通过固定在机身上的具有翼型的机翼，与来流的空气发生相对运动产生升力。固定翼无人机具有续航时间长、飞行稳定、距离远等特点，在巡航条件下速度快，但对操作要求较高。固定翼无人机已被广泛应用于测绘、地质、农林等行业。

B. 多旋翼无人机：这种无人机是一种具有三个及以上旋翼轴的特殊的无人驾驶旋翼飞行器。多旋翼无人机操作较为简单，飞行震动小，现在越来越主流，应用也多种多样。

但其成本较为低廉，续航时间和载荷等指标可能不如其他类型的无人机。

C. 无人直升机：这种无人机是由一个或两个具有动力的旋翼提供升力并进行姿态操作的飞行器。无人直升机具有灵活性强，可以原地垂直起飞和悬停的特点。一般来说，无人直升机的载荷、续航时间、抗风性能等指标要优于多旋翼无人机。

三种主要无人机类型的特点及应用领域　　　　　　　　表 11-1

无人机类型	优缺点		应用领域
固定翼无人机	优点：飞行速度快，航程长，载荷能力强，操作简单		军用和民用领域，如测绘、地质、农林等
	缺点：对起降场地要求较高，机动性较差		
多旋翼无人机	优点：灵活性强，可以垂直起降和悬停，操控简单		民用领域，如影视、摄影、物流、巡检等
	缺点：载荷能力较小，续航时间较短		
无人直升机	优点：灵活性强，可以垂直起降和悬停，载荷能力较大		军用领域，如侦察、诱饵、电子对抗等
	缺点：成本较高，维护难度较大		

其他小种类无人机平台，还包括伞翼无人机、扑翼无人机和无人飞船等。伞翼无人机的升力是由柔性伞翼提供的；扑翼无人机是像鸟一样通过机翼主动运动产生升力和前行力；无人飞船是一种大型的无人驾驶飞行器，通常用于运输货物和人员。

② 按用途分类

无人机按照用途可分为军用无人机和民用无人机两个大类：

A. 军用无人机：军用无人机可分为侦察无人机、诱饵无人机、电子对抗无人机、通信中继无人机、无人战斗机以及靶机等。军用无人机主要应用于情报收集、电子战、侦察、攻击等任务。

B. 民用无人机：民用无人机的主要应用领域包括农业、环保、消防、救援、测绘、航空拍摄等。在这些领域，无人机可以实现高效、安全、低成本的任务执行。

③ 按尺度分类

根据我国民航相关法规，无人机按尺度可以分为以下几种类型：

A. 微型无人机：空机质量小于等于 7kg。

B. 轻型无人机：质量大于 7kg，但小于等于 116kg 的无人机，且全马力平飞中，校正空速小于 100km/h（55nmile/h），升限小于 3000m。

C. 小型无人机：除微型与轻型外的空机质量小于等于 5700kg 的无人机。

D. 大型无人机：空机质量大于 5700kg 的无人机。

④ 按活动半径分类（表 11-2）

无人机按活动半径分类的各种类型　　　　　　　　表 11-2

类型	超近程无人机	近程无人机	短程无人机	中程无人机	远程无人机
活动半径	15km 以内	15～50km	50～200km	200～800km	800km 以上

⑤ 按任务高度分类（表 11-3）

无人机按任务高度分类的各种类型   表 11-3

类型	任务高度	主要应用范围
超低空无人机	0～100m	农业、林业、渔业等
低空无人机	100～1000m	消防、救援、安防等
中空无人机	1000～7000m	快递、货运等
高空无人机	7000～18000m	空中监视、勘测等
超高空无人机	18000m 以上	军事侦察、测绘等

（4）无人机的空域管理

中国民用航空局于 2017 年发布《民用无人驾驶航空器实名制登记管理规定》，要求对质量在 250g 以上的无人机实施实名注册管理。无人机用户须在 2017 年 6 月 1 日后，在无人机实名登记系统中进行实名注册，并在 2017 年 8 月 31 日前完成注册手续。如果无人机在 2017 年 8 月 31 日后还没有进行实名注册，其行为将被视为非法，无人机的使用也将受影响。截至 2021 年 12 月 31 日，我国民用无人机驾驶员持证人数为 120844 人。其中，多旋翼无人机执照数量最多，为 110794 本，固定翼执照 3917 本，直升机执照 2363 本，垂起固定翼执照 3764 本。

为了规范无人机的飞行和管理，保障无人机飞行的安全和稳定，中国民用航空局于 2016 年颁布了《民用无人驾驶航空器系统空中交通管理办法》，明确规定了无人机飞行的高度、速度、距离、航线等限制，以及无人机的注册、审批、监管等管理要求。随后，我国陆续推出了多个无人机监管系统，以满足不同用户和场景的需求，包括：

① 无人机云系统，中国民用航空局审批通过的首家无人机云系统，可接入无人机飞行服务管理，实现无人机飞行动态实时监测和空域电子围栏，提供无人机飞行数据和航行计划审批管理等服务。

② U-Care 无人机管理平台，中国电子科技集团公司研发的无人机管理平台，可实现对无人机飞行状态的实时监视、控制、评估和预警，以及飞行计划的审批和管理等功能。

③ 无人机交通管理系统，中国民用航空局空中交通管理局研发的无人机管理系统，可实现无人机飞行计划的自动审批和飞行路径的规划，以及无人机飞行状态的监视和控制等功能。

④ 无人机管控系统，中国民用航空局空中交通管理局研发的无人机管理系统，可实现无人机飞行计划的审批和管理、飞行路径的规划和评估、飞行状态的监视和控制等功能。

我国无人机监管系统的诞生是为了规范无人机的飞行和管理，保障无人机飞行的安全和稳定，促进无人机行业的健康发展。例如，大疆无人机上设置有特殊区域飞行限制功能：在 DJI GO（大疆无人机的移动设备应用程序）中明确标注出永久禁飞区与临时禁飞区。需要注意的是，不同国家和地区对无人机飞行的限制可能有所不同，应遵守当地的法律法规。这些禁飞区包括各地机场及一些特殊区域，例如国境线、保密机构所在地等。其中永久禁飞区包括：

① 军用与民用机场（半径 9km）。

② 政府机构上空（半径 3km）。

③ 带有战略地位的设施（如三峡大坝、大型水库、大型桥梁、核电站等半径 10km）。

④ 监狱、看守所、拘留所、戒毒所等监管场所上空。

⑤ 人群密集地（如火车站、汽车站、广场等半径 300m）。

⑥ 危险物品工厂、仓库、炼油厂、加油站、天然气站场等（半径 1000m）。

⑦ 远离高压线、基站、发射塔等地（半径 500m）。

⑧ 一些因飞行可能带来不必要风险的特殊区域。

2. 知识点——无人机摄影测量技术概述

（1）无人机摄影测量的定义

无人机摄影测量是指通过轻型无人机搭载高分辨率数字彩色航摄相机获取区域影像数据，利用 GPS 在测区布设像控点，在数字摄影测量工作站进行作业，获取地理信息数据等。无人机摄影测量技术是一种集无人机技术、数字影像处理技术和计算机视觉技术为一体的综合应用技术。它主要用于获取高分辨率数字影像和制作数字高程模型（DEM）。近年来，无人机摄影测量技术的发展迅速，已经能够满足 1∶500、1∶1000、1∶2000 等大比例尺地形图精度要求。

（2）无人机摄影测量的特点

无人机摄影测量技术相较于传统测量测绘技术与航空摄影测量技术具有反应迅速、灵活高效、适用范围广、生产周期短等优势，在小区域和飞行困难地区获取高分辨率图像具有明显的优势。主要有以下优点：

① 灵活性、高效性、安全性

无人机摄影测量通常为低空飞行，空域操作便捷，不会受限于极端天气影响。同时，对起飞和降落的场地没有太大要求，只需要选择相对平整的场地进行起飞和降落就可以。无人机摄影测量技术具有快速高效的特点，可以快速获取地表信息，并快速制作数字高程模型。除此之外，无人机摄影测量技术还可以解决航高、地形地貌的限制，提高图像品质、精度，避免受云层和地形的影响，减少错误偏差。同时，无人机测量的空域要求少，特别适合应用在城市建筑物密集地区、地形复杂区域（例如南方丘陵、多云区域）及极端恶劣环境下直接获取影像，即便设备故障也可有效规避人员伤亡。

② 准确性

无人机摄影测量技术能够满足数字化地形测量相关测图的需求，具有高精度和高分辨率的优势。无人机多为低空飞行，飞行高度通常不超过 1000m，因而其摄影测量精度可达亚米级，精度范围通常为 0.1～0.5m，完全满足城市建设中常用的 1∶2000、1∶1000、1∶500 等大比例尺地形图精度要求。

③ 低成本

无人机摄影测量技术的低成本主要表现在以下几个方面：A. 无人机摄影测量技术通常采用遥控或自主飞行，不需要大量的人力资源，也不需要专业的飞行员，因此人员成本较低；B. 无人机的制造成本较低，相对于传统的有人机而言，无人机的造价和维护成本都较低，因此可以节省大量的资金；C. 无人机摄影测量技术可以采用高精度和高分辨率的数字相机进行测量，相对传统的测量方法，测量成本较低；D. 无人机摄影测量技术可以利用计算机技术和数字图像处理技术进行数据处理和分析，可以自动化或半自动化地完成数据处理和分析任务，从而降低了数据分析的成本。

（3）无人机摄影测量总体流程

在摄影测量项目立项后，无人机摄影测量的总体流程大致可分为三个阶段，分别是：准备阶段、外业实施阶段、内业数据处理阶段。

具体详细流程如图 11-1 所示。

无人机摄影测量

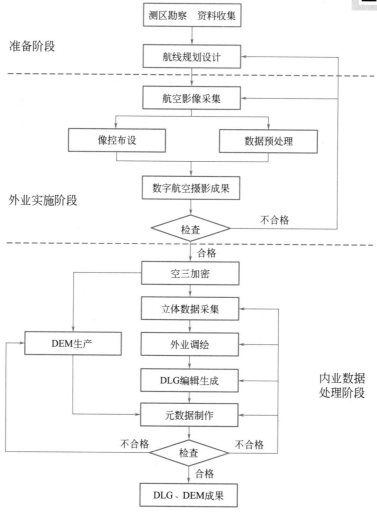

图 11-1　无人机摄影测量总体流程图

3. 知识点——无人机航线规划设计

无人机航线规划设计

航线设计是制作高质量影像图的关键，是航拍测绘必学教程之一。航线需要根据测区的地形地貌来进行设计，必须为内业正射影像图的制作提供足够的重叠率，因此，无人机航线设计需要综合考虑各方面因素，以保障飞行安全和获取影像满足要求。无人机航线规划设计一般包括：航测范围确认、航高确认、飞行方向及航线确认、重叠度确认、天气情况确认等。

（1）航测范围确认

在规划航线之前，首先需要确定项目航飞范围，从而了解航测区域的地貌，并进行合理的飞行架次划分，优化航飞方案，提升作业效率，避免撞机事故发生。然后，根据测区等相关资料对无人机系统性能进行评估，判断飞行环境是否满足飞机的飞行要求。最后，还应该考虑海拔、地形地貌、风力风向、电磁雷电四大因素。

（2）比例尺精度及航高计算

① 比例尺精度

GSD（Ground Sampling Distance）即地面采样距离，在遥感领域中指的是数字影像中单个像元对应的地面尺寸，它描述了两个连续像素的中心点之间的距离。对于数字航空影像或航天遥感影像，其影像分辨率通常指地面采样距离 GSD。一般以一个像素所代表的地面大小来表示（m/像素）。如 GSD 为 5cm/像素，代表一个像素表示实际 5cm×5cm。由此我们可以推算出地面分辨率与比例尺的关系，见表 11-4。

∵ 1in=0.0254m=300 像素

∴ 1m=118113.0236 像素

由此可得 1：500 比例尺的 GSD 为

$$GSD=500÷118113.023≈4.233333（cm/像素）$$

同理可得 1：1000 比例尺的 GSD 为

$$GSD=1000÷118113.0236≈8.4666667（cm/像素）$$

测图比例尺与地面分辨率对应表   表 11-4

测图比例尺	地面分辨率（cm/像素）
1：500	4.2
1：1000	8.5
1：2000	16.8

② 计算航高

在确定测区的地形地貌并判断所在测区的建筑高度情况之后，可根据地面分辨率，计算相对航高，如图 11-2 所示。根据不同比例尺航摄成图的要求，结合测区的地形条件及影像用途，参考测图比例尺和地面分辨率对应表（见表 11-4），选择影像的地面分辨率，根据以下公式可计算航高：

$$H=\frac{f×GSD}{a}$$

式中　H——摄影航高；

　　　a——像元尺寸；

　　　f——镜头焦距

（3）确定像片重叠度

重叠度指的就是两张照片之间重叠的部

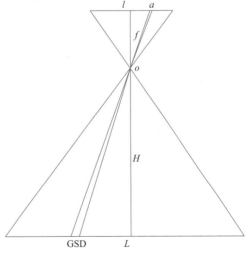

图 11-2　航高示意图

分，重叠度分为旁向重叠度和航向重叠度。如图 11-3 所示。

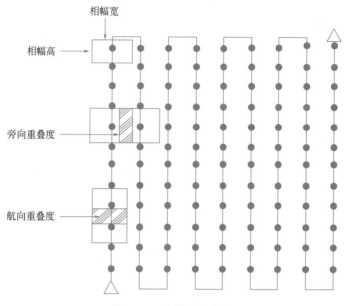

图 11-3　重叠度示意图

在航空摄影中，为了满足立体观察以及相邻像片间地物能互相衔接的需要，相邻像片间需要有一定的重叠。由于相邻像片是从空中不同时间不同位置拍摄的，故重叠部分虽是同一地面，但影像不完全相同。沿航向重叠部分与像片长度之比，称为"航向重叠度"，以百分数表示。航向重叠通常应达到 60％，至少不小于 53％；与此同时，沿两条相邻航线所摄的相邻像片上有同一地面影像部分。垂直于航向重叠部分与像片宽度之比，称为"旁向重叠度"，同样以百分数表示。一般应为 15％～30％，至少不小于 13％。

（4）确定航线参数

根据测区大小，确定飞行航向和航线长度，并且根据以下公式，先计算摄影基线长度后，根据旁向重叠度得出实际航线间隔宽度。

$$B_x = L_x(1-p_x) \times \frac{H}{f}$$

$$D_y = L_y(1-q_y) \times \frac{H}{f}$$

式中　B_x——实地摄影长度；

　　　　D_y——实地航线间隔长度；

　L_x、L_y——像幅长和宽；

　p_x、q_y——航向和旁向重叠度。

（5）确定天气情况

无人机航测作业前，要掌握当前天气状况，并观察云层厚度、光照强度和空气能见度。航拍需要透过大气飞行，而大气的状态会对飞机拍摄产生影响，因此能见度至少需要不低于 10km。同时，要尽量规避大风、雪、雨、冰雹天气，这四种天气对飞机航拍和成像都有很大的影响，它们会遮挡住飞机的视线；会增加飞机与地面之间的反光；会影响飞机的安全和稳定性；同时也会影响飞机的拍摄质量。

既要保证有充足的光照度，又要避免过大的阴影。正午地面阴影最小，在日出到上午9点左右，下午3点左右到日落的两个时间段中，光照强度较弱且太阳高度角偏大，部分测区还可能碰到雾霾。这些情况可能导致采集到的建筑物背阳面空三匹配精度差，纹理模糊且亮度很低，最终影响建模效果，严重影响视觉观感。航拍时间一般应根据表11-5规定的摄区太阳高度角和阴影倍数确定。

摄区太阳高度角和阴影倍数　　　　　　　　　　　　　表 11-5

地形类别	太阳高度角(°)	阴影倍数
平地	＞20	＜3
丘陵地和一般城镇	＞25	＜2.1
山地和大、中城市	≥40	≤13.2

4. 知识点——像控点布设

（1）像控点的定义

像控点是摄影测量控制加密和测图的基础，野外像控点目标选择的好坏和指示点位的准确程度，直接影响成果的精度。换言之，像控点要能包围测区边缘以控制测区范围内的位置精度。一方面，纠正飞行器因定位受限或电磁干扰而产生的位置偏移、坐标精度过低等问题；另一方面，纠正飞行器因气压计产生的高层差值过大等其他因素。只有每个像控点都按照一定标准布设，才能使得内业更好地处理数据，使得三维模型达到一定精度。

（2）布设原则

① 像控点一般根据测区范围统一布点，应均匀、立体地布设在测区范围内。

② 位于自由图边、待成图边的控制点，应布设在图廓线外。

③ 布设在同一位置的像控点应联测成平高点。

④ 像控点点位分布应避免形成近似直线。

⑤ 像控点需便于联测平面位置和高程位置的明显地物点、接近正交的线状地物交点、地物拐点或固定的点状地物，如房角、水池角、桥涵角等明显地物拐角。弧形地物、高程急剧变化的陡坡、阴影及易于变形的地物均不选用。

⑥ 布设的标志应对空视角好，避免被建筑物、树木等地物遮挡；黑白反差不大，地物有阴影不应作为控制点点位目标。

⑦ 尽可能布设在旁向及航向5°或6°重叠范围之内，尽可能落在相邻的两条航带重叠区中心。（离开中线的距离不应大于3cm，当旁向重叠过大或过小而不能满足要求时，应分别布点。）

⑧ 控制点应选在像片边缘不小于13.5cm，距像片的各类标志不小于1mm。

⑨ 像控点布设结束后应进行拍照记录，便于后续内业刺点工作。

（3）布点方式

① 航带法，如图11-4、图11-5所示。

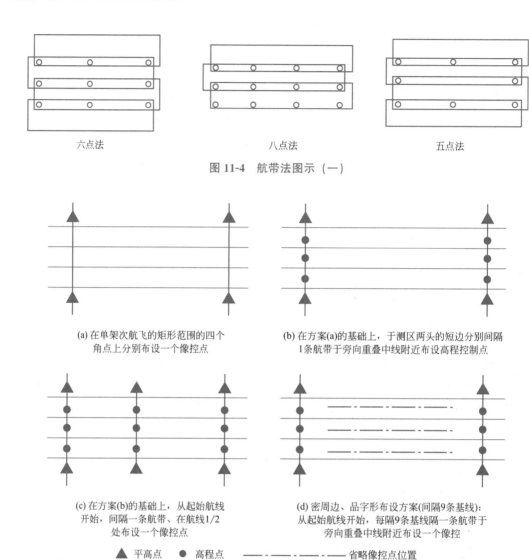

六点法　　　　　　　　　八点法　　　　　　　　　五点法

图 11-4　航带法图示（一）

(a) 在单架次航飞的矩形范围的四个　　　　(b) 在方案(a)的基础上，于测区两头的短边分别间隔
角点上分别布设一个像控点　　　　　　　　1条航带于旁向重叠中线附近布设高程控制点

(c) 在方案(b)的基础上，从起始航线　　　　(d) 密周边、品字形布设方案(间隔9条基线)：
开始，间隔一条航带、在航线1/2　　　　　从起始航线开始，每隔9条基线隔一条航带于
处布设一个像控点　　　　　　　　　　　　旁向重叠中线附近布设一个像控

▲ 平高点　　● 高程点　　— · — · — 省略像控点位置

图 11-5　航带法图示（二）

② 区域网，如图 11-6、图 11-7 所示。

正规布点　　　　　　　　品字型布点　　　　　　　密周边布点

图 11-6　区域网图示（一）

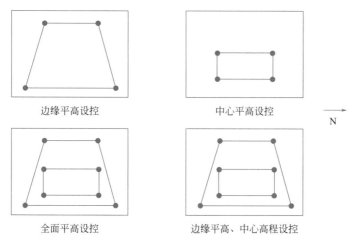

图 11-7　区域网图示（二）

（4）布设方案

测区内的像控不必密集，但要求均匀分布。布设像控点时应注意测区范围内的坐标点都保持同一个精度，一个像控的小误差，会影响方圆几公里的精度，原理同数学中的"空间三个点确定一个平面"相仿。布设好的像控点需考虑以下几个方面：

① 喷涂方式

像控点分为标靶式像控点和油漆式像控点；油漆式像控点又分为喷漆式和涂漆式。常用的是喷漆式像控点。

A. 标靶式像控点

标靶式像控点为打印印刷的像控，不需要喷涂，直接放在测区内，航测飞机后可就地回收，比较低碳环保。缺点是容易被移动，需当场采集坐标，且不适合测区较大的项目。

B. 喷漆式像控点

喷漆式像控点保存时间长，位置固定，可飞后再采集坐标，更灵活。缺点是耗时较长，成本高。

C. 涂漆式像控点

涂漆式像控点会产生较大的气味，但一桶漆能做很多个点，且像控点也比较容易做直，各有各的优点（刷漆建议使用橡胶水勾兑）。

② 位置选择

A. 视野

像控点的位置应该尽量在空旷的、四周无遮挡或者遮挡较少、在像控角度为斜 45°的地方（与地面夹角），尽量保持飞行器能拍到像控点。须考虑像控被遮挡情况，故选点要避开电线杆下、停车场内，避开有阴影的区域。

B. 坡度

尽量少在坡度较大的地方做点，因内业刺点时会有些许无法避免的偏差，如在坡度较大的地方刺点，偏差值就会被放大，影响模型精度。

C. 预计被破坏程度

在工地或者其他扬尘比较大的地方，以及他人居所门口，像控容易被覆盖，被破坏。

③ 像控点大小

根据不同的高度、精度、重叠率，不同相机布设不同大小的像控点是很有必要的。要预计你的相机在飞行高度看到的像控点大小，不要为了图省事，把像控点打得太小，会给内业造成很大的麻烦。一般采用 60cm×80cm。

④ 重叠度

布设的像控点应该是能共用的，通常在 5、6 张像片重叠范围内，距离像片边缘要大于 150 像素，距离像片上的各种标识应该大于 1mm。

（5）采集方式

采集方式尽量采用三脚架以保证采集精度，但会使做点时间变长，因为每个像控都要居中整平，比较费时。双手持花杆让气泡居中会让转场移动的时间减少，十次平滑采集也能让精度相对较高，是性价比比较高的采集方式。

（6）标准示例图（图 11-8）

图 11-8　标准示例图

① 整个测区不要频繁变换角点采集，如果一开始采集的是外角点或内角点，那整个项目最好都使用同一个点，方便内业人员处理。

② 边角要涂直。

③ 像控点要涂上编号，编号要涂在直角外边。

11.3 任务书

学习任务 11.3.1　无人机测量航线规划设计

【任务书】

任务背景	本次实训案例为某城市区域低空航测项目,根据目标区域的地形和面积,设计合理的无人机飞行路线。确保飞行高度、旁向重叠度、航线实际间距等参数满足测量需求,同时确保飞行安全。
任务描述	通过航测范围确认、航高确认、飞行方向及航线确认、重叠度确认、天气情况确认等航线规划设计步骤,完成航线设计书。
任务要求	学生根据航线规划设计的内容,正确选定及计算相关参数,完成任务描述中所述的工作内容。
任务目标	1. 充分了解无人机摄影测量总体流程。 2. 熟悉掌握无人机航线规划设计流程,包括比例尺精度、航高计算及航线间隔宽度计算。
任务场景	根据甲方需求对某城市主城区约 10km² 面积的范围进行 1∶1000 地形图测绘任务,运用无人机航线设计知识进行任务书生成任务。

【获取资讯】作业区自然地理概况

（1）地理位置：根据实际情况而定。

（2）地貌特征：作业区内以丘陵为主,地势由南向北逐渐降低,平均海拔 1100m。地形类别为丘陵地。

（3）气候：位于盆地东部,其气候类型为亚热带季风性湿润气候。年平均气温在 16～18℃,年降雨量 1104～1365mm,且分布不均,山区和丘陵地区的降雨量较多,而河谷和平原地区的降雨量较少。年日照为 1012～1365h。冬季雾霾较多。

（4）交通：作业区内有城市道路通达,交通便利。

（5）生活条件：主城区现常住人口约 2100 万人,具备成熟的住宿及餐饮条件,治安状况好。

（6）困难类别：建成区Ⅰ类 9km²、一般地区Ⅱ类 1km²。

引导问题 1：无人机测绘行业标准与规范有哪些?

_____

_____

_____

引导问题 2：无人机测量航线规划设计中,需要对哪些信息及参数进行确认和计算?
（　　）

A. 航测范围 　　　　　　　　　B. 比例尺精度

C. 航飞高度 　　　　　　　　　D. 重叠度

E. 航向间隔宽度 　　　　　　　F. 天气情况

【工作计划】

按照任务书提供的资料或其他收集到的项目相关资料,进行无人机测量任务航线规划设计书分工，完成表 11-6。

无人机测量航线规划设计书分工 表 11-6

步骤	工作内容	负责人

【任务实施】

（1）根据已有信息，确定航测区域周边信息，完成表 11-7。

航测区域信息表 表 11-7

航测区域地貌特征	
飞行环境是否满足要求	
是否有极端天气因素	
附测区图	

（2）确定测图比例尺及地面分辨率，完成表 11-8。

测图比例尺及地面分辨率　　　　　　　　　　　　表 11-8

测图比例尺	地面分辨率(cm/像素)

（3）计算航高。

_____

_____

_____

_____

_____

_____

_____

_____

_____

（4）确定重叠度，完成表 11-9。

重叠度一览表　　　　　　　　　　　　　表 11-9

航向重叠度	旁向重叠度

（5）计算实际航线间隔宽度。

_____

_____

_____

_____

_____

_____

_____

（6）航空摄影时，既要保证充足的光照，又要避免过大的阴影，应根据表 11-10 的要求合理选择摄影时间。

摄区太阳高度角和阴影倍数　　　　　　　　　　表 11-10

地形类别	太阳高度角(°)	阴影倍数

（7）其他条件。

学习任务 11.3.2　无人机测量像控点布设

【任务书】

任务背景	本次实训案例为某城市区域低空航测项目,根据目标区域的地形和面积,设计合理的像控点布设方案,以确保内业更好地处理数据,为后期数据处理提供有力支持。
任务描述	根据项目情况及基本信息,确定像控点布设方式;根据无人机航摄系统的特点、成图比例尺、地面分辨率、地形特点、摄区实际划分、图幅分布等情况,确定合理的布设方案,并实施刺点作业。
任务要求	学生根据像控点布设方案的内容,精确布设像控点,完成刺点工作并做好像控点点之记。
任务目标	1. 充分了解像控点的作用。 2. 熟悉掌握像控点的布设原则、布点方式。
任务场景	根据甲方需求对某城市主城区约 10km² 面积的范围进行 1∶1000 地形图测绘任务,针对该任务进行外业像片控制,包括像控点布设方案设计与实操刺点工作。

引导问题 1： 为什么要进行像控点布设?

引导问题 2： 像控点布设方式主要有哪两种?

引导问题 3： 像控点布设应遵循哪些原则?

【工作实施】

（1）确定像片控制点的布设方案

像片控制点的布设方式应根据航测区域的地形、航测比例尺、航测仪器、成图比例尺、地面分辨率等具体情况选择实施方案。完成像控点布设方式表,见表 11-11。

像控点布设方式表　　　　　　　　　　　　　　表 11-11

布设方式		喷涂方式	
布设图示			

（2）现场精确布设像控点，完成刺点工作并做好像控点点之记，见表 11-12。

像控点点之记　　　　　　　　　　　　　　　表 11-12

测区			
点号			
坐标系	平面		
	高程		
坐标	X 坐标	Y 坐标	Z 坐标
	纬度	经度	大地高
RTK 编号		手簿编号	
天气描述			
位置描述			
刺点说明			
点位略图：			
近景照片：		远景照片：	
施测单位			
刺点者		刺点时间	
检查者		检查时间	
备注			

211

3D激光扫描技术应用

12.1 教学目标与思路

【教学案例】

《3D激光扫描技术应用》为"智能测量技术"课程中3D激光扫描技术典型应用案例，结合地面激光扫描作业的要求和技术规程，通过案例学习熟悉地面三维激光扫描设备的使用，掌握地面式激光扫描点云数据采集的工作流程以及点云数据的处理。

【教学目标】

知识目标	能力目标	素质目标
1. 了解三维激光扫描技术的概念和基本原理等相关基本知识； 2. 熟悉地面式激光扫描点云数据采集的工作流程； 3. 掌握点云数据的处理与应用。	1. 能明确三维激光扫描技术的应用； 2. 能掌握三维激光扫描设备的使用； 3. 能利用典型的软件进行三维激光扫描点云数据的处理与数据应用。	1. 培养理论联系实际的意识； 2. 具有获取数据和处理数据的工程实践能力； 3. 具有良好沟通能力和团队协作能力； 4. 培养安全、规范意识。

【建议学时】 6～8学时

【学习情景设计】

序号	学习情境	载体	学习任务简介	学时
1	建筑土石方测量	三维激光扫描设备及数据处理软件或者仿真实训系统软件	利用三维激光扫描仪对基坑或堆体进行全方位三维扫描，获取基坑或堆体的高精度激光点云数据，经过一系列的三维点云处理，提取基坑或堆体的三维立体坐标，计算基坑或堆体的体积，即土石方量。	3～4
2	建筑立面测绘		使用三维激光扫描设备，对建筑物进行立面扫描，利用软件对三维激光点云数据进行处理，绘制建筑物的立面图。	3～4

【课前预习】

引导问题1：在日常生活中，我们遇到的激光技术应用的产品有哪些？

引导问题2：三维激光扫描技术与摄影测量技术有什么区别？

引导问题3：地面三维激光扫描技术的应用在智能建造中有哪些？

12.2　知识与技能

1. 知识点——三维激光扫描的认识

（1）基本概念

激光 laser（light amplification by the stimulated emission of radiation，受激辐射光放大）是 20 世纪重大的科学发现之一，是利用光能、热能、电能、化学能或核能等外部能量来激励物质，使其发生受激辐射而产生的一种特殊的光。受激辐射是激光具有与普通光不同的各种特性的原因。自 20 世纪 60 年代以来，以其单一性和高聚积度获得巨大发展，从一维测量发展到二维测量，直至今天广泛应用的三维测量，实现了快速高精度测量。

三维激光扫描技术又称作高清晰测量（High Definition Surveying，HDS），也称为"实景复制技术"，它是利用激光测距的原理，通过记录被测物体表面大量密集点的三维信息和反射率信息，将各种大实体或实景的三维数据完整地采集到计算机中，进而快速复建出被测目标的三维模型及线、面、体等各种图件数据。结合其他各领域的专业应用软件，所采集的点云数据还可进行各种后处理应用。

三维激光扫描技术是一项高新技术，把传统的单点式采集数据过程转变为自动连续获取数据的过程，由逐点式、逐线式、立体线式扫描逐步发展成为三维激光扫描，由传统的点测量跨越到了面测量，实现了质的飞跃。同时，所获取信息量也从点的空间位置信息扩展到目标物的纹理信息和色彩信息。

（2）三维激光扫描系统组成

三维激光扫描系统由三维激光扫描仪、双轴倾斜补偿传感器、电子罗盘、旋转云台、系统软件、数码全景照相机、电源以及附属设备组成。

① 三维激光扫描仪主要由三维激光扫描头、控制器、计算及存储设备组成（图 12-1）。激光扫描头是一部精确的激光测距仪，由控制器控制激光测距和管理一组可以引导激光并以均匀角速度扫描的多边形反射棱镜。激光测距仪主动发射激光，同时接收由自然物表面反射的信号而进行测距，针对每一个扫描点可测得测站至扫描点的斜距，再配合扫描的水平和垂直方向角，可以得到每一扫描点与测站的空间相对坐标。

② 双轴倾斜补偿传感器通过记录扫描仪的倾斜变化角度，在允许倾斜角度范围内实时进行补偿置平修正，使工作中的扫描仪始终保持在水平垂直的扫描状态。

③ 电子罗盘具有自动定北和指向零点的修正功能。

④ 旋转云台是保持扫描仪在水平和垂直任一方向上可固定并能旋转的支撑平台。

⑤ 系统软件一般包括随机点云数据操控获取软件、随机点云数据后处理软件或随机点云数据一体化软件。

⑥ 电源以及附属设备包括蓄电池、笔记本电脑等。

（3）三维激光扫描系统测量原理

三维激光扫描系统相当于一个高速转动并以面状获取目标体大量三维坐标数据的超级

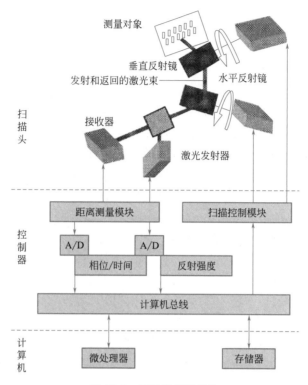

图 12-1　三维激光扫描仪

全站仪，其核心原理是激光测距和激光束电子测角系统的自动化集成，类似于免棱镜全站仪，可将点测量模式转化为面测量模式。激光测距主要有脉冲式测距、相位差式测距和光学三角测距三种，测距过程主要包括激光发射、激光探测、时延估计和时延测量。地面三维激光扫描仪测量系统原理见图 12-2。

图 12-2　地面三维激光扫描仪测量系统原理

（4）三维激光扫描系统分类

三维激光扫描系统按其特点及技术指标的不同，可划分为不同的类型，具体如下所述。

① 按承载平台分类

三维激光扫描系统按照扫描平台的不同可以分为星载三维激光扫描系统、机载三维激光扫描系统、车载三维激光扫描系统、地面三维激光扫描系统及手持式三维激光扫描仪。

② 按扫描距离分类

三维激光扫描仪作为现今时效性最强的三维数据获取工具，按有效扫描距离进行分类，可分为短距离激光扫描仪（<10m）、中距离激光扫描仪（10～400m）、长距离激光扫描仪（>400m）。最长扫描距离小于 30m，多用于大型模具或室内空间的测量。

③ 按扫描仪成像方式分类

按照扫描仪成像方式可分为如下 3 种类型：

A. 全景扫描式。全景式激光扫描仪采用一个纵向旋转棱镜引导激光光束在竖直方向扫描，同时利用伺服马达驱动仪器绕其中心轴旋转。

B. 相机扫描式。与摄影测量的相机类似，适用于室外物体扫描，特别对长距离的扫描有优势。

C. 混合型扫描式。水平轴系旋转不受任何限制，垂直旋转受镜面的局限，集成了上述两种类型的优点。

④ 按扫描仪测距原理分类

依据激光测距的原理，可以将扫描仪划分成脉冲式、相位式、激光三角式、脉冲-相位式 4 种类型。

（5）常见地面三维激光扫描仪简介

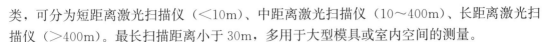

国外对三维激光扫描技术的研究起步较早，并取得了较好的研究成果，欧美一些国家的很多公司在三维激光扫描技术的研究和开发产业方面已经具有了很大的规模，其生产制造出的三维激光扫描设备已经在市场上销售，并且扫描设备的操作性、精度、工作效率、便携性等方面都达到较高水准。当前，国外的三维激光扫描设备的制造厂商已达几十个，部分产品见图 12-3～图 12-6。

图 12-3　徕卡 ScanStation P50 扫描仪

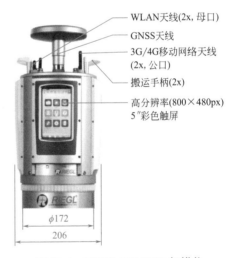

图 12-4　RIEGL VZ-2000i 扫描仪

随着地面三维激光扫描技术应用普及程度的不断提高，国内产品在中国市场占有率逐步提高，有代表性的公司产品主要有中海达公司 HS 系列产品、北科天绘公司的 U-Arm 系列产品、思拓力公司的 X 系列产品、南方测绘的 SPL 系列产品，部分产品见图 12-7～图 12-10。

图 12-5　FARO Focus 扫描仪

图 12-6　Optech Polaris 系列扫描仪

图 12-7　中海达 HS1200 扫描仪

图 12-8　思拓力 X300 Plus 扫描仪

图 12-9　北科天绘 U-Arm 扫描仪

图 12-10　南方测绘 SPL-500 激光扫描仪

2. 知识点——地面三维激光扫描点云数据获取

点云数据获取是地面三维激光扫描工作过程中的一个重要环节，地面式三维激光扫描系统外业数据采集主要包括前期技术准备、现场踏勘、控制测量、扫描站点选取、标靶布设、现场点云数据采集、影像采集及其他信息采集等工作。地面三维激光扫描点云数据获取工作流程见图 12-11。

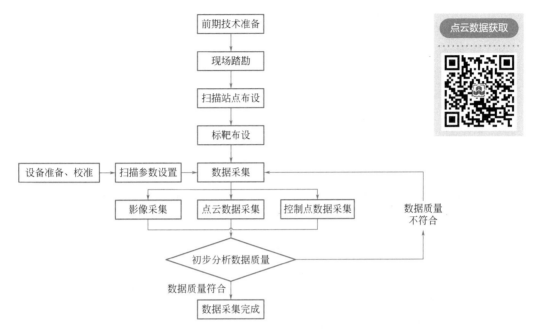

图 12-11　地面三维激光扫描点云数据获取工作流程图

（1）前期技术准备

前期技术准备应根据不同的任务需求做好任务实施规划，完成扫描环境现场踏勘，根据测量场景地形条件、复杂程度和对点云密度、数据精度的要求，确定扫描路线，布置扫描站点，确定扫描站数及扫描系统至扫描场景的距离，确定扫描密度等。

① 扫描准备

在进行三维激光扫描前，根据扫描需求收集扫描区域内已有的测绘信息，一般常用的有控制点数据、地形图、立面图等一系列数据，确保在扫描作业前全面地了解区域内的地形地貌信息及地表变化等，以便为地面式三维激光扫描频率、扫描点云质量和扫描角度等扫描参数的确定提供依据。

② 现场踏勘

为了确保三维激光扫描的数据采集工作正常进行，及获取被测物体表面完整、精准的三维坐标、反射率和纹理等信息，需组织现场踏勘，实地了解扫描区域的现场的地形、地貌等状况，并核对已有资料的真实性和适用性。

任何扫描操作都是在特定的环境下进行的，对于环境复杂、条件恶劣的场地，在扫描工作前一定要对场地进行详细的踏勘，对现场的地形、地貌等进行了解，对扫描物体目标的范围、规模、地形起伏做到心中有数，然后再根据调查情况对扫描的站点进行设计。

（2）扫描站点选取及布设

① 扫描站点选取

由于被测物体多样且复杂，如古建筑、各类生产工厂、特殊艺术形式建筑等，在大多数情况下，只架设一个站点不能完全获取被测物体完整、高精度的三维点云数据。在实际外业数据采集过程中，通常需要布设多个站点对被测物体进行扫描采集，才能确保获取完整的物体表面数据。因此，为了确保数据最终能满足现行《地面三维激光扫描工程应用技术规程》T/CECS 790 等的精度要求，扫描站点的选取需要充分考虑以下几个因素。

A. 数据的可拼接性

为了获取完整的物体表面数据，通常在多个不同站点对被测物体进行扫描采集，且相邻站点还要确保数据的连续性，即相邻两站之间所扫描的被测物体数据须部分重合，以确保数据可进行数据拼接。目前有多种点云拼接方式，不同的点云拼接方式的重叠要求不同。如基于点云重叠数据进行匹配拼接，重合率基本要求为 30% 以上；若是基于目标点匹配拼接，则相邻两站要有 3 个或 3 个以上的同名目标点；若是基于点云和目标点相结合的拼接方式，则需要根据实际测量要求确定合适参数，确保点云数据可拼接。

B. 架站间距

扫描站点应均匀分布在被测物体周围，即相邻两站之间的间距应尽可能保持一致或接近。若是整体扫描站点之间的间距相差较大，直接增加扫描数据的复杂性，在进行多站点数据拼接匹配过程中就容易产生较大的拼接误差，不能确保满足成果精度。

C. 各站点与被测物体距离

由于三维扫描仪水平和垂直扫描视角的关系，各站点与被测物体距离过近会导致不能获取被测物体最高处数据。一般而言，架设扫描仪时应与建筑物保持 10～20m 的距离；而更高的建筑，如几十米甚至几百米高，则需要在建筑的近处和远处都进行数据采集，确保获取到完整的建筑信息。

D. 激光入射角

激光入射角越大，测量数据误差越大。因此扫描站点选取时应使扫描设备的激光束点尽量垂直于被测物体，避免扫描设备发射的激光在物测物体表面产生过大的入射角度，确保精度达到成果要求。

E. 重叠部位

对于基于点云数据的拼接匹配的站点选取，需重点考虑相邻两站扫描的重叠区域。为了避免点云数据的拼接产生较大的误差，重叠区域不可选取有许多不稳定、受风易动物体的区域，如有大量植被的区域。重叠区域绝大部分应为稳定、光滑、规则的物体表面。

F. 重叠度

不管何种方式的点云拼接，均需要设置相邻两站点合适的重叠度。若是重叠度过低，会导致数据拼接错层大、失败。若是重叠度过高，会导致扫描采集同一被测物体时需要架设更多的扫描站点，使得点云数据量成倍增加，且多次重复拼接，影响数据拼接效率及产生拼接误差。

② 扫描站点布设

扫描站点的布设需要平衡好数据的完整性与数据拼接精度，这意味着合理布设站点，以尽可能获取最完整的点云数据。这不仅提高了工作效率，甚至能满足毫米级点云拼接精度要求。

由于被测物体各不相同，在进行扫描站点布设时，站点数目、站点位置、站点间距的确定除了要考虑被测物体现场实际地形，还需考虑不同型号的扫描仪测距和精度要求。同时站点应尽量布设在地势平坦稳定、四周开阔、通视条件好的地方。其中，根据被测物体的现场地形特征分类应遵循以下两项要求。

A. 针对单一、独立、规则的被测物体，通常以闭合环绕方式进行扫描站点布设，设置 4 个或 4 个以上的扫描站点，且相邻扫描站点具有足够的重叠度。

B. 针对不规则、有转折区域，需在不规则、转折区域两侧均布设扫描站点，若是转折区域、差异较大的区域，还需多布设扫描站点以确保数据的完整性；同时布设的各相邻站点的重叠度、激光入射角应尽可能保证一致，避免造成数据拼接误差增大。

根据被测物体的现场地形特征分类布设扫描站点，先要确保满足相邻扫描站点数据的重叠度和被测物体表面数据的完整性两大因素要求，再尽可能满足各站点架站间距、各站点与被测物体距离、重叠部位、激光入射角等因素要求。

（3）标靶布设

通过地面式三维激光扫描系统获取的海量点云数据需要纳入指定的测量坐标系后才能用于工程测量、古迹保护、建筑、规划、数字城市等。因此，在外业数据采集扫描场景中难以找到合适特征点时，一般采用标靶辅助采集。

标靶主要是为外业数据采集提供明显、易识别的公共点，在三维激光扫描数据后处理中作为公共点用于坐标转换，是定位和定向的参数标志。在外业采集过程中，常见的标靶有两种，即平面标靶和球形标靶。

平面标靶（图 12-12），一般是由两种对激光回波反差强烈的颜色 2×2 交替分布组成。这两种对激光回波反差强烈的颜色一般为黑、白色，因为白色对激光有强反射性，而黑色易于吸收激光能量产生弱反射性，且黑、白色呈 2×2 交替分布，从而使平面标靶靶心明显、易识别。

球形标靶（图 12-13），即规则对称的球形，通常称之为"标靶球"。其表面一般采用高强度 PVC 材料，防雨、防磨、防摔，且使扫描仪在更远的距离还能采集到球体表面数据。标靶球规则对称的几何特点，可以在任意、不同站点扫描都能获得同一球形标靶的半个表面点云数据，即任意、不同站点上扫描的球心位置是固定的，故标靶球非常适用于具有转折或不规则物体的点云拼接扫描。但由于标靶球的几何中心无法通过其他手段进行量测，因此球形标靶不适用于地面式三维激光扫描坐标转换。

图 12-12　平面标靶

图 12-13　球形标靶

标靶布设是外业采集至关重要的环节。标靶布设不仅要考虑其布设的合理性，而且要保证同名标靶点的通视条件。在执行扫描任务过程中，必须考虑许多因素，如扫描仪架设位置、扫描范围内设置标靶数目，标靶放置位置、方位和所需的成果资料精度。对于使用标靶的扫描，3 个标靶为最基本的要求，在某些时候标靶也可以用如建筑物转角等特征点或扫描机位点代替，建立水平面位置和空间方位。

地面式三维激光扫描的标靶布设过程中需注意以下 4 个事项：

① 一般而言，扫描中使用 3 个以上的标靶；同时要求摆放的位置不能在同一个平面上，也不能在同一条直线上。

② 标靶球的最佳放置位置要根据不同型号的三维扫描仪测距和精度要求进行调整。以 FARO 三维扫描仪为例，其最佳的位置是在距扫描设备 10m 范围内；标靶纸的最佳放置位置在距扫描仪 5m 围内效果最佳，当然这与标靶大小也有直接关系。

③ 应因地制宜地选择在地面稳定、便于保存和易于联测的地方，便于后期数据坐标转换等操作。

④ 为了克服外界不可预计因素的影响，如风导致标靶抖动、翻倒，车辆行驶的阻挡等导致标靶信息缺失，可以根据具体情况选择性地使用多个标靶，并在扫描视场范围内尽可能均匀分布标靶，以提高识别精度，对于多视角扫描也会更方便、快捷。

（4）数据采集

三维激光扫描仪数据采集主要获取点云数据、影像数据，这些原始数据一并存储在特定的工程文件中。另外，可通过全站仪、RTK 等获取控制点数据。

① 点云数据采集

A. 扫描仪器的使用注意事项

首先，三维激光扫描仪包含精密的电子及光学设备，在出厂之前是经过精密调校的，因此在运输搬运过程中，尽量轻拿轻放，减少仪器的振动；尽量不要触碰前面的扫描窗口；仪器本身虽具有一定的防水、防尘能力，但要注意防止仪器浸入水中。最后，在设备开始数据采集前对激光扫描仪的外观、通电情况进行检查和测试。

B. 扫描前准备

根据预先设定的标靶布设计划放置靶球或标靶纸；打开三脚架并水平放置（圆水准气泡居中）；将扫描仪放置在三脚架上并旋紧固定，取下镜头保护罩；启动设备；新建项目。

C. 设置扫描参数

分辨率与质量是扫描的主要参数。分辨率用于确定扫描点的密度，分辨率越高，图像越清晰，细节细度也越高；质量用于确定扫描仪测量点的时长以及点的采样时长，质量越高，噪点越少或者多余的不需要的点数量就越少。

在现场外业数据采集过程中，尽可能将扫描采样间距偏小设计，即增加各测站间的重叠度，以便后期信息提取。但也不是越小越好，因为越小的扫描采样间距在同等扫描面积情况下，其获取的点云数据量越大，需要的时间越长，过大的数据量可能导致软件难以处理或超出其计算处理能力，增大了后期数据处理的难度。一般情况是数据后期处理时间要远远大于现场数据采集时间。因此并不是数据采集得越多越好，正确的方法是根据扫描目的在采样间距与扫描时间之间取得一个平衡，既要保证数据反映足够的细节信息，又要减少现场扫描时间，也就是尽可能让扫描间距更合理。

D. 点云数据采集

根据预先设定的扫描路线布设站点，实施扫描与拍照。同时扫描完成后还需现场初步分析数据的质量是否符合要求，保证采集数据量既不缺失，又不过度冗余，尽量避免二次测量和数据处理中产生不必要的工作量。

② 影像采集

由于地面式三维激光扫描仪获取的三维点云数据只包含被测物体的灰度值，想要获取点云的彩色信息，则需要三维激光扫描仪扫描时通过内置相机或配置外置摄像相机获取相应彩色影像，将被测物体的彩色影像与点云数据进行纹理映射，获取彩色点云信息。彩色点云数据能更直观、全面地反映物体的表面细节，对识别道路标志物、评价地质几何信息、测量产状、提取地物特征等具有重要意义。

地面式三维激光扫描仪搭载相机可分为内置和外置。内置相机即安装至扫描仪内部，固定焦距，不可变焦；但其获取的影像能自动映射到被测物体的空间位置和点云上。而外置相机，则需要在三维激光扫描数据后处理中手动辅助纹理映射。在地面式三维激光扫描仪采集影像数据过程中需注意以下几个事项。

A. 彩色信息采集质量主要受到光线的影响。采集影像数据时注意避免过分曝光、光线明暗变化大、分多次采集等。

B. 数据量满足纹理清，层次丰富、易读，视觉效果好等要求，因此采集影像数据时，尽可能采用更高清晰度的相机。

C. 外置相机采集影像数据时，拍摄角度尽量与扫描角度一致，避免由于角度差异过大而导致纹理映射困难，造成彩色贴图错层、失败。

D. 采集影像数据时应避免重复采集。三维激光扫描数据后处理时应先对全部点云数据拼接完成后，再进行纹理映射，以避免重复纹理映射导致点云数据彩色信息杂乱、错层。

3. 知识点——地面三维激光扫描点云数据处理

三维激光扫描技术的关键在于如何快速获取目标物体的三维数据信息。在获取高精度的三维扫描数据时，除与使用的激光扫描仪的构造、性能、扫描方法有关外，还与扫描环境、仪器架设、站点的选择等因素有关。但在获取点云数据后，如何进行内业数据处理，也是影响数据结果的重要因素。

地面式三维激光扫描获取的现场三维点云数据处理，首先在后处理软件中对点云数据预处理，然后需要对点云数据进行拼接、坐标转换、纹理映射等转换成绝对坐标系中的空间位置坐标或模型，以便输出多种不同格式的成果，满足空间信息数据库的数据源和不同应用的需要。

（1）点云数据预处理

点云数据预处理主要是剔除数据获取中受外界及设备自身等多种因素和某些介质的反射特性影响而产生的明显噪点。

① 数据格式转换

由于不同型号三维激光扫描仪的点云数据的格式各不相同（表 12-1），且不同型号的三维激光扫描仪配套点云数据后处理软件所能处理的数据格式也有所局限，为了在不同的点云后处理软件中进行数据处理，需要进行数据格式转换。

部分不同品牌的原始数据格式 表 12-1

仪器品牌	数据格式	仪器品牌	数据格式
FARO	fls/fws	Trimble	fls/pts
Optech	scan/ply	中海达	hsr/hls
Z+F	zfls	北科天绘	imp
RIEGL	rxp/3dd/ptc	通用格式	las/xyz/pts

② 点云去噪

噪点，可理解为与被测物体描述没有任何关联，且对于后续整个三维场景的重建起不到任何用处的点。在外业数据采集时，不规则、不平整的被测物体，环境复杂、变动频繁的现场，移动的汽车、人、漂浮物，以及扫描目标本身的不均匀反射特性等，都会使点云扫描数据产生不稳定点和噪点，这些点的存在是扫描结果中所不期望得到的。

引起噪点的因素主要包括三类。第一类是由扫描系统本身引起的误差，如扫描设备的测距、定位精度、分辨率等。第二类是由被测物体表面引起的误差，如被测物体的反射特性、表面粗糙度、距离和角度等。第三类主要是外界一些随机因素形成的随机噪点，如在外业数据采集时，汽车、人、漂浮物等在扫描设备和扫描目标之间出现，就会造成噪点数据的产生。以上这些点云数据应该在后期处理中予以删除。

一般情况下，针对噪点产生的不同原因，可适当采用相应办法消除。第一类噪点是系统固有噪点，可以通过调整扫描设备或利用一些平滑或滤波的方法过滤掉；第二类噪点可用调整仪器设备位置、角度、距离等办法进行解决；第三类噪点需要通过人工交互的办法解决，对于植被采样通过设置灰度阈值进行植被剔除，或者人工选择剔除。

（2）点云数据拼接与坐标转换

一个完整的实体，单站扫描往往不能完全反映实体信息，需要我们在不同的位置进行多站扫描，这就出现了多站点云数据的拼接问题。

目前常用的点云拼接方法有基于标靶的点云数据拼接、基于几何特征的点云数据拼接。

① 基于标靶的点云数据拼接

在扫描过程中，扫描仪的方向和位置是随机和未知的。为了实现两个或多个站点扫描的拼接，常规方法是选择共同的参考点实现拼接，这被称为间接地理参考。选择一个特定的反射参考目标作为地面控制点，并利用其高对比度特性来实现扫描位置和扫描图像的匹配。同时在扫描过程中，经常利用 RTK 测量获得每个控制点的坐标和位置，然后进行坐标转换和计算，获得单一绝对坐标系中的坐标实体点云。这一系列的工作包括人工参与和计算机自动处理，并且是半自动完成的。

基于标靶的点云数据拼接，其在点云数据后处理软件内自动按照扫描顺序进行，且显示拼接结果自动优先考虑扫描效果较好的。

② 基于几何特征的点云数据拼接

基于几何特征的点云数据拼接，通过利用前后相邻两个扫描站点重叠区域的几何特征，获取点云的拼接参数，经常被用于多站点的点云数据拼接。

基于几何特征的点云数据拼接精度主要取决于采样密度和点云质量。例如，前后相邻两个扫描站点之间的间距大，采样密度小，则重叠区域的几何特征会明显减少，导致拼接精度下降；同时，过多的植被覆盖会导致拼接精度下降。

基于几何特征的点云数据拼接要求，需要待拼接的点云数据在三个正交方向上有足够的重叠。根据目前的扫描经验，两站扫描数据的重叠率尽可能为整个三维图像的 20%～30%；如果重叠率设置过低，则难以保证拼接精度；如果重叠率设置太大，现场数据采集的工作量势必要增大。

③ 坐标转换

数据拼接完整的点云数据坐标需要转换成绝对坐标系中的空间位置坐标，才能满足空间信息数据库的数据源和不同应用的需要。目前，主要利用标靶点进行坐标转换。

基于标靶的坐标转换，是利用前后两个相邻扫描站点的视场中共有的标靶点的坐标进行转换。因此外业数据采集过程中，布设的标靶位置需要均出现在前后相邻两个扫描站点的扫描视场内，且三维扫描仪在前后相邻两个扫描站点对同一标靶的激光入射角不能相差过大。在后处理过程中，点云数据后处理软件自动或半自动地识别不同站点的公共标靶点（3 个或 3 个以上），根据这些标靶点坐标信息，将点云数据从扫描仪的空白坐标系统统一转换为标靶点的大地坐标系。

（3）点云纹理映射

由于地面式三维激光扫描仪获取的三维点云数据只包含被测物体的灰度值，本身不具备颜色信息。想要获取点云的彩色信息，则需要三维激光扫描仪扫描时通过内置相机或配置外置摄像相机获取相应彩色影像，将被测物体的彩色影像与点云数据进行纹理映射，获取彩色点云信息。

点云数据纹理映射，又称纹理贴图，是将纹理空间中的纹理像素映射到点云数据上。简单来说，就是把一幅图像贴到三维物体的表面上以增强真实感，可以和光照计算、图像混合等技术结合起来形成许多非常漂亮的效果。这是对构成点云的物体的所有细节、特征更真实的可视化。

目前，大多数激光扫描设备都有内置相机或外置相机，在采集点云数据时同步记录了同轴旋转的摄影数据。点云数据与纹理在很多细节的反映上具有互补的特性。在对点云数据的研究中，有时点云显示了更多的细节，而有时颜色数据则更具有描述性。颜色数据反映了真实物体的客观属性，是点云数据重要的附加信息。

（4）点云数据应用

地面式三维激光扫描系统可以深入任何复杂的现场环境及空间中进行扫描操作，并直接将各种大型的、复杂的、不规则的、标准或非标准等实体或实景的三维数据完整地采集到电脑中，进而通过数据预处理、点云拼接、坐标转换、纹理映射等快速重构目标的三维模型及线、面、体、空间等各种制图数据，根据数据成果要求进行各种后处理工作。如在 AutoCAD 软件可进行立面测量，在 JRC 3D Reconstructor 软件可进行土方测量，在 SouthLidar 软件可进行地形图绘制等。

地面式三维激光扫描系统改变了以往的单点数据采集模式，实现自动收集持续密集的数据，并进行大量的点云数据采集，大幅提高了地形测绘的工作效率，被广泛应用于测绘、电力、建筑、工业等领域。

12.3 任务书

学习任务 12.3.1 建筑土石方测量

【任务书】

任务背景	城市建设和发展带动着各种工程建设项目不断进行,而项目建设大多会牵涉土石方工程。土石方测量是项目施工中必须要做的工作。本次实训案例为某项目工程施工中某基坑的土石方测量。
任务描述	利用三维激光扫描仪对基坑或堆体进行全方位三维扫描,将扫描获取的三维激光点云数据进行预处理,获取基坑或堆体的高精度激光点云数据,经过一系列的三维点云处理,提取基坑或堆体的三维立体坐标,计算基坑或堆体的体积,即土石方量。
任务要求	根据任务,选取三维激光扫描设备,进行全方位的三维扫描,并通过三维激光点云数据获取土石方量。
任务目标	1. 熟练掌握建筑立面三维扫描的任务内容及要求。 2. 充分了解三维激光扫描设备的部件组成、功能、使用方法及操作规范。 3. 了解并熟悉使用相关软件进行点云数据的处理。
任务场景	选择场地要求:独立成形的小堆体;堆体保持稳定,以便数据能在 20 分钟内完成采集。 示例图:

【获取资讯】

了解任务要求,收集三维激光立面测绘工作过程资料,了解三维激光扫描仪的部件组成、功能等,学习三维激光扫描仪的操作使用说明书,按照使用方法,规范操作三维激光扫描仪。

引导问题 1: 传统的土石方量计算的方法有哪些?

_____

_____

引导问题 2: 三维激光扫描系统主要由哪些部分组成?

_____

_____

引导问题 3： 列举四种常见地面三维激光扫描仪。

引导问题 4： 地面三维激光点云数据获取的前期技术准备工作有哪些?

【工作计划】

按照收集的资讯完成某基坑或堆体的土石方量测量的任务实施设计方案，完成表 12-2。

某基坑或堆体的土石方量测量的任务实施设计方案　　　　　　表 12-2

步骤	主要工作内容	负责人

【工作实施】

（1）根据任务要求，选择测量场地。

（2）前期数据准备。

（3）现场踏勘。

（4）扫描站点及靶球布设。

（5）点云数据采集。

（6）数据拼接、坐标转换。

（7）点云数据检查、过滤及数据导出。

（8）利用软件（如 JRC 软件）进行体积、填挖方计算。

（9）精度检查、成果报告输出。

学习任务 12.3.2　建筑立面测绘

【任务书】

任务背景	立面测绘及立面图是老旧城区改造、老旧建筑整治、历史建筑保护等的重要依据。本次实训案例为对某街道房屋立面进行高精度扫描，以高品质的三维实景点云数据绘制立面图还原街道实景。
任务描述	使用三维激光扫描技术对街道路房屋进行三维扫描，通过扫描获取的高精度、全面的三维激光点云数据绘制建筑物的立面图。
任务要求	学生根据案例要求，在校内选取合适的建筑物，进行立面三维扫面，并通过三维激光点云数据绘制建筑物的立面图。
任务目标	1. 熟练掌握建筑立面三维扫描的任务内容及要求。 2. 熟练三维激光扫描设备的使用方法及操作规范。 3. 掌握使用相关软件进行点云数据的处理与数据应用。
任务场景	满足任务要求的建筑物，且建筑物周围有供车辆通行的内部道路（路宽＞3m)，选取建筑物的外业扫描工作量小于 1h，也可以利用已有的点云数据。 示例图： 

【获取资讯】

了解任务要求，收集三维激光立面测绘工作过程资料，进一步掌握三维激光扫描仪设备使用方法、操作规范，掌握点云数据的处理与数据应用。

引导问题 1：简述建筑物的立面图的概念。

引导问题 2：选择扫描站点时需要注意哪些事项？

_____

引导问题 3：根据任务要求，如何布设标靶球？

_____

引导问题 4：引起点云数据噪点的因素主要包括哪三类？

_____

_____

【工作计划】

按照收集的资讯制定某幢建筑物的立面扫描及绘制的任务实施设计方案，完成表 12-3。

某幢建筑物的立面扫描及绘制的任务实施设计方案　　　　　　表 12-3

步骤	主要工作内容	负责人

【工作实施】

（1）根据任务要求，选择测量场地。

_____

（2）前期数据准备。

_____

_____

（3）现场踏勘。

_____

_____

（4）扫描站点及靶球布设（建筑物外立面和建筑物内立面）。

_____

_____

（5）点云、影像数据采集。

_____

_____

（6）点云数据预处理。

_____

_____

（7）数据拼接、坐标转换及纹理映射。

_____

（8）点云数据检查、过滤及数据导出。

（9）立面图绘制。

（10）精度检查、成果输出与提交。

模块13

建筑结构智能化监测

13.1 教学目标与思路

【教学案例】

《建筑结构智能化监测》为"智能检测与监测技术"课程中智能控制技术典型应用案例，结合智能仪器的布置、数据采集原理及注意事项，通过不同案例学习掌握智能仪器在工程中的正确选用，能正确使用智能监测仪器并对数据进行分析处理并得出结论，认识到智能监测在工程中的现实意义。

【教学目标】

知识目标	能力目标	素质目标
1. 熟悉基坑、高支模监测内容； 2. 基坑、高支模监测要点； 3. 掌握基坑、高支模监测方法和技术。	1. 能根据基坑、建筑和高支模相关信息判断出基坑、建筑和高支模监测项目； 2. 能根据监测项目选定并正确使用监测仪器； 3. 能对数据进行分析和处理。	1. 养成良好责任心和团队协作的素质； 2. 培育敬业精神和职业操守。

【建议学时】4~6 学时。

【学习情境设计】

序号	学习情境	载体	学习任务简介	学时
1	建筑结构智能化监测之基坑监测	监测工具或智能监测系统	通过对基坑的学习，了解基坑监测的重要性，掌握基坑监测的内容，根据基坑条件判断出应监测的项目，并能根据数据记录进行简单的分析，得出初步结论。	2~3
2	建筑结构智能化监测之高支模监测		通过对高支模的学习，了解高支模监测的重要性，掌握高支模监测的内容，根据高支模条件判断出应监测的项目，并能根据数据记录进行简单的分析，得出初步结论。	2~3

【课前预习】

引导问题 1：你知道什么是基坑吗？基坑的类型有哪些？

引导问题 2：你知道基坑施工中有哪些危险吗？

引导问题 3：通过查阅相关资料，谈谈你对监测建筑重要性的认识。

13.2 知识与技能

1. 知识点——基坑监测

随着近些年城市地铁、地下工程、高层建筑及超高层建筑等工程的迅猛发展，作为基础设施建设重要组成的基坑，其开挖深度和宽度也在逐渐加大。国内高层建筑的地下深度大多为2~6层，基坑深度通常是8~30m，而城市地铁车站的基坑深度甚至超过40m。基坑的安全性越来越引起人们的重视，对基坑而言，允许土体在一定范围内的变形是安全的，过大的土体变形可能会引起基坑坍塌。同时，基坑施工过程中，还需考虑对周边环境的影响。

根据以往发生的基坑事故，造成基坑坍塌大致分为两类：①基坑边坡土体承载力不足；基坑底土因卸载而隆起，造成基坑或边坡土体滑动；地表及地下水渗流作用，造成的涌砂、涌泥、涌水等而导致边坡失稳，基坑坍塌。②支护结构的强度、刚度或者稳定性不足，引起支护结构破坏，导致边坡失稳，基坑坍塌。

为避免出现上述事故，应加强对基坑变形的监测。基坑形变监测就是在基坑施工和使用期内的过程中，对基坑周边支护结构、自然环境、地下水状况以及周边建筑物、地下管线、道路分布情况进行检查、监控工作。目前大部分基坑仍采用人工定期采集数据方式进行监测，没有建立实时预测其安全性的监测系统，不能及时发现这些重要基坑的异常状况，达到预警的目的。基坑监测系统如图13-1所示。

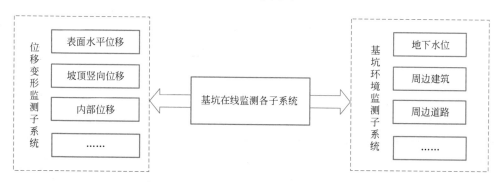

图 13-1　基坑监测系统示意图

监测系统设计需要结合工程实际情况，根据监测参数类型，完成以下工作：传感器选型与布点、现场总线布设、采集设备组网等。

2. 知识点——基坑监测内容

深基坑的变形监测内容很多，如监测基坑周围土体沉降、坑底隆起、支护结构水平位移、基坑周边收敛、坑壁倾斜和外鼓、深层土体差异沉降和水平位移等。监测方法的选择应根据监测对象的监控要求、现场条件、当地经验和方法适用性等因素综合确定，监测方法应合理易行。仪器监测可采用现场人工监测或自动化实时监测。监测点的布置应能反映监测对象的实际状态及其变化趋势，监测点应布置在监测对象受力及变形关键点和特征点上，除应满足对监测对象的监控要求外，还应不妨碍监测对象的正常工作，并且便于监测、易于保护。

（1）水平位移监测

水平位移监测包括围护墙（边坡）顶部、周边建筑、周边管线的水平位移观测。测定特定方向上的水平位移时，可采用视准线活动觇牌法、视准线测小角法、激光准直法等。

智能全站仪（也称测量机器人）是近年来发展起来的一种先进的自动化测量设备，在变形监测方面的自动化变形监测方面具有很强的优势，其工作结构如图 13-2 所示。它是一种能代替人工进行自动搜索、跟踪、辨识和精确照准目标并获取角度、距离、三维坐标以及影像等信息的智能型电子全站仪。

图 13-2　智能全站仪工作结构图

监测点采用反光片或棱镜，如图 13-3 所示。使用时调整 L 形支架和棱镜的角度，使棱镜面垂直对准照准器。

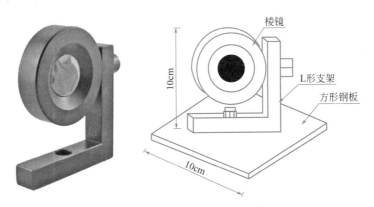

图 13-3　观测点棱镜结构图和实物图

（2）深层水平位移监测

深层水平位移监测是指在基坑施工过程中，开展对围护结构及其周边环境变化的监测工作，获取监测结果可在施工期间作为评价支护结构工程安全性和施工对周边环境产生影响的重要依据，同时还可及时准确地预测危害环境安全的隐患，以便针对性开展预防工作，避免事故的发生。

深层水平位移通常通过埋设测斜管，以测斜仪来进行水平位移的测量，测斜仪工作结构如图 13-4 所示。

基坑深部水平位移测试采用测斜仪，其基本工作原理是测量仪器轴线与铅垂线夹角的变化，用计算程序进行分析，从而计算出岩石（土）在不同高度的水平位移。它是精确地

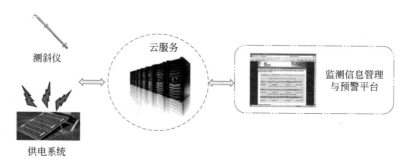

图 13-4　测斜仪工作结构图

测量沿垂直方向土层或围护结构内部水平位移的工程测量仪器。测斜仪分为活动式和固定式两种，在基坑开挖支护监测中常用活动式测斜仪。测斜仪的测量原理如图 13-5 所示。

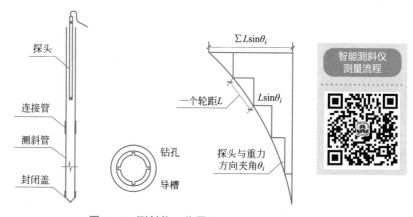

图 13-5　测斜仪工作原理

智能测斜仪的技术指标详见表 13-1。测斜管应在基坑开挖和预降水至少 1 周前埋设，当基坑周边变形要求严格时，应在支护结构施工前埋设。

测斜仪技术指标　　　　　　　　　　　　　表 13-1

监测项	设备名称	设备型号	技术指标	设备图片
内部位移	导轮式固定测斜仪	HC-CX300	标准量程：±30°；灵敏度：±10 弧秒（±0.05mm/m）；测量深度：0～200m；温度范围：−20～80℃；工作电压：DC12V；通信方式：RS485	

（3）竖向位移监测

竖向位移监测目的是监测基坑围护墙（边坡）顶、立柱、周边地表、建筑、管线与道路的竖向位移信息，可采用几何水准测量、三角高程测量或静力水准测量等方法。竖向位移监测网宜采用国家高程基准或工程所在城市使用的高程基准，也可采用独立的高程基准。监测网应布设成闭合环或附合线路，且宜一次布设。监测精度应符合现行《建筑基坑工程监测技术标准》GB 50497 的要求。

232

表面竖向位移监测可采用静力水准仪，指标要求详见表 13-2。

静力水准仪技术指标　　　　　　　　表 13-2

监测项	设备名称	设备型号	技术指标	设备图片
表面竖向沉降	静力水准仪	HC-D300	量程：0～2m；测量精度：±0.2mm；分辨率：0.01mm；工作电压：DC5～24V；工作温度：-30～80℃	

（4）裂缝监测

裂缝监测目的是监测裂缝的位置、走向、长度、宽度及变化程度，必要时还包括深度。基坑开挖前应记录监测对象已有裂缝的分布位置和数量，测定其走向、长度、宽度和深度等情况，监测标志应具有可供量测的明晰端面或中心。裂缝宽度监测精度不宜低于0.1mm，长度和深度监测精度不宜低于1mm。裂缝监测如图 13-6 所示。

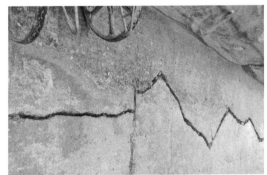

图 13-6　裂缝监测

（5）支护结构内力监测

支护结构内力监测（图 13-7）适用于围护墙内力、支撑轴力、立柱内力、围檩或腰梁内力监测等，宜采用安装在结构内部或表面的应力、应变传感器进行量测。应根据监测对象的结构形式、施工方法选择相应类型的传感器。

图 13-7　支护结构内力监测

内力监测传感器埋设前应进行标定和编号，导线应做好标记，并设置导线防护措施。内力监测宜取土方开挖前连续 3d 获得的稳定测试数据的平均值作为初始值。应力计或应变计的量程不宜小于设计值的 1.5 倍，精度不宜低于 0.5%FS，分辨率不宜低于 0.2%FS。

（6）土压力监测

土压力监测宜采用土压力传感器进行。常用的土压力传感器有钢弦式和电阻式两大类。土压力计的量程应满足预估被测压力的要求，其上限可取设计压力的 2 倍，精度不宜低于 0.5%FS，分辨率不宜低于 0.2%FS。土压力计埋设可采用埋入式或边界式（接触式）。埋设前应对土压力计进行稳定性、密封性检验和压力、温度标定。埋设时应符合下列要求：

① 受力面与所需监测的压力方向垂直并紧贴被监测对象；

② 埋设过程中应有土压力膜保护措施；

③ 采用钻孔法埋设时，回填应均匀密实，且回填材料宜与周围岩土体一致；

④ 土压力计导线中间不宜有接头，导线应按一定线路捆扎，接头应集中引入导线箱中；

⑤ 做好完整的埋设记录，土压力计埋设以后应立即进行检查测试，基坑开挖前至少经过 1 周时间的监测并取得稳定初始值。

（7）孔隙水压力监测

孔隙水压力宜通过埋设钢弦式或应变式等孔隙水压力计测试。孔隙水压力计的量程应满足被测压力范围，可取静水压力与超孔隙水压力之和的 2 倍；精度不宜低于 0.5%FS，分辨率不宜低于 0.2%FS。孔隙水压力计埋设可采用压入法、钻孔法等，如图 13-8 所示。

图 13-8　孔隙水压力监测

（8）地下水位监测

地下水位监测宜通过孔内设置水位管，采用水位计等方法进行测量。地下水位监测精度不宜低于 10mm。水位管宜在基坑预降水前至少 1 周埋设，并逐日连续观测水位取得稳定初始值，地下水位监测示意图如图 13-9 所示。

（9）锚杆轴力监测

锚杆轴力监测宜采用轴力计、钢筋应力计或应变计，当使用钢筋束时宜监测每根钢筋的受力。轴力计、钢筋应力计和应变计的量程宜为锚杆极限抗拔承载力的 1.5 倍，量测精度不宜低于 0.5%FS，分辨率不宜低于 0.2%FS。

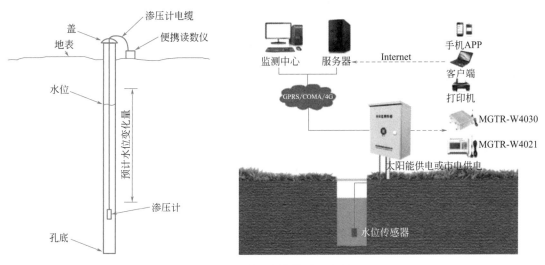

图 13-9 地下水位监测示意图

（10）坑底隆起监测

坑底隆起采用钻孔等方法埋设深层沉降标时，孔口高程宜用水准测量方法测量，沉降标至孔口垂直距离可采用钢尺量测。

（11）土体分层竖向位移监测

土体分层竖向位移可通过埋设磁环式分层沉降标，采用分层沉降仪进行量测，或者通过埋设深层沉降标，采用水准测量方法进行量测，也可采用埋设多点位移计进行量测。沉降标或多点位移计应在基坑开挖前至少1周埋设。采用磁环式分层沉降标时，应保证沉降管安置到位后与土层密贴牢固。土体分层竖向位移的初始值应在沉降标或多点位移计埋设后1周量测，并获得稳定的初始值。

基坑土体分层沉降可通过分层沉降计进行远程实时监测，其参数指标详见表13-3。

分层沉降计技术指标　　　　　　　　　　表 13-3

监测项	设备名称	设备型号	技术指标	设备图片
分层沉降	分层沉降计	HC-1214	量程:0～100mm;分辨率:0.1mm;精度:±0.1% FS;温度范围:－20～80℃;规格:ϕ74×990;工作电压:12V;工作电流:5mA	

基坑监测应满足现行规范标注的要求。监测方法的选择应根据监测对象的监控要求、现场条件、当地经验和方法适用性等因素综合确定，监测方法应合理易行。

仪器监测变形监测网的基准点应选择应稳定可靠，在施工影响范围以外不受扰动的位置，工作基点应选在相对稳定和方便使用的位置，在通视条件良好、距离较近的情况下，宜直接将基准点作为工作基点，工作基点应与基准点进行组网和联测。特别注意，当基坑周边环境中

基坑监测

235

的地铁、隧道等被保护对象的监测方法和监测精度尚应符合相关标准的规定以及主管部门的要求。

3. 知识点——高支模监测

高支模是指危险性较大的分部分项工程中混凝土模板支撑工程：搭设高度 5m 及以上；搭设跨度 10m 及以上；施工总荷载 $10kN/m^2$ 及以上；集中线荷载 15kN/m 及以上；高度大于支撑水平投影宽度且相对独立无联系构件的混凝土模板支撑工程。

高支模监测的目的是确保高支模的安全使用，避免因为支模的质量问题而导致施工安全事故的发生。通过对高支模的监测，可以及时发现并解决支模存在的问题，保证施工的顺利进行。

高支模监测的意义在于：

（1）确保施工安全：高支模是一种高空作业，存在较大的安全隐患。通过对高支模的监测，可以及时发现并解决支模存在的问题，保证施工人员的安全。

（2）提高工程质量：高支模的质量直接影响到工程的质量。通过对高支模的监测，可以及时发现并解决支模存在的问题，确保工程质量。

（3）避免经济损失：高支模的质量问题可能导致工期延误、返工等经济损失。通过对高支模的监测，可以及时发现并解决支模存在的问题，避免经济损失。

（4）积累经验数据：通过对高支模的监测，可以积累相关的经验数据，为今后的工程建设提供参考和借鉴。

4. 知识点——高支模监测内容

高支模监控预警系统包括多参数的监控及研究，需要根据自身特点来考虑系统测试的项目及测点的布置。只有这样才能建成一个具有实用性、先进性的健康与安全监控预警系统。

感知系统是通过各类传感器实时采集高支模相应技术数据，感知高支模实时状态，是BIM 施工管理系统的数据来源。感知系统的稳定和可靠是整个管理系统准确、可靠的基本保障。

对高支模进行在线监测系统设计的过程中，考虑高支模的环境、等级及实际危险截面等，再进行健康监测设计，高支模在线监测系统拓扑图如图 13-10 所示。现场监测及采集系统的监测参数为高支模水平位移、模板沉降、立杆倾斜、立杆轴力。分别采用位移传感器、拉线位移计、倾角仪、轴压传感器进行监测。

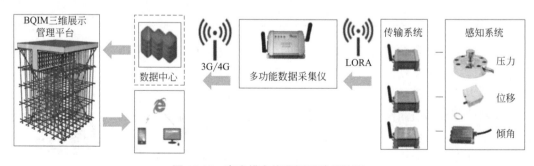

图 13-10　高支模在线监测系统拓扑图

监测系统感知层设计需要结合工程实际情况，根据监测参数类型，完成以下工作：传感器选型与布点，现场总线布设，采集设备组网等。

在传感器选择时，首先要考虑传感器的长期稳定性，然后考虑传感器的性能指标与性价比，另外还需重点考虑提供传感器设备厂家的后续服务等问题。监测项传感器汇总如表 13-4 所示。

监测项传感器汇总表　　　　　　　　　　　　　　　表 13-4

监测项目	传感器	测点布设
水平位移	位移传感器	支模边缘顶部、立杆和横杆处布置
模板沉降	拉线式位移计	模板底部、支模边缘顶部
立杆倾斜	倾角仪	支撑体系四角、长边中点
立杆轴力	轴压传感器	顶托与模板底梁之间

（1）水平位移监测

水平位移监测采用位移传感器进行，安装在支模边缘顶部、立杆和横杆处，其技术参数如表 13-5 所示。

位移传感器技术参数　　　　　　　　　　　　　　　表 13-5

监测项目	传感器	技术参数	测点布设	产品图
水平位移	位移传感器	1. 位移量程：0～100mm； 2. 输出信号：RS485； 3. 线性误差：≤0.25％FS； 4. 工作温度：－25～85℃	支模边缘顶部、立杆和横杆处	

水平位移监测点位于支持体系的特征点处，以及其他根据施工现场特点需要重点关注的部位。位移监测的基准点应选择在不受模板支撑系统影响的稳固可靠的位置，设备安装需要有专用扣件，确保设备安装稳固。支架的整体水平位移采用位移传感器进行监测，且应符合下列规定：

① 无剪刀撑的支架，设置在支架顶层，如图 13-11 所示。

② 有剪刀撑的支架，设置在单元框架上部 1/2 高度处，如图 13-12 所示。

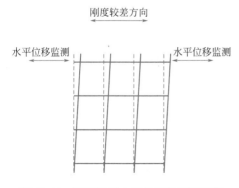

图 13-11　无剪刀撑水平位移监测示意图

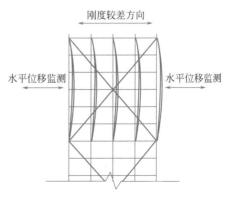

图 13-12　有剪刀撑水平位移监测示意图

支架整体失稳水平位移监测点宜布置在支架外侧，相邻测点水平间距不应大于10m。

（2）模板沉降监测

模板沉降监测采用拉线式位移计进行，安装在模板底部、支模边缘顶部，其技术参数如表13-6所示。

拉线式位移计技术参数　　　　　　　　　表13-6

监测项目	传感器	技术参数	测点布设	产品图
模板沉降	拉线式位移计	1. 线性行程：1000mm； 2. 综合精度：±0.1%FS； 3. 分辨率：0.1mm； 4. 输出信号：RS485； 5. 耐冲击性：50g(11ms)； 6. 工作温度：−20～85℃	模板底部、支模边缘顶部	

模板沉降监测点设置于关键部位或薄弱部位，一般设置于模板单元框架顶部的四角、四边中部以及中部受力较大的部位。安装时使传感器线头垂直向下，拉出约100mm，用钢丝线与下部固定螺丝相联，注意钢丝拉力不要过大，不能与支撑体系相接。基准点可选择监测点下方坚固的支承面或基准桩作为基准点，同时拉线应保持垂直、紧绷，不得影响现场的正常施工，如图13-13所示。

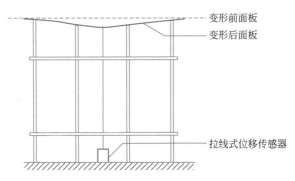

图 13-13　拉线位移传感器安装示意图

（3）立杆倾斜监测

立杆倾斜监测采用倾角仪进行，安装在支撑体系四角、长边中点，其技术参数如表13-7所示。

倾角仪技术参数　　　　　　　　　表13-7

监测项目	传感器	技术参数	测点布设	产品图
倾斜监测	倾角仪	1. 量程：±90°； 2. 分辨率：0.001°； 3. 绝对精度：±0.01°RMS； 4. 长期稳定性：<0.02°； 5. 响应时间：0.02s； 6. 输出信号：RS485	支撑体系四角、长边中点	

立杆倾斜监测点位于支撑体系的特征点处，如支撑体系四角、长边中点等，以及其他根据施工现场特点需要重点关注的部位。设备埋设需要有专用扣件，确保传感器安装稳固。倾角传感器安装前，先安装位置和测量倾斜角的方向，打磨安装部位，使其表面尽量平整。检查传感器完好后，将安装支架固定在被测物的打磨部位，然后把倾角传感器固定在安装支架上，随后调整安装支架的定位螺钉，使传感器的轴线尽量垂直，之后连接读数仪将初始测值调整接近零点，并且倾斜监测点的倾角仪上标示 X、Y 方向与设计图上纵轴方向平行，即为 X 轴方向，与设计图上横轴方向平行，即为 Y 轴方向，安装示意图如图 13-14 所示。

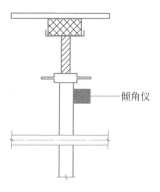

图 13-14 倾角仪安装示意图

（4）立杆轴力监测

立杆轴力监测采用轴压传感器进行，安装在顶托与模板底梁之间，其技术参数如表 13-8 所示。

轴压传感器技术参数   表 13-8

监测项目	传感器	技术参数	测点布设	产品图
轴力监测	轴压传感器	1. 量程：0～5t； 2. 灵敏度：±0.03mV/V； 3. 非线性：≤±0.03%FS； 4. 工作温度：−20～80℃	顶托与模板底梁之间	

立杆轴力监测应在立杆顶部与面板之间设置轴压传感器，监测模板直接施加在立杆上的外力，或选择受力较为集中部位等有代表性的位置。由于布设于顶托底部，需要对安装位置进行清理，并在钢管与传感器之间垫钢板，钢板厚度不应小于 10mm。轴压传感器安装在顶托与模板底梁之间，再上紧顶托，立杆顶托与模板底梁需平整，可与传感器上下两边紧贴，使轴压传感器与立杆、模板在同一垂线上共同受力。

安装轴压传感器时应通过调节可调托撑对轴压传感器施加一定压力，以固定轴压传感器，并确保接触紧密。安装完成需确保所在的立杆与积板和传感器均密切接触，避免悬空，安装示意图如图 13-15 所示。

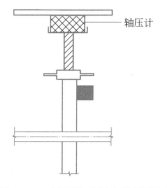

高支模监测系统

图 13-15 轴压传感器安装示意图

5. 知识点——智能监测系统的认识

利用无线数据传输、定位、物联网、大数据、云服务等技术，搭配综合传感器、智能网关，提供一套集合安全实时监测、智能分析、安全预警功能为一体的漫途建筑（房屋）安全监测系统。实现 7×24 小时的毫米级自动化监测，帮助监测者详细了解建筑健康状况，有效实现建筑安全预警。

（1）在线监测系统

在线监测系统分为感知层、网络层和应用层三个层面，如图 13-16 所示。

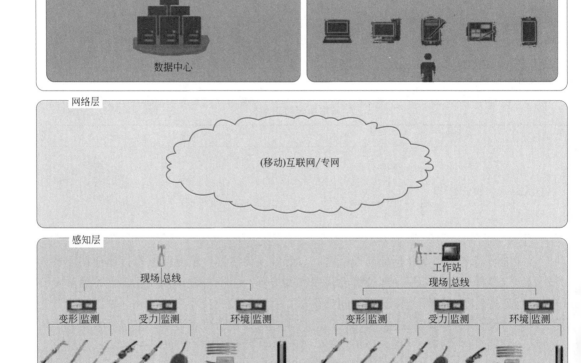

图 13-16　在线监测系统示意图

感知层：结合所需监测项目的特征，感知层主要完成的工作包括传感器选型与布点、现场总线布设、设备组网采集等。

网络层：在实际项目中，为了满足在线监测系统的整体系统功能，一般采用两种远距离传输方式：一种是将采集到的数据利用分组数据网络通过 DTU 进行远程无线传输；另一种通过现场监测将数据借助有线网、在线网、专网等互联网介质进行传输。

应用层：应用层的工作分为结构物服务和用户服务两个层次。在结构物服务层实现数据中心容灾，实现了出现停电、故障等情况，数据依然能够正常接收、计算、存储，保证了数据和系统应用的稳定、可靠。用户服务层则包括数据查询、数据分析、报表推送、预告警、三方数据接口等智能化应用。

（2）智能监测系统

按照监测对象及监测内容，将基坑、建筑和高支模在线监测系统感知层划分为四个子系统：基坑本体监测子系统、环境监测子系统、支护结构监测子系统、周围建构物监测子系统。

按照监测对象及监测内容，基坑在线监测系统感知层主要是位移监测子系统。各子系统监测内容如图 13-17 所示。

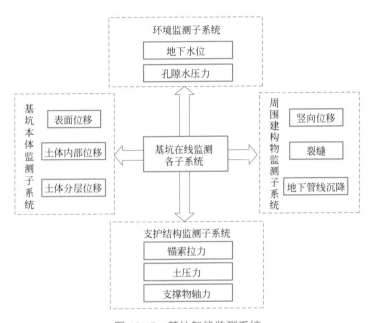

图 13-17　基坑智能监测系统

按照监测对象及监测内容，高支模在线监测系统感知层主要是本体监测子系统。各子系统监测内容如图 13-18 所示。

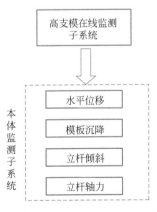

图 13-18　高支模在线健康监测子系统示意图

根据仪器功能不同，智能监测系统又分为数据采集系统、数据传输系统、数据控制系统及数据分析终端等。

数据采集系统的设备主要包括：各类监测传感器、数据采集设备以及通信、数据分析软件等，其工作结构图、数据采集结构示意图如图 13-19、图 13-20 所示。

图 13-19　智能监测系统工作结构图

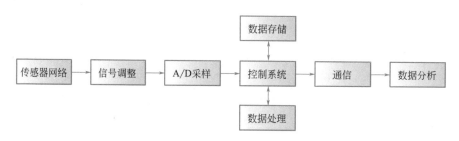

图 13-20　数据采集结构示意图

　　监测系统中的数据采集系统主要由传感器网络、数据采集设备、在线数据传输模块、数据分析软件等组成。根据基坑监测的范围，可以选择安装多个监测点，这样有利于减少传感器布线，安装简便快速。

　　数据传输内容有：①测试原始数据（考虑到通信费用的关系，一般仅在有线网络传输时传输）；②参数统计值：最大、平均值等；③异常信号：当测试信号出现异常时，根据服务器的指令，上传相关的监测原始数据；④典型数据：每天把交通流量大和交通流量小的两个典型时段的原始数据上传。

　　数据采集传输系统有以下特点：

　　（1）易于安装、维护；使用方便、灵活、可靠，即插即用。

　　（2）强大的嵌入式互联网控制器，具备完整的 TCP/IP 协议栈及功能强大的透明传输保障机制。

　　（3）可实现点对点、点对多点多种方式的实时数据传输。

　　（4）不依赖于运营商交换中心的数据接口设备，直接通过 Internet 网络随时随地构建覆盖全国范围内的移动数据通信网。前期通过人员的现场收集、分析相关资料、踏勘，制定专业的监测方案，根据平台所提供的规范标准埋设各类传感器、校验所有仪器设备并测定测点初始值。完成前期设置后开始采集监测点信息，建立三维可视化模型，将测点融入模型系统，实时显示每一个测点数据，并通过数据的储存对比运算，处理和分析监测信息，处理结果通过日报和阶段性监测报告等体现。

13.3　任务书

学习任务 13.3.1　建筑结构智能化监测之基坑监测

【任务书】

任务背景	本次实训案例为基坑支护工程,现对图纸标注位置的各类观测点进行监测,监测内容详见任务描述。
工程概况	某建工(集团)总公司"建筑生产基地"位于某市某区某大道东侧,场地北侧距离地下室边界线约 5.6m 为某在建工地(正在进行地下室施工);东侧距离地下室边界线约 5.6m 为厂房;南侧距离地下室边界线约 16.0m 为某科技园,两者间暂为施工便道;西侧距离地下室边界线约 22.5m 为某大道,两者间为城市绿化带。拟建建筑为 11 层建筑生产基地,下设一层联体地下室,地下室面积约 7442m², 周长约 354m。 该工程±0.00 相当于罗零标高 7.80m,现场地面罗零标高 7.00~8.60m,地下室底板垫层罗零标高为 1.45m,承台垫层底罗零标高−0.20~−2.35m,开挖深度 5.55~7.15m。 基坑侧壁安全等级为二级,重要性系数 $r=1.0$;基坑正常使用期限为 12 个月。
地质情况	根据勘察报告,基坑影响范围内土层参数取值如下: 1. 杂填土　　　　　$\gamma=17.5KN/m^3$, $c=10.0kPa$, $\varphi=10°$; 2. 素填土(填砂)　$\gamma=18.0KN/m^3$, $c=0.0kPa$, $\varphi=15°$; 3. 粉质黏土　　　$\gamma=18.6KN/m^3$, $c=25.0kPa$, $\varphi=15°$; 4. 中粗砂　　　　$\gamma=18.5KN/m^3$, $c=0.0kPa$, $\varphi=30°$; 5. 淤泥质土　　　$\gamma=16.7KN/m^3$, $c=18.0kPa$, $\varphi=6°$。
任务描述	完成图纸标注位置的各类观测点的沉降变化、水平位移、深层水平位移、地表倾斜、地下水位的监测,正确处理测量过程中遇到的工况。测量任务完成后需进行各类监测数据的处理按规范标准要求并绘制时程曲线,对基坑开挖及施工过程中的相关异常工况进行处理。
任务要求	学生需根据不同的监测项目内容选择相应的智能监测工具(如多功能数据采集仪器),完成任务描述中所述的工作任务,并对监测数据进行处理,正确应对工作任务中所遇到的各种工况。
任务目标	1. 熟练掌握基坑支护工程的各类监测内容。 2. 充分了解各智能监测工具的组成、功能划分、使用方法及操作规范。 3. 正确处理各类监测数据。 4. 正确处理工作任务中所遇到的各种工况。

测量标准

1. 监测项目及监测频率

序号	项目	监测频率						
		开挖深度			底板浇筑完成后时间			
		≤5m	5~10m	>10m	≤7d	7~14d	14~28d	>28d
1	围护结构水平位移	1次/2d	1次/1d	2次/1d	1次/2d	1次/3d	1次/7d	1次/1月
2	地面沉降观测	1次/2d	1次/1d	2次/1d	1次/2d	1次/3d	1次/7d	1次/1月
3	地下水位监测	1次/2d	1次/1d	2次/1d	1次/2d	1次/3d	1次/7d	1次/1月
4	围护结构深层水平位移	1次/2d	1次/1d	2次/1d	1次/2d	1次/3d	1次/7d	1次/1月
5	建筑物沉降监测	1次/2d	1次/1d	2次/1d	1次/2d	1次/3d	1次/7d	1次/1月
6	立柱沉降观测	1次/2d	1次/1d	2次/1d	1次/2d	1次/3d	1次/7d	1次/1月

	2. 检测控制指标			
测量标准	序号	项目	累计控制值（mm）	变化速率控制值（mm/d）	报警值（mm）
	1	围护结构水平位移	40	5	35
	2	周边建筑沉降	20	3	15
	3	围护结构测斜	40	5	35
	4	地下水位观测	1500	500	1000
	5	支撑立柱沉降	30	4	25
	6	周边道路沉降	20	3	15

任务场景	满足沉降变化、水平位移、深层水平位移、地下水位的监测。 示例图： 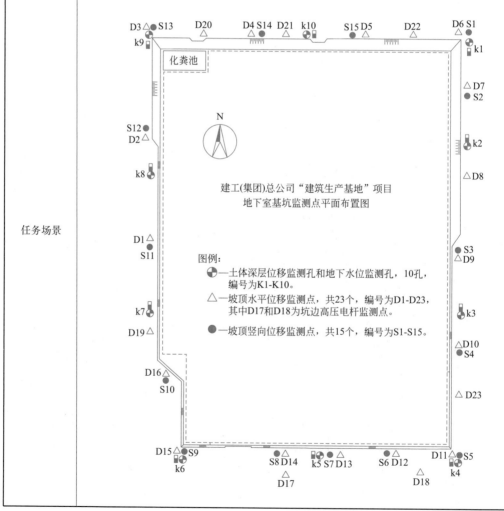

244

【获取资讯】

了解任务要求，收集基坑支护监测工作过程资料，了解智能监测工具使用原理，学习智能监测工具使用说明书，掌握基坑监测技术应用。

引导问题 1：简述基坑监测的主要内容。

_____

_____

引导问题 2：简述基坑监测需使用的主要工具及原理。

_____

_____

引导问题 3：简述基坑沉降监测基本流程及数据处理方法。

_____

_____

_____

引导问题 4：基坑开挖过程中，当开挖深度大于 10m 时，地面沉降观测频率应为（　　）。

A. 2 次/1d　　　　　B. 1 次/1d　　　　　C. 1 次/2d　　　　　D. 1 次/3d

引导问题 5：在进行监测任务时，若智能工具测量的值存在明显误差，应如何处理？（　　）

A. 重新校正设备，再次测量　　　　　B. 无需重复测量

C. 进行多次测量　　　　　D. 淘汰该设备

【工作计划】

按照收集的资讯制定基坑支护工程监测任务实施方案，完成表 13-9。

基坑支护工程监测任务实施方案　　　　　　　　　　　　　　　表 13-9

步骤	工作内容及监测仪器选择	负责人

【工作实施】

（1）根据图纸，进行测量点场布。

_____

_____

（2）测量准备工作记录（表 13-10）。

测量准备工作记录　　　　　　　　　　　　　　　表 13-10

类别	检查项	检查结果
设备检查	设备外观完好	
	正常开关机	

类别	检查项	检查结果
设备检查	设备电量满足使用时间	
	设备校正正常	
	设备在维保期限内	
个人防护	安全帽佩戴	
	工作服穿戴	
	劳保鞋穿戴	
环境检查	场地满足测量条件	
	施工垃圾清理	

（3）监测数据记录（表13-11～表13-14）。

沉降观测数据记录表　　　　　　　　表13-11

时间：									监测单位：	
项目：									观测点号：	
频次	观测时间	高程(m)	本次沉降			累计沉降			备注
			沉降量（mm）	时间间隔（d）	沉降速率（mm/d）	沉降量（mm）	时间间隔（d）	沉降速率（mm/d）	

水平位移观测数据记录表　　　　　　　　表13-12

时间：								监测单位：	
项目：								点号：	
频次	观测时间	本次位移			累计位移			备注
		位移量（mm）	时间间隔（d）	位移速率（mm/d）	位移量（mm）	时间间隔（d）	位移速率（mm/d）	
测量员：					审核员：			

地下水位观测数据记录表　　　　　　　　　　　表 13-13

时间：			监测单位：					
项目：			观测点号：		地面高程：			
频次	观测时间	地下水位高程(m)	本次变化(m)			累计变化(m)			备注
			变化量(m)	时间间隔(d)	变化速率(mm/d)	变化量(m)	时间间隔(d)	变化速率(mm/d)	
测量员：					审核员：			

深层水平位移观测数据记录表　　　　　　　　　　表 13-14

项目：						
监测单位：						
时间：						
测孔名称：						
测试基准：			测试间距：0.5m			
深度(m)	初次测量值(mm)	前次测量值(mm)	本次测量值(mm)	本次变化量(mm)	累计位移(mm)	变化速率(mm/d)
0.5						
1						
1.5						
2						
2.5						
3						
3.5						
4						
4.5						
5						
5.5						
6						
6.5						
7						
7.5						
...						
测量员：			审核员：			

（4）工完料清、设备维护记录（表 13-15）。

工完料清、设备维护记录表 表 13-15

序号	检查项	检查结果
设备维护	关闭设备电源	
	清理使用过程中造成的污垢、灰尘	
	设备外观完好	
	拆解设备，收纳保存	
施工环境	施工垃圾清理	

（5）工况处理（表 13-16）。

监测工况处理记录表 表 13-16

序号	工况名称	发生原因	处理方法	备注

学习任务 13.3.2 建筑结构智能化监测之高支模监测

【任务书】

任务背景	本次实训案例为高支模安全监测，现对图纸标注位置进行监测，监测内容详见任务描述。
工程概况	本工程位于某县某镇某村某国道东侧原某股份有限公司东南部，总建筑面积 11060m²。本工程基础为柱下独基和筏形基础，上部位剪力墙框架结构。基础结构混凝土强度等级为 C30，主体结构混凝土强度等级为 C40。剪力墙高度根据屋面标高递增约 8～13m。本工程模板支撑架专项施工方案主要是搭设高度超过 8m 和梁搭设跨度超过 18m。 本工程结构跨度大，混凝土施工需按照超过一定规模的危险性较大分项工程进行施工控制。本工程中需要监测的高支模位置为：1 号楼接待大厅屋面结构，纵向 38.4m，横向 39.2m。2 号楼售卖、体验区屋面结构，纵向 36.4m，横向 144.2m。3 号楼表演区屋面结构，纵向 28.9m，横向 53.2m。
任务描述	使用电子水准仪、自动全站仪和倾角传感器完成图纸所示支架的沉降变化、水平位移、倾角变化的监测，正确处理测量过程中遇到的工况。测量任务完成后需进行各类监测数据的处理并绘制时程曲线，对高支模施工过程中的相关异常工况进行处理。
任务要求	学生需根据监测项目内容选择相应的智能监测工具，完成任务描述中所述的工作任务，并对监测数据进行处理，正确应对工作任务中所遇到的各种工况。
任务目标	1. 熟练掌握高支模工程的各类监测内容。 2. 充分了解各智能监测工具的部件组成、功能划分、使用方法及操作规范。 3. 正确处理各类监测数据。 4. 正确处理工作任务中所遇到的各种工况。

续表

测量标准	监测频率:在浇筑混凝土过程中应实时监测,一般监测频率不宜超过 20~30min 一次,在混凝土实凝前后及混凝土终凝前至混凝土 7d 龄期应实施实时监测,终凝后的监测频率为每天一次。
	监测预警值及处理方法: 1. 面板沉降的监测报警值可取模板构件竖向变形容许值的 80%,模板构件竖向变形容许值可按下列规定计算: ①对结构表面外露的模板,为模板构件计算跨度的 1/400; ②对结构表面隐蔽的模板,为模板构件计算跨度的 1/250。 2. 水平位移的监测报警值可根据现行行业标准《建筑施工临时支撑结构技术规范》JGJ 300 的规定,取 $h/300$。(注:h 为传感器安装高度。) 3. 立杆倾角监测报警值可根据水平位移监测报警值与被监测立杆段长度计算确定:$\varphi = (180/\pi) \times (d/l)$。[式中:$\varphi$—立杆倾角监测报警值;$d$—水平位移监测报警值(mm);$l$—被监测立杆段长度(mm)。] 4. 监测数据超过预警值时必须立即停止浇筑混凝土,疏散人员,并及时进行加固处理。
任务场景	满足支架水平位移、模板沉降、立杆倾斜、立杆轴力的监测。 示例图: 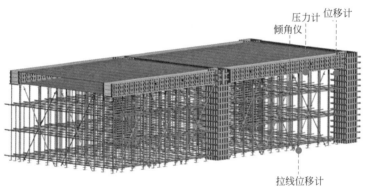

【获取资讯】

　　了解任务要求,收集高支模监测工作过程资料,了解智能监测工具使用原理,学习操作智能监测工具使用说明书,掌握高支模监测技术应用。

　　引导问题 1:简述高支模监测的主要内容和范围。

_____

_____

_____

　　引导问题 2:简述高支模监测需使用的主要工具及原理。

_____

_____

_____

　　引导问题 3:简述高支模监测中支架倾角变化监测的基本流程及仪器操作方法。

_____

_____

_____

引导问题4：对于结构表面外露的模板，模板构件沉降变化的预警值为模板构件计算跨度的（　　）。

  A. 1/400　　　　　　　　　　　　B. 1/300

  C. 1/450　　　　　　　　　　　　D. 1/350

引导问题5：高支模监测数据超过预警值时应该如何做（多选）？（　　）

  A. 立即停止浇筑混凝土　　　　　　B. 继续浇筑混凝土

  C. 疏散人员　　　　　　　　　　　D. 及时进行加固处理

【工作计划】

按照收集的资讯制定基坑支护工程监测任务实施方案，完成表13-17。

基坑支护工程监测任务实施方案　　　　　　　　表13-17

步骤	工作内容	负责人

【工作实施】

（1）根据图纸，选择测量点场布。

_____

_____

（2）测量准备工作记录（表13-18）。

测量准备工作记录　　　　　　　　表13-18

类别	检查项	检查结果
设备检查	设备外观完好	
	正常开关机	
	设备电量满足使用时间	
	设备校正正常	
	设备在维保期限内	
个人防护	安全帽佩戴	
	工作服穿戴	
	劳保鞋穿戴	
环境检查	场地满足测量条件	
	施工垃圾清理	

（3）监测数据记录（表 13-19）。

高支模监测数据记录表 表 13-19

项目：					
监测单位：					
监测部位：			时间：		
序号	监测内容		预警值	监测仪器	监测结果
1					
2					
3					
4					
…					
监测示意图					
测量员：			审核员：		
备注：					

（4）工完料清、设备维护记录（表 13-20）。

工完料清、设备维护记录表 表 13-20

序号	检查项	检查结果
设备维护	关闭设备电源	
	清理使用过程中造成的污垢、灰尘	
	设备外观完好	
	拆解设备,收纳保存	
施工环境	施工垃圾清理	

（5）工况处理（表 13-21）。

监测工况处理记录表 表 13-21

序号	工况名称	发生原因	处理方法	备注

无损检测技术应用

14.1 教学目标与思路

【教学案例】

《无损检测技术应用》为"智能检测与监测技术"课程中智慧检测技术典型应用案例，结合检测要求和质量标准，通过案例学习掌握智慧检测方法、基本原理、实操应用以及检测数据的处理和分析。

【教学目标】

知识目标	能力目标	素质目标
1. 了解智慧检测的目的； 2. 了解智慧检测的原则； 3. 掌握智慧检测的方法； 4. 掌握智慧检测的标准。	1. 掌握常见无损检测工具的使用； 2. 掌握无损检测技术应用在混凝土结构和灌浆连接套筒无损检测的应用； 3. 掌握智慧无损检测数据的分析； 4. 掌握智慧检测异常工况处置； 5. 掌握智慧检测质量评估。	1. 具有敢于尝试、勇于创新的精神； 2. 具有团队合作、爱岗敬业、客户服务意识和职业道德； 3. 具有健康的体魄和良好的心理素质及艺术素养。

【建议学时】6～8 学时

【学习情境设计】

序号	学习情境	载体	学习任务简介	学时
1	混凝土结构无损检测	智慧测量工具或仿真实训系统	使用智慧无损测量检测工具，进行混凝土裂缝深度、结构厚度、内部缺陷等进行检测。	3～4
2	灌浆连接套筒无损检测		通过智慧检测等检测工具，采用冲击回波法、AI智能检测法等进行灌浆套筒密实度检测。	3～4

【课前预习】

引导问题1：传统混凝土结构检测技术存在的问题有哪些？

引导问题2：无损检测的应用场景有哪些？

引导问题3：简述混凝土结构智慧检测的意义。

14.2　知识与技能

1. 知识点——混凝土结构无损检测概述

（1）无损检测技术

无损检测技术是在不对工程结构或质量产生破坏的基础上，对工程外观与内在缺陷、工件特征检查与测量等技术的统称。无损检测技术广泛应用于混凝土建筑工程检测，得益于相关学科的进展，取得了迅速的发展。现代混凝土建筑结构无损检测技术是多学科紧密结合的高技术产物，材料学和应用物理学的发展为建筑无损检测技术奠定了理论基础，电子技术和计算机科学的发展又使混凝土建筑结构无损检测技术的快速发展与高效应用成为可能。

（2）混凝土结构性能检测

混凝土结构是最重要的土木、建筑结构形式之一，在社会基础设施建设中占举足轻重的地位。然而在建设和使用过程中不可避免会出现缺陷、劣化等问题。如果施工质量得不到保证，会加速结构失稳甚至破坏，造成巨大的财产安全损失。为保证混凝土结构质量，在建设及使用过程中对其质量进行检测，以便提前发现问题并在过程中解决问题，将损失降到最低。针对混凝土结构，检测内容常规分为结构材质（强度）、结构尺寸以及缺陷，其中缺陷又分为表层缺陷及内部缺陷。

（3）混凝土结构无损检测方法

目前混凝土结构领域常用的检测方法有：非金属超声波法、雷达法、冲击弹性波法等。

混凝土缺陷无损检测

非金属超声波法是无损检测领域中应用最为活跃的方法之一，其测试系统由非金属超声波检测仪、探头等组成，一般配合试块、耦合剂、机械扫查装置等使用，如图 14-1 所示。非金属超声波缺陷检测是基于超声波在被检测物体中的传播特性而完成的。检测仪产生超声波，超声波传入被检测物体，超声波在被检测物体中传播，与被检测物体材料以及其中的缺陷相互作用，使其传播方向或传播特征发生改变；改变后的超声波通过检测设备被接收，通过接收到的超声波的特征，评估被检测物体内部缺陷的情况。在相同环境下，对无缺陷对比试块进行同条件检测，与被检测物体的检测结果进行对比，从而对缺陷进行判别：①超声脉冲波在介质中遇到缺陷时，发生绕射现象，根据声时和声程的变化，对缺陷进行判别；②超声脉冲波在缺陷界面处发生发射和散射现象，到达接收换能器时，传入超声波的幅值降低，根据幅值的变化，对缺陷进行判别；③超声脉冲波在缺陷界面处发生衰减，且脉冲波的不同成分的衰减情况不同，导致接收频率降低，根据频率的变化情况，对缺陷进行判断。

雷达检测仪是一种对介质中不可见目标或界面进行定位的有源电磁波设备。雷达检测仪的工作原理是由置于检测面的发射器发送高频电磁脉冲波，定向送入被测介质。雷达波的频率高、波长短、能量大，但同样遵守波的传播规律，满足入射、反射、折射与衰变等传播规律，正是基于电磁波的这些传播规律，为工程质量监控和状态检测服务，从而满足无损、快速、高精度的检测要求，如图 14-2 所示。

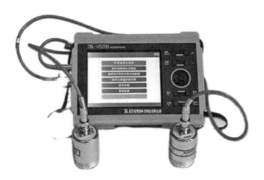

图 14-1　非金属超声波检测仪示意图　　　　　图 14-2　便携式雷达测试仪示意图

某处物质粒子偏离原有的平衡位置，在弹性恢复力的作用下会发生振动，继而引起周围粒子的振动，在弹性介质中产生"弹性波"，并通过介质进行传播。通过机械冲击在对象材料中产生的弹性波，称为冲击弹性波。冲击弹性波法是利用小钢球或小锤冲击混凝土表面作为振源，产生低频率波，通过被测混凝土介质进行传播。产生的波有三类：与传播方向平行的纵波，即 P 波；与传播方向垂直的横波，即 S 波；沿固体表面传播的瑞雷波，即 R 波。弹性波遇到声阻抗有差异的界面就发生反射、折射和绕射等现象。由宽带换能器接收这些波后，将时域信号转化为频域信号，通过频谱分析，测出被接收信号同混凝土质量之间的关系，从而到达到无损检测的目的。

冲击弹性波检测仪由冲击器、传感器、模拟/数字数据采集系统、计算机终端、处理软件和 BNC 连接线等组成，如图 14-3 所示。冲击弹性波法的检测原理如下：用一个小钢球或小锤轻敲（机械冲击）混凝土表面引起瞬间低频的应力波，含有纵波、横波和表面波。从振动幅度讲，冲击点下方纵波的振动振幅最大，横波的振动幅度较小；从传播速度来讲，由于纵波传播时介质质点的振动方向与波的传播方向一致（产生拉伸或压缩应力），故传播速度最快，所以冲击回波法主要考虑应力波中的纵波。

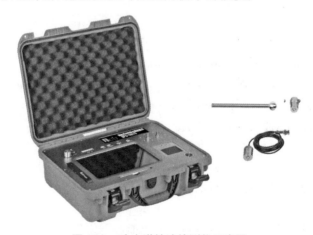

图 14-3　冲击弹性波检测仪示意图

（4）混凝土结构无损检测的项目

混凝土缺陷检测一般指的是混凝土结构内部空洞和不密实区的位置和范围、裂缝深度、表面损伤层厚度、不同时间浇筑的混凝土结合面质量、灌注桩和钢管混凝土中缺陷的检测。混凝土结构无损检测常见的项目及其方法如表 14-1 所示。

混凝土结构无损检测项目　　　　　　　　　　表 14-1

检测项目		检测方法	测试通道
裂缝深度		相位反转法	1
		传播时间差法	2
		面波法	2
结构厚度		单面反射法	1
结构材质		单面反射法	1
		单面传播法	2
		双面透过法	2
结构缺陷	表层脱空	振动法	1
	内部缺陷	弹性波雷达法	1
		弹性波 CT 法	2 或者多通道

（5）混凝土结构检测的目的

① 为了使混凝土结构在施工过程中的质量得以保证，需要对其在建设过程中开展质量检测。

② 混凝土结构是最为重要和常见的建筑结构形式，然而在建设过程中不可避免会出现缺陷，服役过程中会出现劣化等问题，准确识别这些工程病害问题，可避免造成巨大的财产安全损失。

2. 知识点——混凝土裂缝深度检测

混凝土裂缝深度检测可采用相位反转法、传播时间差法及面波法。一般情况下，深度较浅的裂缝检测宜采用相位反转法，预估深度较深的裂缝检测宜采用面波法。

（1）相位反转法

利用激振装置在混凝土表面激振，在对称于裂缝走向的位置布置传感器，接收经过裂缝后的信号。测试时，激振位置与传感器接收位置由近至远对称移动，当传感器接收点或接收点位置移动到某个位置时，传感器接收到信号的首波会发生反转的现象，利用该现象对混凝土裂缝深度检测的方法，称为"相位反转法"，如图 14-4、图 14-5 所示。

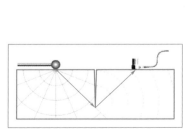

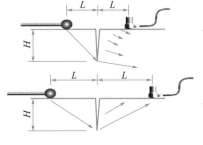

$L < H$ 接收信号初始信号向下

$L > H$ 接收信号初始信号向上

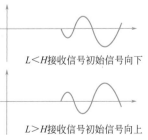

图 14-4　相位反转法测试示意图

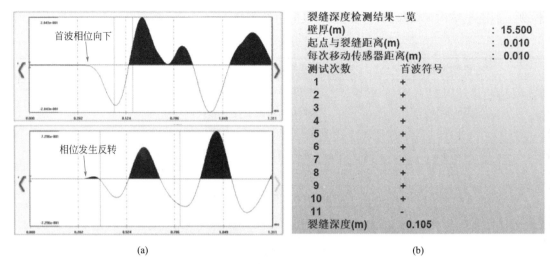

（a）　　　　　　　　　　　　　　　　（b）

图 14-5　相位反转法典型波形及测试结果
（a）典型波形；（b）测试结果

（2）传播时间差法

传播时间差法适合检测混凝土结构物中的开口裂缝。通过测试弹性波在经过裂缝和健全位置的传播时间差来判定裂缝深度。裂缝深度越大，传播时间差也越长，如图 14-6、图 14-7 所示。

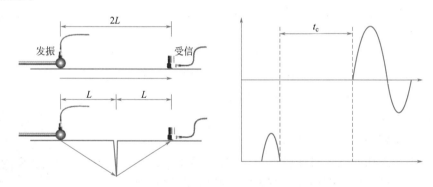

图 14-6　传播时间差法测试示意图

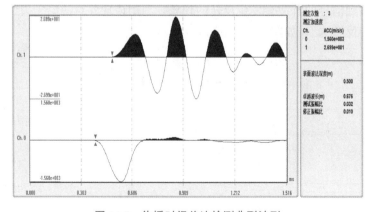

图 14-7　传播时间差法检测典型波形

（3）面波法

面波法是根据面波在传播过程中经过裂缝后能量的衰减来判定裂缝的深度。本方法需要改变激振方向来实现对裂缝深度的测试，如图 14-8、图 14-9 所示。

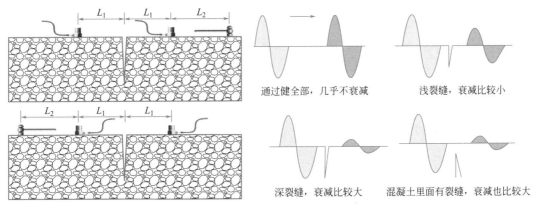

图 14-8　面波法测试示意图

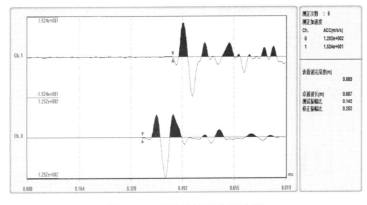

图 14-9　面波法检测典型波形

知识拓展：

裂缝深度检测方法对比：

方法	原理	优点	缺点
相位反转法	相位反转法是根据衍射角与裂缝深度的几何关系，即判断采集波形的初始相位的原理来检测裂缝深度	简单直观，原理明确	只适用于不超过 30cm 深度的开口裂缝测试，受裂缝中粉尘、水影响大
传播时间差法	通过测试弹性波在经过裂缝和健全位置的传播时间差来判定裂缝深度	原理明确	适用于开口浅裂缝，受裂缝填充物影响大
面波法	根据面波在传播过程中经过裂缝后能量的衰减来判定裂缝的深度	测试范围大，精度高，受裂缝填充物影响小	半经验半理论，受边界条件影响大

3. 知识点——混凝土结构厚度检测

单面反射法测结构厚度，是在结构表面激发冲击弹性波，通过测试其在结构底部反射的时间 t 和材料的冲击弹性波波速 v_c，即可测试结构的厚度 H。v_c 可通过已知厚度的结构进行波速标定，波速标定的方式有多种，如先测试，再取芯确定厚度，或者对同龄期养护的标准块进行测试等方式，如图 14-10、图 14-11 所示。

混凝土结构
厚度检测

$$H = v_c \cdot t/2$$

式中　　H——测试结构的厚度；

　　　　v_c——冲击弹性波波速；

　　　　t——测试的反射时间。

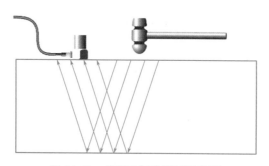

图 14-10　单面反射法测试示意图

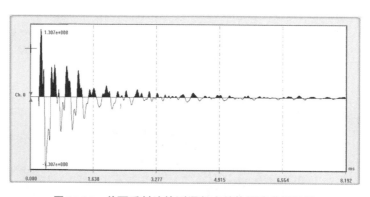

图 14-11　单面反射法检测混凝土结构厚度典型波形

4. 知识点——混凝土结构材质检测

（1）弹性波波速计算

弹性波的各种波中，P 波速度最快。然而，P 波的波速不是一个定值，与传播物体的尺寸、形状以及 P 波波长有关。

① 当传播物体为桩、立柱等细长物体而 P 波波长较长时，其波速为一维速度：

$$v_{p1} = \sqrt{\frac{E}{\rho}}$$

式中　　E——弹性模量；

　　　　ρ——密度。

② 当传播物体为平板，而 P 波波长较长时，其速度为二维速度：

$$v_{p2} = \sqrt{\frac{E}{\rho(1-\mu^2)}}$$

式中　E——弹性模量；

　　　μ——泊松比；

　　　ρ——密度。

二维 P 波传播示意图如图 14-12 所示。

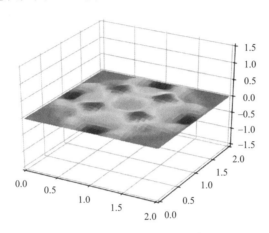

图 14-12　二维 P 波传播示意图

③ 当物体的三维尺寸大于 P 波波长时，其传播速度可由下式表示：

$$v_{p3} = \sqrt{\frac{E}{\rho} \frac{1-\mu}{(1+\mu)(1-2\mu)}}$$

式中　E——动弹性模量；

　　　μ——泊松比；

　　　ρ——密度。

三维 P 波传播示意图如图 14-13 所示。

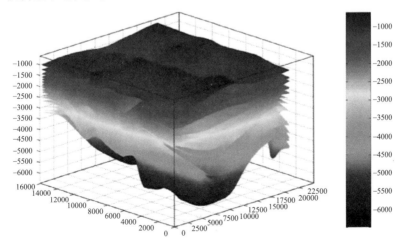

图 14-13　三维 P 波传播示意图

（2）弹性波检测方法

① 单面反射法

结构材质检测是通过测试弹性波的波速，计算材料的动切线弹性模量，进而根据与抗压强度的相关关系推算混凝土的抗压强度。

单面反射法是在被测混凝土结构的壁厚已知的前提下，利用弹性波的反射，测出弹性波在被测混凝土试件的传播时间和弹性波波速，从而计算出混凝土的弹性模量，进而能够推算混凝土的强度指标，单面反射法测试示意图及检测混凝土材质典型波形如图14-14、图14-15所示。

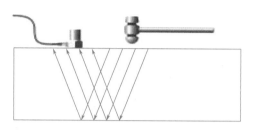

图14-14　单面反射法测试示意图

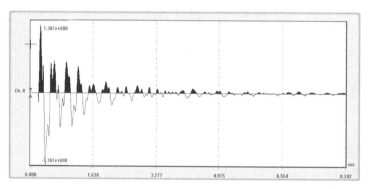

图14-15　单面反射法检测混凝土材质典型波形

② 单面传播法

单面传播法测材质，在混凝土厚度未知时，可在同一表面测P波，通常可得到二维弹性波波速 v_{p2}。

该方法对测试对象的要求最小，但P波信号一般较为微弱，因此需要采用移动传感器距离多次测试，采用回归技术。

根据现行《水工混凝土结构缺陷检测技术规程》SL 713的要求，接收点不少于4个，固定传感器1且与冲击点的间距为（150±10）mm，两传感器中心距离依次为0.6m、0.8m、1.0m、1.2m，冲击点和各接收点应处在同一直线上，测试示意图及检测典型波形如图14-16、图14-17所示。

③ 双面透过法

采用双面透过法的方法测试三维弹性波波速，可测试整个混凝土构件的 v_{p3}，测试示意图及检测典型波形如图14-18、图14-19所示。

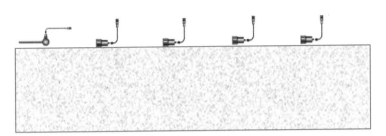

图 14-16　单面传播法测试示意图

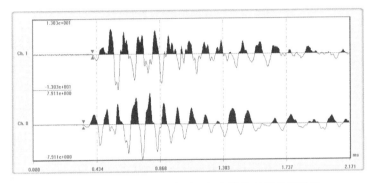

图 14-17　单面传播法检测混凝土结构材质典型波形

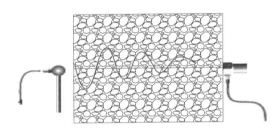

图 14-18　双面透过法测试示意图

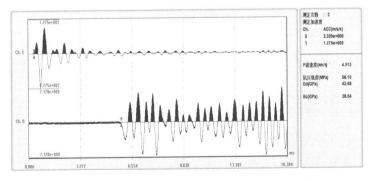

图 14-19　双面透过法检测混凝土结构材质典型波形

④ 表面波法

当厚度大于 20cm 时，采用表面波法是可行的。通过改变激振波长，还可以改变测试影响深度。根据现场检测经验，振源到最近传感器距离为 0.5m，两传感器间距为 0.5m，测试示意图及检测典型波形如图 14-20、图 14-21 所示。

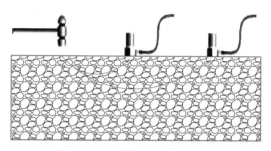

图 14-20 表面波法测试示意图

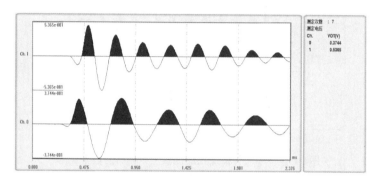

图 14-21 表面波法检测混凝土结构材质典型波形

知识拓展：

结构材质检测方法对比：

方法	测试面要求	优点	缺点
单面反射法	至少 1 个工作面	测试对象的形状要求比较简单,测试效率高、精度好	要求壁厚已知
单面传播法	至少 1 个工作面	壁厚未知时也可测试	测试效率低,精度稍差
双面透过法	至少 2 个工作面	测试范围广,精度高	要求双面作业、对测试条件有一定要求,不适于测试 0.6m 以下小构件
表面波法	至少 1 个工作面	壁厚未知时也可测试	不适宜一般的薄板、梁等结构

5. 知识点——混凝土结构缺陷检测

（1）振动法测表层脱空

敲击混凝土结构表面时,在表面会诱发振动。通常,在产生脱空的部位,振动特性会发生以下变化：①弯曲刚度显著降低,卓越周期增长；②弹性波能量的逸散变缓,振动的持续时间变长。这两个特性对激振力的大小没有要求。另一方面,脱空会引起结构抵抗特性的变化,也就是说,脱空使得参与振动的质量减少,在同样的激振力下,产生的加速度会增加,传感器直接拾取结构表面的振动信号,进而分析结构内部脱空情况,振动法测试示意图及检测典型波形如图 14-22、图 14-23 所示。

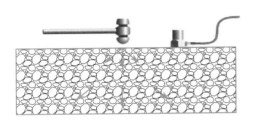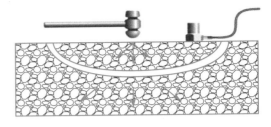

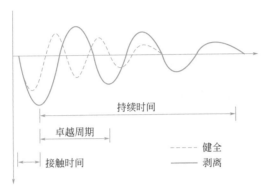

图 14-22 振动法测试示意图

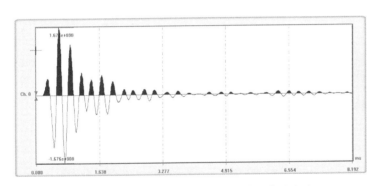

图 14-23 振动法检测混凝土结构缺陷典型波形

振动法测脱空，涉及多个参数，如持续时间、卓越周期等，而且缺乏绝对性阈值。为了归一化相关参数，我们引入了脱空指数，某点 i 的脱空指数 S_i 的定义如下：

$$S_i = \frac{T_{1i}}{\overline{T_1}} \cdot \frac{T_{2i}}{\overline{T_i}} \cdots \frac{T_{Ni}}{\overline{T_N}}$$

式中，T_i 即为第 i 个参数，上画线表示均值。

脱空指数越大，表明脱空的可能性越大。因此，脱空检测均是利用脱空指数来表示检测结果。

（2）弹性波 CT 法测内部缺陷

弹性波 CT（计算机层析扫描技术）法是通过对被检对象进行扫描，测试的数据信号经采集反演重建得到能真实反映其结构内部情况的图像，以达到检知结构物内部缺陷的目的。

弹性波 CT 主要是利用被测结构断面中测线的弹性波传播时间，由于弹性波中的 P 波成分在混凝土中传播时间最快，走时判断相对最准，因此，弹性波 CT 一般利用的是 P

波，来反演计算该断面上弹性波速的分布情况。在一侧检测面使用与加速度传感器相连的球形激振锤激发产生弹性波，另一侧布置加速度传感器接收信号。两传感器接收到的信号首波间的时间差为 Δt，若 P 波在结构内传播距离为 L，则 P 波波速为：

$$v_{\mathrm{p}} = L/\Delta t$$

式中　L——试件长度；

　　　Δt——信号首波间的时间差。

弹性波 CT 法测试示意图如图 14-24 所示。

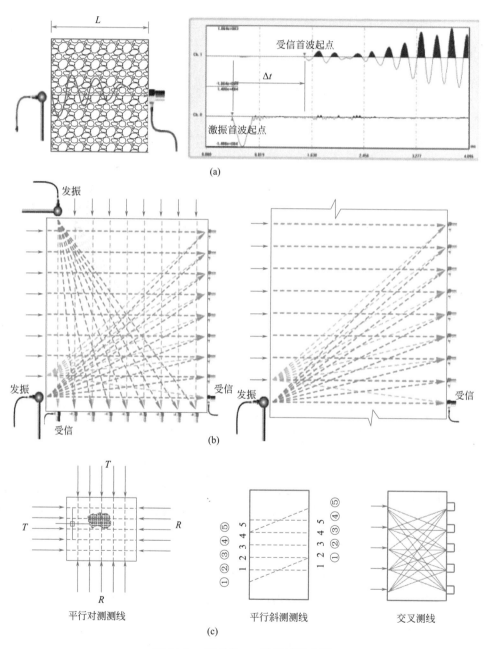

图 14-24　弹性波 CT 法测试示意图

弹性波 CT 检测可分为平行测线及交叉测线。其中，平行测线的分析较为简单，测试效率也高。平行对测信号质量最好，但当缺陷面与测线平行时，存在对缺陷漏测的可能性。平行斜测的特点则与平行对测测线相反，交叉测线的测试最为全面，但测试效率较低，分析方法也较为复杂，CT 法测线分布示意图如图 14-25 所示。

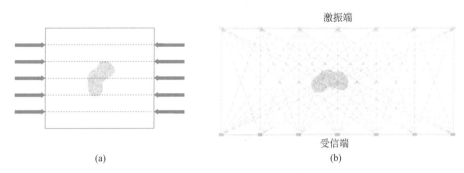

图 14-25　CT 法测线分布示意图
（a）平行测线；（b）交叉测线

6. 知识点——套筒灌浆密实度检测概述

（1）套筒灌浆连接的概念

1）套筒灌浆连接基本原理

钢筋套筒灌浆连接的基本原理是预制构件一端的预留钢筋插入另一端预留的套筒内，钢筋与套筒之间通过灌浆孔灌入高强度无收缩水泥砂浆，即完成钢筋的连接。钢筋套筒灌浆连接的受力机理是通过灌注的高强度无收缩砂浆在套筒的围束作用下，在达到设计要求的强度后，钢筋、砂浆和套筒三者之间产生的摩擦力和咬合力，满足设计要求的承载力。灌浆套筒连接示意图如图 14-26 所示。接头采用直螺纹和水泥灌浆复合连接形式，缩短了接头长度，简化了预制构件的钢筋连接生产工艺；连接套筒采用优质钢或合金钢原材料机械加工而成，套筒的强度高、性能好。配套开发了接头专用灌浆材料，其流动度大、操作时间长、早强性能好、终期强度高。

该工艺适用于剪力墙、框架柱、框架梁纵筋的连接，是装配整体结构的关键技术，灌浆套筒连接示意图如图 14-26 所示。

2）灌浆料

灌浆料不应对钢筋产生锈蚀作用，结块灌浆料严禁使用。柱套筒注浆材料选用专用的高强无收缩灌浆料。

3）灌浆套筒

钢筋连接用灌浆套筒，是指通过水泥基灌浆料的传力作用将钢筋对接连接所用的金属套筒。按加工方式分类，灌浆套筒分为铸造灌浆套筒和机械加工灌浆套筒。按结构形式分类，灌浆套筒可分为全灌浆套筒和半灌浆套筒，如图 14-27 所示。全灌浆套筒是指接头两端均采用灌浆方式连接钢筋的灌浆套筒；半灌浆套筒是指接头一端采用灌浆方式连接，另一端采用非灌浆方式连接钢筋的灌浆套筒，通常另一端采用螺纹连接。半灌浆套筒按非灌浆一端的连接方式分类，可分为直接滚轧直螺纹灌浆套筒、剥削滚直螺纹灌浆套筒和镦粗直螺纹灌浆套筒。其中，灌浆孔是指用于加注水泥基灌浆料的入料口，通常为光孔或螺纹

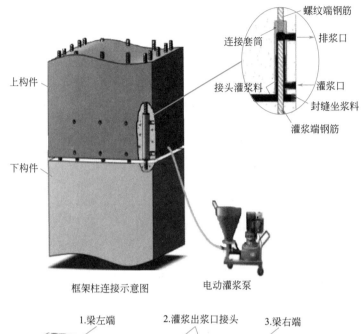

框架柱连接示意图　　　　电动灌浆泵

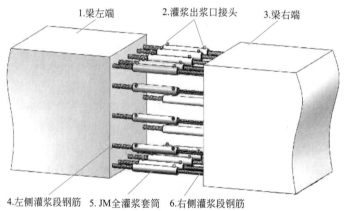

图 14-26　灌浆套筒连接示意图

孔；排浆孔是指用于加注水泥灌浆料时通气并将注满后的多余灌浆料溢出的排料口，通常为光孔或螺纹孔。

灌浆套筒通常采用铸造工艺或机械加工工艺制造。

① 套筒应采用球墨铸铁制作，并应符合现行国家标准《球墨铸铁件》GB/T 1348 的有关要求。球墨铸铁套筒材料性能应符合下列规定：

A. 抗拉强度不应小于 6MPa。

B. 伸长率不应小于 3%。

C. 球化率不应小于 85%。

② 套筒式钢筋连接的性能检验，应符合现行《钢筋机械连接技术规程》JGJ 107 中Ⅰ级接头性能等级要求。

③ 采用套筒续接砂浆连接的钢筋，其屈服强度标准不应大于 500MPa 且抗拉强度标准值不应大于 630MPa。

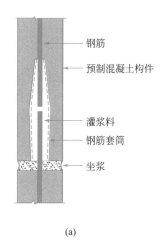

（a）　　　　　　　　　　　（b）

图 14-27　灌浆套筒

（a）全灌浆套筒；（b）半灌浆套筒

（2）套筒灌浆连接密实度检测的意义

钢筋套筒灌浆连接作为装配式混凝土结构构件的主要连接方式，其工作原理是基于套筒内灌浆料的较高抗压强度以及微膨胀特性，当受到套筒约束作用时，灌浆料和套筒间产生较大正压力，钢筋借此正应力产生摩擦力，以此传递钢筋轴向应力。因此当灌浆料存在不密实情况，钢筋轴向传递将受到影响，进而极大影响到结构的安全性。但在实际工程中，钢筋套筒灌浆作为一项隐蔽工程，其密实度常存在不饱满的问题。如何保证钢筋套筒连接的灌浆密实度是装配式混凝土结构施工质量控制的关键问题之一，对确保装配式混凝土结构连接质量和提升结构安全性能，具有重要作用，同时也是装配式混凝土结构构件的批量化生产和装配化施工的前提。

（3）套筒灌浆连接密实度检测现状

套筒灌浆连接密实度检测可采用预埋传感器法、预埋钢丝拉拔法、X 射线成像等方法，检测方法的选择应符合下列规定：

预埋传感器法可应用于正式灌浆施工前，针对工艺检测使用的平行试件进行的套筒灌浆密实度检测；也可用于正式灌浆施工过程中的套筒灌浆密实度检测。缺点是该方法检测成本增加，传感器在浇筑之后，无法保证正常工作。

预埋钢丝拉拔法可应用于正式灌浆施工前，针对工艺检验使用的平行试件进行的套筒灌浆密实度检测，也可应用于正式灌浆施工后的套筒灌浆密实度检测；必要时可采用内窥镜对检测结构进行校核。缺点是该方法属于破损检测方法，检测结果需建立相应的函数关系。

X 射线成像法可应用于套筒单排布置或梅花状布置的预制混凝土剪力墙，在正式灌浆施工后的套筒灌浆密实度检测，必要时采用局部破损法对检测结果进行校核。缺点是设备庞大，不适用于一般施工现场，费用高昂。

7. 知识点——冲击回波法

（1）冲击回波法

冲击回波法是利用一个短时的机械冲击（用一个小钢球或小锤轻敲混凝土表面）产生

低频的应力波，应力波传播到结构内部，被缺陷和构件底面反射回来，这些反射波被安装在冲击点附近的传感器接收下来并被送到一个内置高速数据采集及信号处理的便携式仪器。将所记录的信号进行幅值谱分析，谱图中的明显峰正是由于冲击表面、缺陷及其他外表面之间的多次反射产生瞬态共振所致，它可以被识别出来并被用来确定结构混凝土的厚度和缺陷位置。冲击回波法是单面反射测试，测试方便、快速、直观，且测一点即可判断一点。

测试系统由冲击器、接收器、采样系统（主机）笔记本电脑组成，它们共同完成整个测试工作。它的流程如图 14-28 所示。

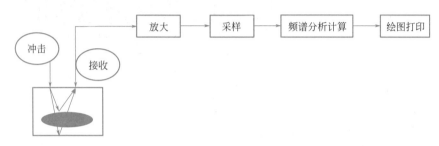

图 14-28　测试系统流程图

1）产生冲击

首先在混凝土表面施加一瞬时冲击，产生一应力脉冲。冲击必须是瞬间的。冲击的力-时间曲线可大致看成一个半周期正弦曲线。

2）接收信号

由冲击所产生的响应由接收器接收。接收器由顶端的换能元件及内部放大器组成，通过电缆与系统主机相连。接收点应尽量靠近冲击点。接收器的输出与表面垂直位移成比例。接收器底部的铝箔用来完成换能元件的电路联结和接收器与被测表面的耦合。

3）采集波形

主机的主要功能就是采集波形。由接收器送来的位移响应波形由采样板采集并传输给计算机。采集波形中的各种参数由计算机预先设定。主机上有 2 个控制旋钮："衰减"和"电平"。"衰减"即衰减器，作用是把输入的波形幅度减小到合适大小，"电平"是调节触发点评大小。

4）频谱分析及计算

这一步骤由计算机完成。计算机既显示波形也进行傅里叶变换。频谱线上有一系列峰。计算机自动按从大到小顺序，确定这些峰所对应的频率值并按公式计算出相应厚度，显示在屏幕上。通常最高的峰就是与厚度相应的峰。

5）绘图打印

冲击回波法是利用小钢球冲击混凝土表面作为振源，通过被测混凝土介质进行传播。这些波遇到波阻抗有差异的界面就发生反射、折射和绕射等现象。由传感器接收这些波后，通过频谱分析，将时间域内的信号转化到频率域，找出被接收信号同混凝土质量之间的关系，从而到达到无损检测的目的。

（2）冲击回波法检测灌浆套筒密实度

1）使用范围

适用于单排、双排套筒灌浆检测，可对各种工况进行测试（特别是注浆后成品结构进行检测）。

2）优点

冲击弹性波操作便捷、测试效率高，测试结果以彩色云图方式呈现，能够清楚直观反映套筒内部注浆情况。

3）缺点

冲击弹性波分辨率较低，无法准确判断出钢筋套筒连接接头的缺陷区域及出浆口的细小缺陷；难检出多排（超过2排）无测试面灌浆套筒。

（3）原理

根据在套筒、浆锚位置反射信号的有无以及剪力墙底面的反射时间的长短，即可判定灌浆缺陷的有无及位置。当灌浆存在缺陷时，反射时刻提前或因传播距离增加，时间延长，灌浆密实度检测示意图如图 14-29 所示。

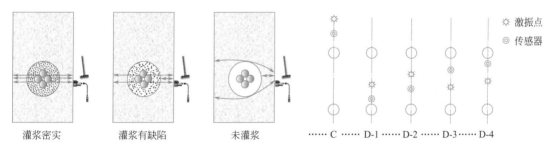

图 14-29　灌浆密实度检测示意图

1）测试布线

沿着管道的上方或侧方，以扫描的形式连续测试（激振和受信），通过反射信号的特性测试管道内灌浆的状况，灌浆密实度的定位测试如图 14-30 所示。

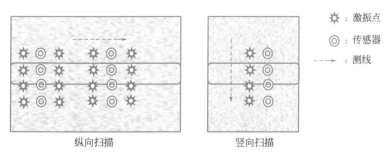

图 14-30　灌浆密实度的定位测试

2）测试原理及特点

改良冲击回波等效波速法（IEEV法）的基本原理，如图 14-31 所示。

根据在套筒位置反射信号的有无以及建筑底面的反射时间的长短，即可判定灌浆缺陷的有无和类型。当管道灌浆存在缺陷时，有：

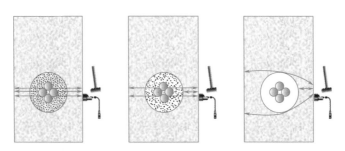

图 14-31　IEEV 法的基本原理

① 激振的弹性波在缺陷处会产生反射；

② 激振的弹性波从梁对面反射回来所用的时间比灌浆密实的地方长，因此，等效波速就显得更慢。

3）IEEV 法的特点

① IEEV 法测试精度高，但相对速度较慢；

② 测试精度与壁厚/孔径比（D/Φ）有关，D/Φ 越小，测试精度越高；

③ 当边界条件复杂（拐角处）或测试面有斜角（如底部有异形时），测试精度会受较大的影响。

4）冲击回波共振偏移法（IERS 法）

对结构部位灌浆与否，决定了其振动频率的变化。对于灌浆不好的结构，其频率有如下特点：①频谱分布更宽，会出现低频和高频；②频谱峰值更多，集中度低。因此，我们可以通过标定密实部位的频率特性，再依次作为依据，进行频率方面的检测，并提供 PRO 指标。检测典型波形及冲击回波结果（未灌浆）如图 14-32、图 14-33 所示。

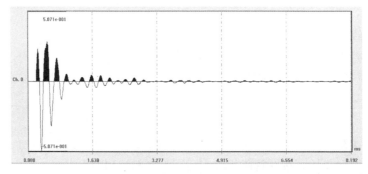

图 14-32　检测典型波形

扫描式的冲击器与接收器应与测试面接触良好，确保冲击器紧贴混凝土表面连续向前移动；如果滑轮脱离测试表面或压力过小，测得的信号可能失真。对于单点式冲击回波仪，为保证传感器与混凝土测点表面紧贴，可采用耦合剂，在实际测试时，传感器与混凝土之间的耦合剂应当尽量薄，耦合剂同时有一定的滤波作用，选择耦合剂时不宜选用有很强滤波作用的材料。

冲击回波法显示检测结果的方式可通过混凝土表观波速与频谱分析振幅谱图中构件厚度对应的主频计算构件的名义厚度。在浆锚孔道位置处，由于波纹管的存在，导致弹性波传播路径加长，回波信号的主频降低，计算得到的构件名义厚度增大。若浆锚孔道内存在

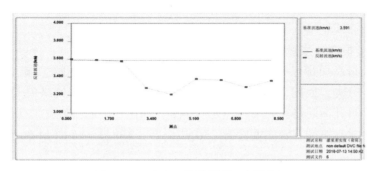

图 14-33　冲击回波结果图（未灌浆）

灌浆缺陷会使回波信号的主频进一步降低，构件名义厚度进一步增大。因此，可以通过对比厚度偏移系数，分析浆锚孔道内是否有浆料，进而判定灌浆饱满性。

可对与现场条件一致且灌浆饱满的平行试件进行测试，再对测试结果进行统计分析，确定灌浆饱满时的临界厚度偏移系数。当厚度偏移系数与临界值的差值小于临界值的 10％ 时，需要采用局部破损的方法进行验证。为了更为直观地判断灌浆质量及其缺陷分布，检测结果宜提供三维图像。

8. 知识点——AI 智能检测法

（1）AI 智能检测

完善的智能化检测，能将客户需求与来自采样、前处理、分析测试、数据处理和综合评价的结果相结合，使之前孤立存在的检测信息的可视性和洞察提升到全新水平，实现预测性维护，自我优化流程改进，提升效率和客户响应能力。

一个完善的智能检验检测系统必然包括 AI 视觉系统、AI 深度学习系统、AI 边缘计算系统。

1）AI 视觉系统

AI 视觉系统通常使用 AI 智能相机，通过将硬件与预装的软件环境相结合，将 AI 功能直接集成到相机本身中。

自动化质量检测系统使用机器视觉人工智能软件可以对它们看到的内容进行分类，智能化程度更高时，还可以创建自动化工作流程，将 AI 添加到机器视觉硬件中，开发人员和系统集成商可以轻松地直接在智能相机中运行不同的 AI 模型。

2）AI 深度学习系统

AI 系统更利于表面特征的检测，AI 系统有自动学习的判断能力，可以像人一样去思考一些不良特征是否合适。

标准机器视觉是基于规则的，机器视觉 AI 系统会随着使用更多图像而变得更加智能。许多工厂和生产线已经在使用标准机器视觉，它能够检测出什么时候出现问题，但这些系统无法告诉我们究竟出了什么问题（分类），也无法在收到信息后指导系统采取行动。

3）AI 边缘计算系统

边缘计算就是将从终端采集到的数据，直接在靠近数据产生的本地设备或网络中进行分析，无需再将数据传输至云端数据处理中心。

边缘计算传输速度非常快，可以在缩短时间的同时提高响应速度，有助于防止重要的机器操作发生故障或发生危险事件。

（2）AI 智能检测灌浆套筒密实度

通过收集大量高质量已知状态的数据，利用 Weak 提供的相关功能，包含：数据处理、特征选择、分类、回归、聚类、关联规则、可视化等，建立网络模型。AI 法使用的网络模型包括：贝叶斯网络和人工神经元网络等，如图 14-34、图 14-35 所示。AI 法目前仅针对剪力墙单排套筒灌浆密实度检测，AI 法结果（未灌浆）如图 14-36 所示。

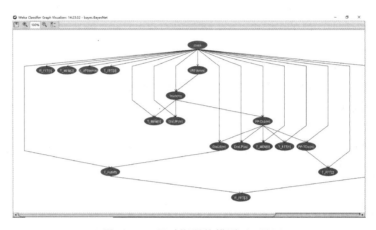

图 14-34　贝叶斯网络模型（2 层）

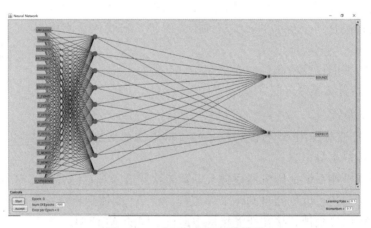

图 14-35　人工神经元网络模型

SCIT DATASENDING			
No.	文件名称	状态	错误原因
0	6	DEFECT	
1	6	DEFECT	
2	6	DEFECT	
3	6	DEFECT	
4	6	DEFECT	
5	6	DEFECT	

图 14-36　AI 法结果图（未灌浆）

14.3 任务书

学习任务 14.3.1　混凝土结构无损检测

【任务书】

任务背景	本次实训案例为现浇混凝土结构工程,对混凝土结构中的裂缝深度、厚度、结构缺陷等方面展开检测,旨在评估混凝土结构的质量、完整性和可靠性,以及检测潜在的缺陷、损伤或腐蚀情况。
任务描述	使用混凝土多功能无损检测仪,针对选定的检测项目,完成无损检测并填写相关记录。
任务要求	学生需根据不同的无损检测项目选择相应的智能检测工具,完成任务描述中所述的工作任务。
任务目标	1. 熟练掌握混凝土结构中无损检测的检测内容及检测标准。 2. 充分了解各种无损检测设备的应用场景、范围、精度以及检测成果的分析。
任务场景	混凝土结构无损检测是一种常见的技术,用于评估混凝土结构的质量、完整性和可靠性,而无需破坏性地进行检测。主要的场景有:裂缝检测、强度评估、腐蚀检测、空洞检测、厚度检测等。

【获取资讯】

　　了解任务要求,收集混凝土结构无损检测工作过程资料,了解混凝土多功能无损检测仪使用原理,学习智能检测工具使用说明书,按照混凝土无损检测智能管理系统操作,掌握混凝土多功能无损检测技术应用。

　　引导问题 1: 混凝土结构无损检测项目包括以下哪几项?(　　　　)

　　A. 裂缝分布　　　　　B. 裂缝垂直度　　　　C. 裂缝走向　　　　　D. 裂缝深度

　　E. 裂缝宽度　　　　　F. 结构宽度　　　　　G. 结构材质　　　　　H. 结构缺陷

　　引导问题 2: 混凝土结构无损检测的目的是什么?

　　_____

　　_____

　　引导问题 3: 在混凝土结构无损检测过程中,用到哪些常规检测设备和智能检测设备?

　　_____

　　_____

　　引导问题 4: 智能检测设备一般通过什么方式与移动端互联?

　　_____

　　_____

　　_____

【工作计划】

　　按照收集的资讯制定混凝土结构无损检测任务实施方案,完成表 14-2。

混凝土结构无损检测任务实施方案   表 14-2

步骤	工作内容	负责人

【工作实施】

（1）根据混凝土现状特征，选择检测要素。

（2）检测前准备工作记录（表 14-3）。

检测前准备工作记录表   表 14-3

类别	检查项	检查结果
设备检查	设备外观完好	
	正常开关机	
	设备电量满足使用时间	
	正常连接移动端	
	设备校正正常	
	设备在维保期限内	
个人防护	安全帽佩戴	
	工作服穿戴	
	劳保鞋穿戴	
环境检查	场地满足测量条件	
	施工垃圾清理	

（3）检测数据记录（表 14-4）。

混凝土结构无损检测记录表   表 14-4

建设单位			监理单位		
施工单位			检测日期		
测试编号	无损检测项目		检测值（mm）		
检测人员：					

（4）工完料清、设备维护记录（表 14-5）。

混凝土结构无损检测工完料清、设备维护记录表　　　　表 14-5

序号	检查项	检查结果
设备维护	关闭设备电源	
	清理使用过程中造成的污垢、灰尘	
	设备外观完好	
	拆解设备，收纳保存	
施工环境	施工垃圾清理	

学习任务 14.3.2　套筒灌浆连接无损检测

【任务书】

任务背景	本次实训案例为装配式混凝土结构工程，已完成主体结构施工，现对图纸标注位置的套筒灌浆密实度的相关指标进行自检，自检内容详见任务描述。
任务描述	使用冲击回波法、AI 智能检测法等手段对套筒灌浆密实度进行检测并填写相关记录。
任务要求	学生需根据不同的套筒灌浆连接无损检测工作选择相应的智能检测工具，完成任务描述中所述的工作任务。
任务目标	1. 熟练掌握装配式混凝土结构工程套筒灌浆检测的内容及验收标准。 2. 充分了解各检测方法的部件组成、功能划分、使用方法及操作规范。
任务场景	套筒灌浆要全面、均匀，避免出现浆体自然沉淀现象，灌注时，应尽量缩短注浆时间，以保证浆料的均匀性，注意浆料的流动速度，以保证灌浆密实度。

【获取资讯】

　　了解任务要求，收集套筒灌浆连接检测工作过程资料，了解套筒灌浆连接智能检测工具使用原理，学习智能检测工具使用说明书，按照套筒灌浆连接智能检测管理系统操作，掌握套筒灌浆连接智能检测技术应用。

引导问题 1： 套筒灌浆连接密实度检测方法有（　　）。

A. 预埋传感器法　　B. 预埋钢丝拉拔法　　C. X 射线成像法

D. 冲击回波法　　E. AI 智能检测法

引导问题 2： 套筒灌浆连接智能检测的目的是什么？

_____

_____

_____

引导问题 3： 套筒灌浆连接智能检测有哪些方法？各自优缺点是什么？

_____

_____

_____

引导问题 4：冲击回波法智能检测系统由哪几部分构成？

_____

_____

_____

引导问题 5：套筒灌浆密实度检测工作开始前，需进行哪些准备工作？（　　）

A. 个人防护用品佩戴 B. 室内工作不需要佩戴防护用品

C. 确认检测位置 D. 智能设备的校正与调试

E. 通知监理单位旁站监督 F. 随机抽取检测位置

【工作计划】

按照收集的资讯制定套筒灌浆连接密实度检测任务实施方案，完成表 14-6。

套筒灌浆连接密实度检测任务实施方案　　　　　　表 14-6

步骤	工作内容	负责人

【工作实施】

（1）根据图纸，确定检测套筒的位置。

（2）检测前准备工作记录（表 14-7）。

套筒灌浆连接密实度检测准备工作记录表　　　　　　表 14-7

类别	检查项	检查结果
设备检查	设备外观完好	
	正常开关机	
	设备电量满足使用时间	
	正常连接移动端	
	设备校正正常	
	设备在维保期限内	
个人防护	安全帽佩戴	
	工作服穿戴	
	劳保鞋穿戴	
环境检查	场地满足检测条件	
	施工垃圾清理	

（3）检测数据记录（表 14-8）。

套筒灌浆密实度检测报告　　　　　　　　　　　　表 14-8

委托单位			工程名称				
监理单位			旁站监理员				
检测日期			报告日期				
套筒编号	预制构件名称	套筒所在构件编号	波形图	能量值所在位置	指示条显示颜色	密实度判定
结论	该工程样板间工艺检验,共检测_____个套筒的灌浆密实度,经检测合格率达到_____%。						
说明	1. 检测依据:_____ 2. 检测环境温度:_____ 3. 灌浆密实度检测仪编号:_____,检定证书号:_____ 4. 需要说明的其他问题:_____						

（4）工完料清、设备维护记录（表 14-9）。

套筒灌浆密实度检测工完料清、设备维护记录表　　　　　　　表 14-9

序号		检查项	检查结果
设备维护		关闭设备电源	
		清理使用过程中造成的污垢、灰尘	
		设备外观完好	
		拆解设备,收纳保存	
施工环境		施工垃圾清理	

（5）工况处理（表 14-10）。

套筒灌浆连接密实度检测工况处理记录表　　　　　　　表 14-10

序号	工况名称	发生原因	处理方法	备注